**HZ Books**

华 章 圖 書

一本打开的书，一扇开启的门，
通向科学殿堂的阶梯，托起一流人才的基石。

智能系统与技术丛书

Python Deep Learning with TensorFlow

# Python深度学习
## 基于TensorFlow

吴茂贵 王冬 李涛 杨本法 著

机械工业出版社
China Machine Press

图书在版编目（CIP）数据

Python 深度学习：基于 TensorFlow/ 吴茂贵等著 . —北京：机械工业出版社，2018.9
（2019.10 重印）
（智能系统与技术丛书）

ISBN 978-7-111-60972-8

I. P… II. 吴… III. 软件工具 - 程序设计 IV. TP311.561

中国版本图书馆 CIP 数据核字（2018）第 218895 号

# Python 深度学习：基于 TensorFlow

出版发行：机械工业出版社（北京市西城区百万庄大街 22 号　邮政编码：100037）

责任编辑：李　艺　　　　　　　　　　　　责任校对：张惠兰

印　　刷：北京市荣盛彩色印刷有限公司　　版　　次：2019 年 10 月第 1 版第 4 次印刷

开　　本：186mm×240mm　1/16　　　　　印　　张：21.25

书　　号：ISBN 978-7-111-60972-8　　　　定　　价：79.00 元

# 前　言

## 为什么写这本书

　　人工智能新时代学什么？我们知道，Python 是人工智能的首选语言，深度学习是人工智能的核心，而 TensorFlow 是深度学习框架中的 No.1。所以我们在本书中将这三者有机结合，希望借此把这些目前应用最广、最有前景的工具和算法分享给大家。

　　人工智能新时代如何学？市面上介绍这些工具和深度学习理论的书籍已有很多，而且不乏经典大作，如讲机器学习理论和算法的有周志华老师的《机器学习》；介绍深度学习理论和算法的有伊恩·古德费洛等编著的《深度学习》；介绍 TensorFlow 实战的有黄文坚、唐源编著的《TensorFlow 实战》、山姆·亚伯拉罕等编著的《面向机器智能的 TensorFlow 实践》等。这些都是非常经典的大作，如果你对机器学习、深度学习、人工智能感兴趣的话，这些书均值得一读。

　　本书在某些方面或许无法和它们相比，但我觉得也会有不少让你感到满意，甚至惊喜的地方。本书的特点具体包括以下几个方面。

## 1. 内容选择：提供全栈式的解决方案

　　深度学习涉及范围比较广，既有对基础、原理的一些要求，也有对代码实现的要求。如何在较短时间内快速提高深度学习的水平？如何尽快把所学运用到实践中？这方面虽然没有捷径可言，但却有方法可循。本书基于这些考量，希望能给你提供一站式解决方案。具体内容包括：机器学习与深度学习的三大基石（线性代数、概率与信息论及数值分析）；机器学习与深度学习的基本理论和原理；机器学习与深度学习的常用开发工具（Python、TensorFlow、Keras 等），此外还有 TensorFlow 的高级封装及多个综合性实战项目等。

## 2. 层次安排：找准易撕口、快速实现由点到面的突破

　　我们打开塑料袋时，一般从易撕口开始，这样即使再牢固的袋子也很容易打开。面对深度学习这个"牢固袋子"，我们也可采用类似方法，找准易撕口。如果没有，就创造一个易撕口，通过这个易撕口，实现点到面的快速扩展。本书在介绍很多抽象、深奥的算法时

采用了这种方法。我们知道 BP 算法、循环神经网络是深度学习中的两块硬骨头，所以在介绍 BP 算法时，先介绍单个神经如何实现 BP 算法这个易撕口，再延伸到一般情况；在介绍循环神经网络时，我们也以一个简单实例为易撕口，再延伸到一般情况。希望通过这种方式，能帮助你把难题化易、把大事化小、把不可能转换为可能。

### 3. 表达形式：让图说话，一张好图胜过千言万语

在机器学习、深度学习中有很多抽象的概念、复杂的算法、深奥的理论，如 Numpy 的广播机制、神经网络中的共享参数、动量优化法、梯度消失或爆炸等，这些内容如果只用文字来描述，可能很难达到茅塞顿开的效果，但如果用一些图形来展现，再加上适当的文字说明，往往能取得非常好的效果，正所谓一张好图胜过千言万语。

除了以上谈到的三个方面，为了帮助大家更好理解、更快掌握机器学习、深度学习这些人工智能的核心内容，本书还包含了其他方法。我们希望通过这些方法或方式带给你不一样的理解和体验，使抽象数学不抽象、深度学习不深奥、复杂算法不复杂，这或许就是我们写这本书的主要目的。

至于人工智能（AI）的重要性，想必不用多说了。如果说 2016 年前属于摆事实论证的阶段，那么 2016 年后已进入事实胜于雄辩的阶段了，而 2018 年后应该属于撸起袖子加油干的阶段。目前各行各业都忙于 AI+，给人"忽如一夜春风来，千树万树梨花开"的感觉！

## 本书特色

要说特色的话，就是上面谈到的几点，概括来说就是：把理论原理与代码实现相结合；找准切入点，从简单到一般，把复杂问题简单化；图文并茂使抽象问题直观化；实例说明使抽象问题具体化。希望通过阅读本书，能给你带来新的视角、新的理解。

## 读者对象

❑ 对机器学习、深度学习感兴趣的广大在校学生、在职人员。
❑ 对 Python、TensorFlow 感兴趣，并希望进一步提升的在校学生、在职人员。

## 如何阅读本书

本书共 22 章，按照"基础→应用→扩展"的顺序展开，分为三个部分。
第一部分（第 1～5 章）为 Python 和应用数学基础部分：第 1 章介绍 Python 和 TensorFlow 的基石 Numpy；第 2 章介绍深度学习框架的鼻祖 Theano；第 3～5 章介绍机器

学习、深度学习算法应用数学基础，包括线性代数、概率与信息论、概率图等内容。

第二部分（第 6 ～ 20 章）为深度学习理论与应用部分：第 6 章为机器学习基础，也是深度学习基础，其中包含很多机器学习的经典理论和算法；第 7 章为深度学习理论及方法；第 8~10 章介绍 TensorFlow 基于 CPU、GPU 版本的安装及使用，TensorFlow 基础，TensorFlow 的一些新 API，如 Dataset API、Estimator API 等（基于 TensorFlow1.6 版本）；第 11 ～ 15 章为深度学习中神经网络方面的模型及 TensorFlow 实战案例；第 16 章介绍 TensorFlow 的高级封装，如 Keras、Estimator、TFLearn 等内容；第 17 ～ 20 章为 TensorFlow 综合实战案例，包括图像识别、自然语言处理等内容。

第三部分（第 21 ～ 22 章）为扩展部分：介绍强化学习、生成式对抗网络等内容。

## 勘误和支持

书中代码和数据的下载地址为 http://www.feiguyunai.com。由于笔者水平有限，加之编写时间仓促，书中难免出现错误或不准确的地方，恳请读者批评指正。你可以通过 QQ（1715408972）给我们反馈，也可以加入 QQ 交流群（763746291）进行交流，非常感谢你的支持和帮助。

## 致谢

在本书编写过程中，得到很多同事、朋友、老师和同学的支持！感谢张粤磊、张魁、刘未昕等负责后台环境的搭建和维护工作。感谢博世的王红星、上海理工管理学院的郁明敏，在百忙中挤出时间帮忙审稿；感谢上海交大慧谷的程国旗老师、东方易通的杨易老师、容大培训的童金浩老师、赣南师大的许景飞老师等对我们的支持和帮助！

感谢机械工业出版社的杨福川老师、李艺老师给予本书的大力支持和帮助。

最后，感谢我的爱人赵成娟，在繁忙的教学之余帮助审稿，提出不少改进意见或建议。

吴茂贵

# 目　　录

VIII

第一部分

# Python 及应用数学基础

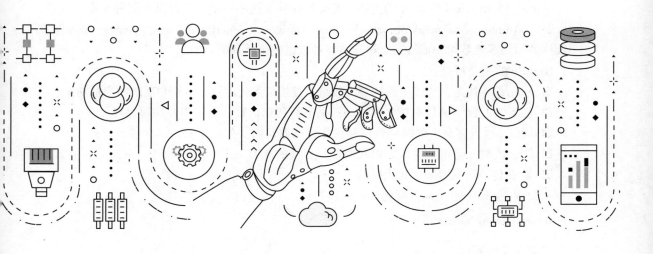

# NumPy 常用操作

NumPy 是 Python 的基础，更是数据科学的通用语言，而且与 TensorFlow 关系密切，所以我们把它列为第一章。

NumPy 为何如此重要？实际上 Python 本身含有列表（list）和数组（array），但对于大数据来说，这些结构有很多不足。因列表的元素可以是任何对象，因此列表中所保存的是对象的指针。这样为了保存一个简单的 [1,2,3]，都需要有 3 个指针和 3 个整数对象。对于数值运算来说，这种结构显然比较浪费内存和 CPU 计算时间。至于 array 对象，它直接保存数值，和 C 语言的一维数组比较类似。但是由于它不支持多维，也没有各种运算函数，因此也不适合做数值运算。

NumPy（Numerical Python 的简称）的诞生弥补了这些不足，它提供了两种基本的对象：ndarray（N-dimensional array object）和 ufunc（universal function object）。ndarray 是存储单一数据类型的多维数组，而 ufunc 则是能够对数组进行处理的函数。

NumPy 的主要特点：

❑ ndarray，快速，节省空间的多维数组，提供数组化的算术运算和高级的广播功能。

❑ 使用标准数学函数对整个数组的数据进行快速运算，而不需要编写循环。

❑ 读取 / 写入磁盘上的阵列数据和操作存储器映像文件的工具。

❑ 线性代数，随机数生成，以及傅里叶变换的能力。

❑ 集成 C、C++、Fortran 代码的工具。

在使用 NumPy 之前，需要先导入该模块：

```
import numpy as np
```

本章主要内容如下：

❑ 如何生成 NumPy 的 ndarray 的几种方式。

❑ 如何存取元素。

❑ 如何操作矩阵。

❑ 如何合并或拆分数据。

❏ 简介 NumPy 的通用函数。
❏ 简介 NumPy 的广播机制。

## 1.1　生成 ndarray 的几种方式

NumPy 封装了一个新的数据类型 ndarray，一个多维数组对象，该对象封装了许多常用的数学运算函数，方便我们进行数据处理以及数据分析，那么如何生成 ndarray 呢？这里我们介绍生成 ndarray 的几种方式，如从已有数据中创建；利用 random 创建；创建特殊多维数组；使用 arange 函数等。

**1. 从已有数据中创建**

直接对 python 的基础数据类型（如列表、元组等）进行转换来生成 ndarray。

（1）将列表转换成 ndarray

```
import numpy as np
list1 = [3.14,2.17,0,1,2]
nd1 = np.array(list1)
print(nd1)
print(type(nd1))
```

打印结果：

```
[ 3.14  2.17  0.    1.    2.  ]
<class 'numpy.ndarray'>
```

（2）嵌套列表可以转换成多维 ndarray

```
import numpy as np
list2 = [[3.14,2.17,0,1,2],[1,2,3,4,5]]
nd2 = np.array(list2)
print(nd2)
print(type(nd2))
```

打印结果：

```
[[ 3.14  2.17  0.    1.    2.  ]
 [ 1.    2.    3.    4.    5.  ]]
<class 'numpy.ndarray'>
```

如果把（1）和（2）中的列表换成元组也同样适合。

**2. 利用 random 模块生成 ndarray**

在深度学习中，我们经常需要对一些变量进行初始化，适当的初始化能提高模型的性能。通常我们用随机数生成模块 random 来生成，当然 random 模块又分为多种函数：random 生成 0 到 1 之间的随机数；uniform 生成均匀分布随机数；randn 生成标准正态的随机数；normal 生成正态分布；shuffle 随机打乱顺序；seed 设置随机数种子等。下面我们列举几个简单示例。

```python
import numpy as np

nd5 = np.random.random([3,3])
print(nd5)
print(type(nd5))
```

打印结果：

```
[[ 0.88900951  0.47818541  0.91813526]
 [ 0.48329167  0.63730656  0.14301479]
 [ 0.9843789   0.99257093  0.24003961]]
<class 'numpy.ndarray'>
```

生成一个随机种子，对生成的随机数打乱。

```python
import numpy as np

np.random.seed(123)
nd5_1 = np.random.randn(2,3)
print(nd5_1)
np.random.shuffle(nd5_1)
print(" 随机打乱后数据 ")
print(nd5_1)
print(type(nd5_1))
```

打印结果：

```
[[-1.0856306   0.99734545  0.2829785 ]
 [-1.50629471 -0.57860025  1.65143654]]
```

随机打乱后数据为：

```
[[-1.50629471 -0.57860025  1.65143654]
 [-1.0856306   0.99734545  0.2829785 ]]
<class 'numpy.ndarray'>
```

### 3. 创建特定形状的多维数组

数据初始化时，有时需要生成一些特殊矩阵，如 0 或 1 的数组或矩阵，这时我们可以利用 np.zeros、np.ones、np.diag 来实现，下面我们通过几个示例来说明。

```python
import numpy as np

# 生成全是 0 的 3x3 矩阵
nd6 = np.zeros([3,3])
# 生成全是 1 的 3x3 矩阵
nd7 = np.ones([3,3])
# 生成 3 阶的单位矩阵
nd8= np.eye(3)
# 生成 3 阶对角矩阵
print (np.diag([1, 2, 3]))
```

我们还可以把生成的数据保存到磁盘，然后从磁盘读取。

```
import numpy as np
nd9 = np.random.random([5,5])
np.savetxt(X=nd9,fname='./test2.txt')
nd10 = np.loadtxt('./test2.txt')
```

#### 4. 利用 arange 函数

arange 是 numpy 模块中的函数，其格式为：arange([start,] stop[, step,], dtype=None)。根据 start 与 stop 指定的范围，以及 step 设定的步长，生成一个 ndarray，其中 start 默认为 0，步长 step 可为小数。

```
import numpy as np

print(np.arange(10))
print(np.arange(0,10))
print(np.arange(1, 4,0.5))
print(np.arange(9, -1, -1))
```

## 1.2　存取元素

上节我们介绍了生成 ndarray 的几种方法，数据生成后，如何读取我们需要的数据？这节我们介绍几种读取数据的方法。

```
import numpy as np
np.random.seed(2018)
nd11 = np.random.random([10])
# 获取指定位置的数据，获取第 4 个元素
nd11[3]
# 截取一段数据
nd11[3:6]
# 截取固定间隔数据
nd11[1:6:2]
# 倒序取数
nd11[::-2]
# 截取一个多维数组的一个区域内数据
nd12=np.arange(25).reshape([5,5])
nd12[1:3,1:3]
# 截取一个多维数组中，数值在一个值域之内的数据
nd12[(nd12>3)&(nd12<10)]
# 截取多维数组中，指定的行，如读取第 2,3 行
nd12[[1,2]]   # 或 nd12[1:3,:]
## 截取多维数组中，指定的列，如读取第 2,3 列
nd12[:,1:3]
```

如果你对上面这些获取方式还不是很清楚，没关系，下面我们通过图形的方式说明如何获取多维数组中的元素，如图 1-1 所示，左边为表达式，右边为对应获取元素。

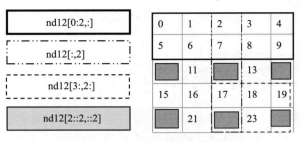

图 1-1 获取多维数组中的元素

获取数组中的部分元素除通过指定索引标签外，还可以使用一些函数来实现，如通过 random.choice 函数从指定的样本中进行随机抽取数据。

```
import numpy as np
from numpy import random as nr

a=np.arange(1,25,dtype=float)
c1=nr.choice(a,size=(3,4))   #size 指定输出数组形状
c2=nr.choice(a,size=(3,4),replace=False)  #replace 缺省为 True，即可重复抽取
# 下式中参数 p 指定每个元素对应的抽取概率，默认为每个元素被抽取的概率相同
c3=nr.choice(a,size=(3,4),p=a / np.sum(a))
 print(" 随机可重复抽取 ")
print(c1)
print(" 随机但不重复抽取 ")
print(c2)
print(" 随机但按指定概率抽取 ")
print(c3)
```

打印结果：

```
随机可重复抽取
[[  7.  22.  19.  21.]
 [  7.   5.   5.   5.]
 [  7.   9.  22.  12.]]
随机但不重复抽取
[[ 21.   9.  15.   4.]
 [ 23.   2.   3.   7.]
 [ 13.   5.   6.   1.]]
随机但按指定概率抽取
[[ 15.  19.  24.   8.]
 [  5.  22.   5.  14.]
 [  3.  22.  13.  17.]]
```

## 1.3 矩阵操作

深度学习中经常涉及多维数组或矩阵的运算，正好 NumPy 模块提供了许多相关的计算

方法，下面介绍一些常用的方法。

```python
import numpy as np

nd14=np.arange(9).reshape([3,3])

# 矩阵转置
np.transpose(nd14)

# 矩阵乘法运算
a=np.arange(12).reshape([3,4])
b=np.arange(8).reshape([4,2])
a.dot(b)

# 求矩阵的迹
a.trace()
# 计算矩阵行列式
np.linalg.det(nd14)

# 计算逆矩阵
c=np.random.random([3,3])
np.linalg.solve(c,np.eye(3))
```

上面介绍的几种方法是 numpy.linalg 模块中的函数，numpy.linalg 模块中的函数是满足行业标准级的 Fortran 库，具体请看表 1-1。

**表 1-1　numpy.linalg 中常用函数**

| 函数 | 说明 |
| --- | --- |
| diag | 以一维数组方式返回方阵的对角线元素 |
| dot | 矩阵乘法 |
| trace | 求迹，即计算对角线元素的和 |
| det | 计算矩阵列式 |
| eig | 计算方阵的特征值和特征向量 |
| inv | 计算方阵的逆 |
| qr | 计算 qr 分解 |
| svd | 计算奇异值分解 svd |
| solve | 解线性方程组 $Ax = b$，其中 $A$ 为方阵 |
| lstsq | 计算 $Ax=b$ 的最小二乘解 |

## 1.4　数据合并与展平

在机器学习或深度学习中，会经常遇到需要把多个向量或矩阵按某轴方向进行合并的情况，也会遇到展平的情况，如在卷积或循环神经网络中，在全连接层之前，需要把矩阵展平。这节介绍几种数据合并和展平的方法。

### 1. 合并一维数组

```python
import numpy as np
a=np.array([1,2,3])
b=np.array([4,5,6])
c=np.append(a,b)
print(c)
# 或利用 concatenate
d=np.concatenate([a,b])
print(d)
```

打印结果:

```
[1 2 3 4 5 6]
[1 2 3 4 5 6]
```

### 2. 多维数组的合并

```python
import numpy as np
a=np.arange(4).reshape(2,2)
b=np.arange(4).reshape(2,2)
# 按行合并
c=np.append(a,b,axis=0)
print(c)
print(" 合并后数据维度 ",c.shape)
# 按列合并
d=np.append(a,b,axis=1)
print(" 按列合并结果 :")
print(d)
print(" 合并后数据维度 ",d.shape)
```

打印结果:

```
[[0 1]
 [2 3]
 [0 1]
 [2 3]]
合并后数据维度 (4, 2)
按列合并结果 :
[[0 1 0 1]
 [2 3 2 3]]
合并后数据维度 (2, 4)
```

### 3. 矩阵展平

```python
import numpy as np
nd15=np.arange(6).reshape(2,-1)
print(nd15)
# 按照列优先，展平。
print(" 按列优先，展平 ")
print(nd15.ravel('F'))
```

```
# 按照行优先，展平。
print(" 按行优先，展平 ")
print(nd15.ravel())
```

打印结果：

```
[[0 1 2]
 [3 4 5]]
按列优先，展平
[0 3 1 4 2 5]
按行优先，展平
[0 1 2 3 4 5]
```

## 1.5　通用函数

　　NumPy 提供了两种基本的对象，即 ndarray 和 ufunc 对象。前面我们对 ndarray 做了简单介绍，本节将介绍它的另一个对象 ufunc。ufunc( 通用函数 ) 是 universal function 的缩写，它是一种能对数组的每个元素进行操作的函数。许多 ufunc 函数都是在 C 语言级别实现的，因此它们的计算速度非常快。此外，功能比 math 模块中的函数更灵活。math 模块的输入一般是标量，但 NumPy 中的函数可以是向量或矩阵，而利用向量或矩阵可以避免循环语句，这点在机器学习、深度学习中经常使用。表 1-2 为 NumPy 中的常用几个通用函数。

表 1-2　NumPy 几个常用通用函数

| 函数 | 使用方法 |
| --- | --- |
| sqrt | 计算序列化数据的平方根 |
| sin,cos | 三角函数 |
| abs | 计算序列化数据的绝对值 |
| dot | 矩阵运算 |
| log,log10,log2 | 对数函数 |
| exp | 指数函数 |
| cumsum,cumproduct | 累计求和，求积 |
| sum | 对一个序列化数据进行求和 |
| mean | 计算均值 |
| median | 计算中位数 |
| std | 计算标准差 |
| var | 计算方差 |
| corrcoef | 计算相关系数 |

### 1. 使用 math 与 numpy 函数性能比较

```
import time
import math
import numpy as np
```

```
x = [i * 0.001 for i in np.arange(1000000)]
start = time.clock()
for i, t in enumerate(x):
    x[i] = math.sin(t)
print ("math.sin:", time.clock() - start )

x = [i * 0.001 for i in np.arange(1000000)]
x = np.array(x)
start = time.clock()
np.sin(x)
print ("numpy.sin:", time.clock() - start )
```

打印结果：

```
math.sin: 0.5169950000000005
numpy.sin: 0.05381199999999886
```

由此可见，numpy.sin 比 math.sin 快近 10 倍。

### 2. 使用循环与向量运算比较

充分使用 Python 的 NumPy 库中的内建函数（built-in function），实现计算的向量化，可大大提高运行速度。NumPy 库中的内建函数使用了 SIMD 指令。例如下面所示在 Python 中使用向量化要比使用循环计算速度快得多。如果使用 GPU，其性能将更强大，不过 NumPy 不提供 GPU 支持。TensorFlow 支持 GPU，在本书第 8 章将介绍 TensorFlow 如何使用 GPU 来加速算法。

```
import time
import numpy as np

x1 = np.random.rand(1000000)
x2 = np.random.rand(1000000)
## 使用循环计算向量点积
tic = time.process_time()
dot = 0
for i in range(len(x1)):
    dot+= x1[i]*x2[i]
toc = time.process_time()
print ("dot = " + str(dot) + "\n for loop----- Computation time = " +
str(1000*(toc - tic)) + "ms")
## 使用 numpy 函数求点积
tic = time.process_time()
dot = 0
dot = np.dot(x1,x2)
toc = time.process_time()
print ("dot = " + str(dot) + "\n verctor version---- Computation time = " +
str(1000*(toc - tic)) + "ms")
```

打印结果：

```
dot = 250215.601995
```

```
for loop----- Computation time = 798.3389819999998ms
dot = 250215.601995
verctor version---- Computation time = 1.885051999999554ms
```

从程序运行结果上来看，该例子使用 for 循环的运行时间是使用向量运算的运行时间的约 400 倍。因此，深度学习算法中，一般都使用向量化矩阵运算。

## 1.6  广播机制

广播机制（Broadcasting）的功能是为了方便不同 shape 的数组（NumPy 库的核心数据结构）进行数学运算。广播提供了一种向量化数组操作的方法，以便在 C 中而不是在 Python 中进行循环，这通常会带来更高效的算法实现。广播的兼容原则为：

❑ 对齐尾部维度。

❑ shape 相等 or 其中 shape 元素中有一个为 1。

以下通过实例来具体说明。

```python
import numpy as np
a=np.arange(10)
b=np.arange(10)
# 两个 shape 相同的数组相加
print(a+b)
# 一个数组与标量相加
print(a+3)
# 两个向量相乘
print(a*b)

# 多维数组之间的运算
c=np.arange(10).reshape([5,2])
d=np.arange(2).reshape([1,2])
# 首先将 d 数组进行复制扩充为 [5,2]，如何复制请参考图 1-2，然后相加。
print(c+d)
```

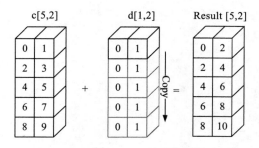

图 1-2  NumPy 多维数组相加

打印结果：

```
[ 0  2  4  6  8 10 12 14 16 18]
[ 3  4  5  6  7  8  9 10 11 12]
[ 0  1  4  9 16 25 36 49 64 81]
[[ 0  2]
 [ 2  4]
 [ 4  6]
 [ 6  8]
 [ 8 10]]
```

有时为了保证矩阵运算正确，我们可以使用 reshape() 函数来变更矩阵的维度。

## 1.7　小结

本章简单介绍了 NumPy 模块的两个基本对象 ndarray、ufunc，介绍了 ndarray 对象的几种生成方法及如何存取其元素、如何操作矩阵或多维数组、如何进行数据合并与展平等。最后说明了通用函数及广播机制。如果想进一步了解 NumPy，大家可参考 http://www.numpy.org/ 获得更多内容。

# 第 2 章

# Theano 基础

第 1 章我们介绍了 NumPy，它是数据计算的基础，更是深度学习框架的基石。但如果直接使用 NumPy 计算大数据，其性能已成为一个瓶颈。

随着数据爆炸式增长，尤其是图像数据、音频数据等数据的快速增长，迫切需要突破 NumPy 性能上的瓶颈。需求就是强大动力！通过大家的不懈努力，在很多方面取得可喜进展，如硬件有 GPU，软件有 Theano、Keras、TensorFlow，算法有卷积神经网络、循环神经网络等。

Theano 是 Python 的一个库，为开源项目，在 2008 年，由 Yoshua Bengio 领导的加拿大蒙特利尔理工学院 LISA 实验室开发。对于解决大量数据的问题，使用 Theano 可能获得与手工用 C 实现差不多的性能。另外通过利用 GPU，它能获得比 CPU 上快很多数量级的性能。Theano 开发者在 2010 年公布的测试报告中指出：在 CPU 上执行程序时，Theano 程序性能是 NumPy 的 1.8 倍，而在 GPU 上是 NumPy 的 11 倍。这还是 2010 年的测试结果，近些年无论是 Theano 还是 GPU，性能都有显著提高。

这里我们把 Theano 作为基础来讲，除了性能方面的跨越外，它还是"符合计算图"的开创者，当前很多优秀的开源工具，如 TensorFlow、Keras 等，都派生于或借鉴了 Theano 的底层设计。所以了解 Theano 的使用，将有助于我们更好地学习 TensorFlow、Keras 等其他开源工具。

至于 Theano 是如何实现性能方面的跨越，如何用"符号计算图"来运算等内容，本章都将有所涉猎，但限于篇幅无法深入分析，只做一些基础性的介绍。涵盖的主要内容：

❑ 如何安装 Theano。

❑ 符号变量是什么。

❑ 如何设计符号计算图。

❑ 函数的功能。

❑ 共享变量的妙用。

## 2.1 安装

这里主要介绍 Linux+Anaconda+theano 环境的安装说明，在 CentOS 或 Ubuntu 环境下，建议使用 Python 的 Anaconda 发行版，后续版本升级或添加新模块可用 Conda 工具。当然也可用 pip 进行安装。但最好使用工具来安装，这样可以避免很多程序依赖的麻烦，而且日后的软件升级维护也很方便。

Theano 支持 CPU、GPU，如果使用 GPU 还需要安装其驱动程序如 CUDA 等，限于篇幅，这里只介绍 CPU 的（TensorFlow 将介绍基于 GPU 的安装），有关 GPU 的安装，大家可参考：http://www.deeplearning.net/software/theano/install.html。

以下为主要安装步骤：

### 1. 安装 anaconda

从 anaconda 官网（https://www.anaconda.com/download/）下载 Linux 环境最新的软件包，Python 版本建议选择 3 系列的，2 系列后续将不再维护。下载文件为一个 sh 程序包，如 Anaconda3-4.3.1-Linux-x86_64.sh，然后在下载目录下运行如下命令：

```
bash Anaconda3-4.3.1-Linux-x86_64.sh
```

安装过程中按 enter 或 y 即可，安装完成后，程序提示是否把 anaconda 的 binary 加入到 .bashrc 配置文件中，加入后运行 python、ipython 时将自动使用新安装的 Python 环境。

安装完成后，你可用 conda list 命令查看已安装的库：

```
conda list
```

安装成功的话，应该能看到 numpy、scipy、matplotlib、conda 等库。

### 2. 安装 theano

利用 conda 来安装或更新程序：

```
conda install theano
```

### 3. 测试

先启动 Python，然后导入 theano 模块，如果不报错，说明安装成功。

```
$ Python
Python 3.6.0 |Anaconda custom (64-bit)| (default, Dec 23 2016, 12:22:00)
[GCC 4.4.7 20120313 (Red Hat 4.4.7-1)] on linux
Type "help", "copyright", "credits" or "license" for more information.
>>> import theano
>>>
```

## 2.2 符号变量

存储数据需要用到各种变量，那 Theano 是如何使用变量的呢？ Theano 用符号变量 TensorVariable 来表示变量，又称为张量（Tensor）。张量是 Theano 的核心元素（也是 TensorFlow 的核心元素），是 Theano 表达式和运算操作的基本单位。张量是标量（scalar）、向量（vector）、矩阵（matrix）等的统称。具体来说，标量就是我们通常看到的 0 阶的张量，如 12,a 等，而向量和矩阵分别为 1 阶张量和 2 阶的张量。

如果通过这些概念，你还不很清楚，没有关系，可以结合以下实例来直观感受一下。

首先定义三个标量：一个代表输入 x、一个代表权重 w、一个代表偏移量 b，然后计算这些标量运算结果 z=x*w+b,Theano 代码实现如下：

```
# 导入需要的库或模块
import theano
from theano import tensor as T

# 初始化张量
x=T.scalar(name='input',dtype='float32')
w=T.scalar(name='weight',dtype='float32')
b=T.scalar(name='bias',dtype='float32')
z=w*x+b

# 编译程序
net_input=theano.function(inputs=[w,x,b],outputs=z)
# 执行程序
print('net_input: %2f'% net_input(2.0,3.0,0.5))
```

打印结果：

```
net_input: 6.500000
```

通过以上实例我们不难看出，Theano 本身是一个通用的符号计算框架，与非符号架构的框架不同，它先使用 tensor variable 初始化变量，然后将复杂的符号表达式编译成函数模型，最后运行时传入实际数据进行计算。整个过程涉及三个步骤：定义符号变量，编译代码，执行代码。这节主要介绍第一步如何定义符号变量，其他步骤将在后续小节介绍。

如何定义符号变量？或定义符号变量有哪些方式？在 Theano 中定义符号变量的方式有三种：使用内置的变量类型、自定义变量类型、转换其他的变量类型。具体如下：

### 1. 使用内置的变量类型创建

目前 Theano 支持 7 种内置的变量类型，分别是标量（scalar）、向量（vector）、行（row）、列 (col)、矩阵 (matrix)、tensor3、tensor4 等。其中标量是 0 阶张量，向量为 1 阶张量，矩阵为 2 阶张量等，以下为创建内置变量的实例：

```
import theano
from theano import tensor as T
```

```
x=T.scalar(name='input',dtype='float32')
data=T.vector(name='data',dtype='float64')
```

其中，name 指定变量名字，dtype 指变量的数据类型。

**2. 自定义变量类型**

内置的变量类型只能处理 4 维及以下的变量，如果需要处理更高维的数据时，可以使用 Theano 的自定义变量类型，具体通过 TensorType 方法来实现：

```
import theano
from theano import tensor as T

mytype=T.TensorType('float64',broadcastable=(),name=None,sparse_grad=False)
```

其中 broadcastable 是 True 或 False 的布尔类型元组，元组的大小等于变量的维度，如果为 True，表示变量在对应维度上的数据可以进行广播，否则数据不能广播。

广播机制（broadcast）是一种重要机制，有了这种机制，就可以方便地对不同维的张量进行运算，否则，就要手工把低维数据变成高维，利用广播机制系统自动复制等方法把低维数据补齐（NumPy 也有这种机制）。以下我们通过图 2-1 所示的一个实例来说明广播机制原理。

图 2-1 中矩阵与向量相加的具体代码如下：

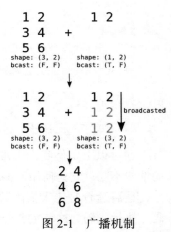

图 2-1 广播机制

```
import theano
import numpy as np
import theano.tensor as T
r = T.row()
r.broadcastable
# (True, False)

mtr = T.matrix()
mtr.broadcastable
# (False, False)

f_row = theano.function([r, mtr], [r + mtr])
R = np.arange(1,3).reshape(1,2)
print(R)
#array([[1, 2]])

M = np.arange(1,7).reshape(3, 2)
print(M)
#array([[1, 2],
#       [3, 4],
#       [5, 6]])

f_row(R, M)
#[array([[ 2.,  4.],
#        [ 4.,  6.],
#        [ 6.,  8.]])]
```

### 3. 将 Python 类型变量或者 NumPy 类型变量转化为 Theano 共享变量

共享变量是 Theano 实现变量更新的重要机制，后面我们会详细讲解。要创建一个共享变量，只要把一个 Python 对象或 NumPy 对象传递给 shared 函数即可，如下所示：

```
import theano
import numpy as np
import theano.tensor as T

data=np.array([[1,2],[3,4]])
shared_data=theano.shared(data)
type(shared_data)
```

## 2.3  符号计算图模型

符号变量定义后，需要说明这些变量间的运算关系，那如何描述变量间的运算关系呢？ Theano 实际采用符号计算图模型来实现。首先创建表达式所需的变量，然后通过操作符（op）把这些变量结合在一起，如前文图 2-1 所示。

Theano 处理符号表达式时是通过把符号表达式转换为一个计算图（graph）来处理（TensorFlow 也使用了这种方法，等到我们介绍 TensorFlow 时，大家可对比一下），符号计算图的节点有：variable、type、apply 和 op。

- □ variable 节点：即符号的变量节点，符号变量是符号表达式存放信息的数据结构，可以分为输入符号和输出符号。

- □ type 节点：当定义了一种具体的变量类型以及变量的数据类型时，Theano 为其指定数据存储的限制条件。

- □ apply 节点：把某一种类型的符号操作符应用到具体的符号变量中，与 variable 不同，apply 节点无须由用户指定，一个 apply 节点包括 3 个字段：op、inputs、outputs。

- □ op 节点：即操作符节点，定义了一种符号变量间的运算，如 +、-、sum()、tanh() 等。

Theano 是将符号表达式的计算表示成计算图。这些计算图是由 Apply 和 Variable 将节点连接而组成，它们分别与函数的应用和数据相连接。操作由 op 实例表示，而数据类型由 type 实例表示。下面这段代码和图 2-2 说明了这些代码所构建的结构。借助这个图或许有助于你进一步理解如何将这些内容拟合在一起：

```
import theano
import numpy as np
import theano.tensor as T

x = T.dmatrix('x')
y = T.dmatrix('y')
z = x + y
```

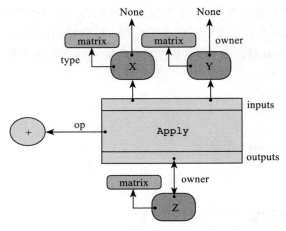

图 2-2　符号计算图

图 2-2 中箭头表示指向 Python 对象的引用。中间大的长方形是一个 Apply 节点，3 个圆角矩形（如 X）是 Variable 节点，带 + 号的圆圈是 ops，3 个圆角小长方形（如 matrix）是 Types。

在创建 Variables 之后，应用 Apply ops 得到更多的变量，这些变量仅仅是一个占位符，在 function 中作为输入。变量指向 Apply 节点的过程是用来表示函数通过 owner 域来生成它们 。这些 Apply 节点是通过它们的 inputs 和 outputs 域来得到它们的输入和输出变量。

x 和 y 的 owner 域的指向都是 None，这是因为它们不是另一个计算的结果。如果它们中的一个变量是另一个计算的结果，那么 owner 域将会指向另一个蓝色盒。

## 2.4　函数

上节我们介绍了如何把一个符号表达式转化为符号计算图，这节我们介绍函数的功能，函数是 Theano 的一个核心设计模块，它提供一个接口，把函数计算图编译为可调用的函数对象。前面介绍了如何定义自变量 x(不需要赋值)，这节介绍如何编写函数方程。

### 1. 函数定义的格式

先来看一下函数格式示例：

```
theano.function(inputs, outputs, mode=None, updates=None, givens=None, no_
default_updates=False, accept_inplace=False, name=None,rebuild_strict=True, allow_
input_downcast=None, profile=None, on_unused_input='raise').
```

这里参数看起来很多，但一般只用到三个：inputs 表示自变量；outputs 表示函数的因变量（也就是函数的返回值）；还有一个比较常用的是 updates 参数，它一般用于神经网络共享变量参数更新，通常以字典或元组列表的形式指定。此外，givens 是一个字典或元组列表，记为 [(var1,var2)]，表示在每一次函数调用时，在符号计算图中，把符号变量 var1 节点替换为 var2 节点，该参数常用来指定训练数据集的 batch 大小。

下面我们看一个有多个自变量，同时又有多个因变量的函数定义例子：

```
import theano
x, y =theano.tensor.fscalars('x', 'y')
z1= x + y
z2=x*y
#定义 x、y 为自变量，z1、z2 为函数返回值（因变量）
f =theano.function([x,y],[z1,z2])

#返回当 x=2，y=3 的时候，函数 f 的因变量 z1, z2 的值
print(f(2,3))
```

打印结果：

```
[array(5.0, dtype=float32), array(6.0, dtype=float32)]
```

在执行 theano.function() 时，Theano 进行了编译优化，得到一个 end-to-end 的函数，传入数据调用 f(2,3) 时，执行的是优化后保存在图结构中的模型，而不是我们写的那行 z=x+y，尽管二者结果一样。这样的好处是 Theano 可以对函数 f 进行优化，提升速度；坏处是不方便开发和调试，由于实际执行的代码不是我们写的代码，所以无法设置断点进行调试，也无法直接观察执行时中间变量的值。

### 2. 自动求导

有了符号计算，自动计算导数就很容易了。tensor.grad() 唯一需要做的就是从 outputs 逆向遍历到输入节点。对于每个 op，它都定义了怎么根据输入计算出偏导数。使用链式法则就可以计算出梯度了。利用 Theano 求导时非常方便，可以直接利用函数 theano.grad()，比如求 s 函数的导数：

$$s(x) = \frac{1}{1+e^{-x}}$$

以下代码实现当 x=3 的时候，求 s 函数的导数：

```
import theano
x =theano.tensor.fscalar('x')#定义一个 float 类型的变量 x
y= 1 / (1 + theano.tensor.exp(-x))#定义变量 y
dx=theano.grad(y,x)#偏导数函数
f= theano.function([x],dx)#定义函数 f，输入为 x，输出为 s 函数的偏导数
print(f(3))#计算当 x=3 的时候，函数 y 的偏导数
```

打印结果：

```
0.045176658779382706
```

### 3. 更新共享变量参数

在深度学习中通常需要迭代多次，每次迭代都需要更新参数。Theano 如何更新参数呢？在 theano.function 函数中，有一个非常重要的参数 updates。updates 是一个包含两个元素的列表或 tuple，一般示例为 updates=[old_w,new_w]，当函数被调用的时候，会用 new_w 替换 old_w，具体看下面这个例子。

```
import theano
w= theano.shared(1)# 定义一个共享变量w，其初始值为1
x=theano.tensor.iscalar('x')
f=theano.function([x], w, updates=[[w, w+x]])# 定义函数自变量为x，因变量为w，当函数执
行完毕后，更新参数w=w+x
print(f(3))# 函数输出为 w
print(w.get_value())# 这个时候可以看到w=w+x 为 4
```

打印结果：

1、4

在求梯度下降的时候，经常用到 updates 这个参数。比如 updates=[w,w- α *(dT/dw)]，其中 dT/dw 就是梯度下降时，代价函数对参数 w 的偏导数，α 是学习速率。为便于大家更全面地了解 Theano 函数的使用方法，下面我们通过一个逻辑回归的完整实例来说明：

```
import numpy  as np
import theano
import theano.tensor as T
rng = np.random

# 我们为了测试，自己生成10个样本，每个样本是3维的向量，然后用于训练
N = 10
feats = 3
D = (rng.randn(N, feats).astype(np.float32), rng.randint(size=N, low=0, high=2).
astype(np.float32))

# 声明自变量x、以及每个样本对应的标签y(训练标签)
x = T.matrix("x")
y = T.vector("y")

#随机初始化参数w、b=0，为共享变量
w = theano.shared(rng.randn(feats), name="w")
b = theano.shared(0., name="b")

# 构造代价函数
p_1 = 1 / (1 + T.exp(-T.dot(x, w) - b))    # s激活函数
xent = -y * T.log(p_1) - (1-y) * T.log(1-p_1) # 交叉熵代价函数
cost = xent.mean() + 0.01 * (w ** 2).sum()# 代价函数的平均值+L2 正则项以防过拟合，其中
权重衰减系数为 0.01
gw, gb = T.grad(cost, [w, b])              # 对总代价函数求参数的偏导数

prediction = p_1 > 0.5                     # 大于 0.5 预测值为1，否则为 0.
```

```
train = theano.function(inputs=[x,y],outputs=[prediction, xent],updates=((w, w -
0.1 * gw), (b, b - 0.1 * gb)))#训练所需函数
predict = theano.function(inputs=[x], outputs=prediction)#测试阶段函数

#训练
training_steps = 1000
for i in range(training_steps):
    pred, err = train(D[0], D[1])
    print (err.mean())#查看代价函数下降变化过程
```

## 2.5 条件与循环

编写函数需要经常用到条件语句或循环语句,这节我们就简单介绍 Theano 如何实现条件判断或逻辑循环。

### 1. 条件判断

Theano 是一种符号语言,条件判断不能直接使用 Python 的 if 语句。在 Theano 可以用 ifelse 和 switch 来表示判定语句。这两个判定语句有何区别呢?

switch 对每个输出变量进行操作,ifelse 只对一个满足条件的变量操作。比如对语句:

```
switch(cond, ift, iff)
```

如果满足条件,则 switch 既执行 ift 也执行 iff。而对语句:

```
if cond then ift else iff
```

ifelse 只执行 ift 或者只执行 iff。

下面通过一个示例进一步说明:

```
from theano import tensor as T
from theano.ifelse import ifelse
import theano,time,numpy

a,b=T.scalars('a','b')
x,y=T.matrices('x','y')
z_switch=T.switch(T.lt(a,b),T.mean(x),T.mean(y))#lt:a < b?
z_lazy=ifelse(T.lt(a,b),T.mean(x),T.mean(y))

#optimizer:optimizer 的类型结构(可以简化计算,增加计算的稳定性)
#linker:决定使用哪种方式进行编译(C/Python)
f_switch = theano.function([a, b, x, y], z_switch,mode=theano.Mode(linker='vm'))
f_lazyifelse = theano.function([a, b, x, y], z_lazy,mode=theano.Mode(linker='vm'))

val1 = 0.
val2 = 1.
```

```
big_mat1 = numpy.ones((1000, 100))
big_mat2 = numpy.ones((1000, 100))

n_times = 10

tic = time.clock()
for i in range(n_times):
    f_switch(val1, val2, big_mat1, big_mat2)
print('time spent evaluating both values %f sec' % (time.clock() - tic))

tic = time.clock()
for i in range(n_times):
    f_lazyifelse(val1, val2, big_mat1, big_mat2)
print('time spent evaluating one value %f sec' % (time.clock() - tic))
```

打印结果：

```
time spent evaluating both values 0.005268 sec
time spent evaluating one value 0.007501 sec
```

**2. 循环语句**

scan 是 Theano 中构建循环 Graph 的方法，scan 是个灵活复杂的函数，任何用循环、递归或者跟序列有关的计算，都可以用 scan 完成。其格式如下：

```
theano.scan(fn, sequences=None, outputs_info=None, non_sequences=None, n_
steps=None, truncate_gradient=-1, go_backwards=False, mode=None, name=None,
profile=False, allow_gc=None, strict=False)
```

参数说明：

❑ fn：一个 lambda 或者 def 函数，描述了 scan 中的一个步骤。除了 outputs_info，fn 可以返回 sequences 变量的更新 updates。fn 的输入变量的顺序为 sequences 中的变量、outputs_info 的变量、non_sequences 中的变量。如果使用了 taps，则按照 taps 给 fn 喂变量。taps 的详细介绍会在后面的例子中给出。

❑ sequences：scan 进行迭代的变量，scan 会在 T.arange() 生成的 list 上遍历，例如下面的 polynomial 例子。

❑ outputs_info：初始化 fn 的输出变量，和输出的 shape 一致。如果初始化值设为 None，表示这个变量不需要初始值。

❑ non_sequences：fn 函数用到的其他变量，迭代过程中不可改变（unchange）。

❑ n_steps：fn 的迭代次数。

下面通过一个例子解释 scan 函数的具体使用方法。

代码实现思路是：先定义函数 one_step，即 scan 里的 fn，其任务就是计算多项式的一项，scan 函数返回的 result 里会保存多项式每一项的值，然后我们对 result 求和，就得到了多项式的值。

```
import theano
import theano.tensor as T
import numpy as np

# 定义单步的函数，实现 a*x^n
# 输入参数的顺序要与下面 scan 的输入参数对应
def one_step(coef, power, x):
    return coef * x ** power

coefs = T.ivector()   # 每步变化的值，系数组成的向量
powers = T.ivector()  # 每步变化的值，指数组成的向量
x = T.iscalar()       # 每步不变的值，自变量

# seq,out_info,non_seq 与 one_step 函数的参数顺序一一对应
# 返回的 result 是每一项的符号表达式组成的 list
result, updates = theano.scan(fn = one_step,
                              sequences = [coefs, powers],
                              outputs_info = None,
                              non_sequences = x)

# 每一项的值与输入的函数关系
f_poly = theano.function([x, coefs, powers], result, allow_input_downcast=True)

coef_val = np.array([2,3,4,6,5])
power_val = np.array([0,1,2,3,4])
x_val = 10

print(" 多项式各项的值：",f_poly(x_val, coef_val, power_val))
#scan 返回的 result 是每一项的值，并没有求和，如果我们只想要多项式的值，可以把 f_poly 写成这样：
# 多项式每一项的和与输入的函数关系
f_poly = theano.function([x, coefs, powers], result.sum(), allow_input_
downcast=True)

print(" 多项式和的值：",f_poly(x_val, coef_val, power_val))
```

打印结果：

```
多项式各项的值： [ 2   30   400  6000 50000]
多项式和的值： 56432
```

## 2.6　共享变量

　　共享变量（shared variable）是实现机器学习算法参数更新的重要机制。shared 函数会返回共享变量。这种变量的值在多个函数可直接共享。可以用符号变量的地方都可以用共享变量。但不同的是，共享变量有一个内部状态的值，这个值可以被多个函数共享。它可以存储在显存中，利用 GPU 提高性能。我们可以使用 get_value 和 set_value 方法来读取或者修改共享变量的值，使用共享变量实现累加操作。

```
import theano
import theano.tensor as T
from theano import shared
import numpy as np

# 定义一个共享变量，并初始化为 0
state = shared(0)
inc = T.iscalar('inc')
accumulator = theano.function([inc], state, updates=[(state, state+inc)])
# 打印 state 的初始值
print(state.get_value())
accumulator(1) # 进行一次函数调用
# 函数返回后，state 的值发生了变化
print(state.get_value())
```

这里 state 是一个共享变量，初始化为 0，每次调用 accumulator()，state 都会加上 inc。共享变量可以像普通张量一样用于符号表达式，另外，它还有自己的值，可以直接用 .get_value() 和 .set_value() 方法来访问和修改。

上述代码引入了函数中的 updates 参数。updates 参数是一个 list，其中每个元素是一个元组 (tuple)，这个 tuple 的第一个元素是一个共享变量，第二个元素是一个新的表达式。updatas 中的共享变量会在函数返回后更新自己的值。updates 的作用在于执行效率，updates 多数时候可以用原地（in-place）算法快速实现，在 GPU 上，Theano 可以更好地控制何时何地给共享变量分配空间，带来性能提升。最常见的神经网络权值更新，一般会用 update 实现。

## 2.7 小结

Theano 基于 NumPy，但性能方面又高于 NumPy。因 Theano 采用了张量 (Tensor) 这个核心元素，在计算方面采用符号计算模型，而且采用共享变量、自动求导、利用 GPU 等适合于大数据、深度学习的方法，其他很多开发项目也深受这些技术和框架影响。本章主要为后续介绍 TensorFlow 做个铺垫。

# 第 3 章

# 线 性 代 数

机器学习、深度学习的基础除了编程语言外，还有一个就是应用数学。它一般包括线性代数、概率与信息论、概率图、数值计算与最优化等。其中线性代数又是基础的基础。线性代数是数学的一个重要分支，广泛应用于科学和工程领域。大数据、人工智能的源数据在模型训练前都需要转换为向量或矩阵，而这些运算正是线性代数的主要内容。

如在深度学习的图像处理中，如果 1 张图由 $28 \times 28$ 像素点构成，那这 $28 \times 28$ 就是一个矩阵。在深度学习的神经网络中，权重一般都是矩阵，我们经常把权重矩阵 W 与输入 X 相乘，输入 X 一般是向量，这就涉及矩阵与向量相乘的问题。诸如此类，向量或矩阵之间的运算在深度学习中非常普遍，也非常重要。

本章主要介绍如下内容：

- ❑ 标量、向量、矩阵和张量。
- ❑ 矩阵和向量运算。
- ❑ 特殊矩阵与向量。
- ❑ 线性相关性及向量空间。

## 3.1 标量、向量、矩阵和张量

在机器学习、深度学习中，首先遇到的就是数据，如果按类别来划分，我们通常会遇到以下几种类型的数据。

### 1. 标量（scalar）

一个标量就是一个单独的数，一般用小写的变量名称表示，如 a、x 等。

### 2. 向量（vector）

向量就是一列数或一个一维数组，这些数是有序排列的。通过次序中的索引，我们可以确定向量中每个单独的数。通常我们赋予向量粗体的小写变量名称，如 $x$、$y$ 等。一个向量一般有很多元素，这些元素如何表示？我们一般通过带脚标的斜体表示，如 $x_1$ 表示向量

$x$ 中的第一个元素，$x_2$ 表示第二元素，依次类推。

当需要明确表示向量中的元素时，我们一般将元素排列成一个方括号包围的纵列：

$$x = \begin{bmatrix} x_1 \\ x_2 \\ \vdots \\ x_n \end{bmatrix} \qquad (3.1)$$

我们可以把向量看作空间中的点，每个元素是不同的坐标轴上的坐标。

向量可以这样表示，那我们如何用编程语言（如 Python）来实现呢？如何表示一个向量？如何获取向量中每个元素呢？请看如下实例：

```
import numpy as np

a=np.array([1,2,4,3,8])
print(a.size)
print(a[0],a[1],a[2],a[-1])
```

打印结果如下：

```
5
1 2 4 8
```

这说明向量元素个数为 5，向量中索引一般从 0 开始，如 a[0] 表示第一个元素 1，a[1] 表示第二个元素 2，a[2] 表示第三个元素 4，依次类推。这是从左到右的排列顺序，如果从右到左，我们可用负数来表示，如 a[-1] 表示第 1 个元素（注：从右到左），a[-2] 表示第 2 个元素，依次类推。

### 3. 矩阵（matrix）

矩阵是二维数组，其中的每一个元素被两个索引而非一个所确定。我们通常会赋予矩阵粗体的大写变量名称，比如 $A$。如果一个实数矩阵高度为 $m$，宽度为 $n$，那么我们说 $A \in \mathbb{R}^{m \times n}$。

与向量类似，可以通过给定行和列的下标表示矩阵中的单个元素，下标用逗号分隔，如 $A_{1,1}$ 表示 $A$ 左上的元素，$A_{1,2}$ 表示第一行第二列对应的元素，依次类推。如果我们想表示 1 列或 1 行，该如何表示呢？我们可以引入冒号 ":" 来表示，如第 1 行，可用 $A_{1,:}$ 表示，第 2 行用 $A_{2,:}$ 表示，第 1 列用 $A_{:,1}$ 表示，第 $n$ 列用 $A_{:,n}$ 表示。

如何用 Python 来表示或创建矩阵呢？如果希望获取其中某个元素，该如何实现呢？请看如下实例：

```
import numpy as np

A=np.array([[1,2,3],[4,5,6]])
print(A)
print(A.size)      # 显示矩阵元素总个数
```

```
print(A.shape)    #显示矩阵现状，即行行和列数
print(A[0,0],A[0,1],A[1,1])
print(A[1,:])   #打印矩阵第 2 行
```

打印结果：

```
[[1 2 3]
 [4 5 6]]
6
(2, 3)
1 2 5
[4 5 6]
```

矩阵可以用嵌套向量生成，和向量一样，在 NumPy 中，矩阵元素的下标索引也是从 0 开始的。

### 4. 张量（tensor）

几何代数中定义的张量是向量和矩阵的推广，通俗一点理解的话，我们可以将标量视为零阶张量，向量视为一阶张量，那么矩阵就是二阶张量，三阶就称为三阶张量，以此类推。在机器学习、深度学习中经常遇到多维矩阵，如一张彩色图片就是一个三阶张量，三个维度分别是图片的高度、宽度和色彩数据。

张量（tensor）也是深度学习框架 TensorFlow 的重要概念。TensorFlow 由 tensor（张量）+flow（流）构成。

同样我们可以用 Python 来生成张量及获取其中某个元素或部分元素，请看实例：

```
B=np.arange(16).reshape((2, 2, 4))    #生成一个 3 阶矩阵
print(B)
print(B.size)    #显示矩阵元素总数
print(B.shape)   #显示矩阵的维度
print(B[0,0,0],B[0,0,1],B[0,1,1])
print(B[0,1,:])
```

打印结果如下：

```
[[[ 0  1  2  3]
  [ 4  5  6  7]]

 [[ 8  9 10 11]
  [12 13 14 15]]]
16
(2, 2, 4)
0 1 5
[4 5 6 7]
```

### 5. 转置（transpose）

转置以主对角线（左上到右下）为轴进行镜像操作，通俗一点来说就是行列互换。将矩阵 $A$ 转置表示为 $A^T$，定义如下：

$$(A^{\mathrm{T}})_{i,j} = A_{j,i} \tag{3.2}$$

如：

$$A = \begin{pmatrix} a_{1,1} & a_{1,2} & a_{1,3} \\ a_{2,1} & a_{2,2} & a_{2,3} \end{pmatrix}, \quad A^{\mathrm{T}} = \begin{pmatrix} a_{1,1} & a_{2,1} \\ a_{1,2} & a_{2,2} \\ a_{1,3} & a_{2,3} \end{pmatrix}$$

向量可以看作只有一列的矩阵，把（3.1）式中向量 $x$ 进行转置，得到下式。

$$x^{\mathrm{T}} = [x_1, x_2, \cdots, x_n]$$

用 NumPy 如何实现张量的转置呢？很简单，利用张量的 T 属性即可，示例如下：

```
C=np.array([[1,2,3],[4,5,6]])
D=C.T          # 利用张量的 T 属性（即转置属性）
print(C)
print(D)
```

打印结果如下：

```
[[1 2 3]
 [4 5 6]]
[[1 4]
 [2 5]
 [3 6]]
```

## 3.2　矩阵和向量运算

矩阵加法和乘法是矩阵运算中最常用的操作之一，两个矩阵相加，需要它们的形状相同，进行对应元素的相加，如：$C = A + B$，其中 $C_{i,j} = A_{i,j} + B_{i,j}$。矩阵也可以和向量相加，只要它们的列数相同，相加的结果是矩阵每行与向量相加，这种隐式复制向量 b 到很多位置的方式称为广播 (broadcasting)，下面我们通过一个代码实例来说明。

```
C=np.array([[1,2,3],[4,5,6]])
b=np.array([10,20,30])
D=C+b
print(D)
```

打印结果为：

```
[[11 22 33]
 [14 25 36]]
```

两个矩阵相加，要求它们的形状相同，如果两个矩阵相乘，如 $A$ 和 $B$ 相乘，结果为矩阵 $C$，那么矩阵 $A$ 和 $B$ 需要什么条件呢？条件比较简单，只要矩阵 $A$ 的列数和矩阵 $B$ 的行数相同即可。如果矩阵 $A$ 的形状为 $m \times n$，矩阵 $B$ 的形状为 $n \times p$，那么矩阵 $C$ 的形状就是

$m \times p$，例如 $C=A \cdot B$，则它们的具体乘法操作定义为：

$$C_{i,j} = \sum_k A_{i,k} B_{k,j}$$

即矩阵 $C$ 的第 $i, j$ 个元素 $C_{i,j}$ 为矩阵的 $A$ 第 $i$ 行与矩阵 $B$ 的第 $j$ 列的内积。

矩阵乘积有很多重要性质，如满足分配律 $(A(B+C)=AB+AC)$ 和结合律 $(A(BC)=(AB)C)$。大家思考一下是否满足交换律？

另外，转置也有很好的性质，如：$(AB)^T=B^T A^T$。

两个矩阵可以相乘，矩阵也可以和向量相乘，只要矩阵的列数等于向量的行数或元素个数。如：

$$Wx=b \tag{3.3}$$

其中 $W \in R^{m \times n}, b \in R^m, x \in R^n$

假设向量 $b = \begin{bmatrix} b_1 \\ b_2 \\ \vdots \\ b_m \end{bmatrix}$，则 $W_{1,:} x=b_1, W_{2,:} x=b_2, \cdots\cdots W_{m,:} x=b_m$。

## 3.3　特殊矩阵与向量

上一节我们介绍了一般矩阵的运算，实际上在机器学习或深度学习中，我们还经常遇到一些特殊类型的矩阵，如可逆矩阵、对称矩阵、对角矩阵、单位矩阵、正交矩阵等。这些特殊矩阵均有各自的特殊属性，下面我们逐一进行说明。

### 1. 可逆矩阵

先简单介绍一下可逆矩阵，因后续需要用到。在（3.3）式中，假设已知矩阵 $W$ 和向量 $b$，如何求向量 $x$？为求解向量 $x$，我们需要引入一个称为逆矩阵的概念。而为了求逆矩阵，又牵涉到单位矩阵，何为单位矩阵？单位矩阵的结构很简单，就是所有沿主对角线上的元素都是 1，而其他位置元素都是 0 的方阵（行数等于列数的矩阵），一般记为 $I_n$，如：

$$\begin{bmatrix} 1 & 0 & 0 \\ 0 & 1 & 0 \\ 0 & 0 & 1 \end{bmatrix}$$

任意向量和单位矩阵相乘，都不会改变。

矩阵 $A$ 的逆记作 $A^{-1}$，其定义为：$A^{-1}A=I_n$

如果我们能找到（3.3）式中矩阵 $W$ 的逆矩阵，$W^{-1}$，那么，只要在等式两边同时乘以 $W^{-1}$，则可得到如下结果：

$$W^{-1}Wx=W^{-1}b$$

$$I_n x = W^{-1} b$$
$$x = W^{-1} b$$

对此后续我们有更详细的讨论及代码实现。

### 2. 对角矩阵

对角矩阵只有在主对角线上才有非零元素，其余都是 0。从形式上来看，如果 A 为对角矩阵，当且仅当对所有 $i \neq j$，$A_{i,j}=0$。对角矩阵可以是方阵（行数等于列数）也可以不是方阵，如下所示，就是一个对角矩阵。

$$A = \begin{bmatrix} 1 & 0 \\ 0 & 2 \\ 0 & 0 \end{bmatrix}$$

对角矩阵有非常好的性质，这些性质使很多计算非常高效，在机器学习、深度学习中经常会用到。

对于对角矩阵为方阵的情况，我们可以把对角矩阵简单记为：

$$\mathrm{diag}(v)=\mathrm{diag}([v_1, v_2, \cdots, v_n]^T) \tag{3.4}$$

其中 $v=[v_1, v_2, \cdots, v_n]^T$ 是由对角元素组成的向量，现在我们看一下对角矩阵在一些计算方面的奇妙之处。

假设现有向量 $v=[v_1, v_2, \cdots, v_n]^T$，$x=[x_1, x_2, \cdots, x_n]^T$，则满足：

$$\mathrm{diag}(v)x=v \odot x$$
$$\mathrm{diag}(v)^{-1}=\mathrm{diag}(1/v_1, 1/v_2, \cdots, 1/v_n]^T)$$

从上面两个式子可以看到对角矩阵的简洁高效。

### 3. 对称矩阵

对称矩阵，对于任意一个 $n$ 阶方阵 $A$，若 $A$ 满足：$A=A^T$ 成立，则称方阵 $A$ 为对称矩阵。

### 4. 单位向量

任意给定的向量 $v$，若其 $L^2$ 范数为 1，即 $\|v\|_2=1$，则称向量 $v$ 为单位向量。

### 5. 正交向量

假设现有向量 $v=[v_1, v_2, \cdots, v_n]^T$，$x=[x_1, x_2, \cdots, x_n]^T$，若满足

$$v^T \odot x=0 \tag{3.5}$$

则称向量 $v$ 和向量 $x$ 正交。这里 $\odot$ 表示向量的点积运算。

### 6. 正交矩阵

对于任意一个 $n$ 阶方阵 $A$，若矩阵的行向量之间互相正交，且行向量都是单位向量，即满足：

$$AA^T=A^TA=I（单位矩阵） \tag{3.6}$$

则称矩阵 $A$ 是一个正交矩阵。由式（3.5）可以看出，若 $A$ 是一个正交矩阵，则可推出

$A^T = A^{-1}$。

## 3.4　线性相关性及向量空间

前面介绍了向量、矩阵等概念，接下来我们将介绍向量组、线性组合、线性相关性、秩等重要概念。

由多个同维度的列向量构成的集合称为向量组，矩阵可以看作由行向量或列向量构成的向量组。

### 1. 线性组合

给定向量组 $X{:}x_1, x_2, \cdots, x_n$ 其中 $x_i \in R^m$，对任何一组实数 $k_1, k_2, \cdots, k_n$，构成的表达式：

$$k_1 x_1 + k_2 x_2 + \cdots + k_n x_n \tag{3.7}$$

称为向量组 $X$ 的一个线性组合，$k_1, k_2, \cdots, k_n$ 称为向量组的系数。

对于任意一个 $m$ 维向量 $b$，如果存在一组实数 $k_1, k_2, \cdots, k_n$，使得：

$$k_1 x_1 + k_2 x_2 + \cdots + k_n x_n = b$$

成立，则称向量 $b$ 可以被向量组 $X{:}x_1, x_2, \cdots, x_n$ 线性表示。

对于任意实数集 $\{k_1, k_2, \cdots, k_n\}$，由式（3.7）构成的所有向量集合，称为向量空间：

$$\{k_1 x_1 + k_2 x_2 + \cdots + k_n x_n, \ 其中\ k_i \in R\}$$

向量空间的概念有点抽象，我们举一个简单实例来说明这个概念，比如由三个向量构成的向量组 $\{(1,0,0),(0,1,0),(0,0,1)\}$ 和任何一组实数 $\{k_1, k_2, k_3\}$ 就构成了一个三维空间。

### 2. 线性相关

对给定的一个向量组 $X{:}x_1, x_2, \cdots, x_n$，如果存在不全为 0 的实数 $k_1, k_2, \cdots, k_n$，使得：

$$k_1 x_1 + k_2 x_2 + \cdots + k_n x_n = 0$$

成立，则称向量组 $X$ 为线性相关。反之，称向量组 $X$ 为线性无关。

### 3. 向量组的秩

假设在原向量组 $X{:}x_1, x_2, \cdots, x_n$ 存在一个子向量组，不妨设为 $X_0{:}x_1, x_2, \cdots, x_r, r<n$，满足：

1）$x_1, x_2, \cdots, x_r$ 线性无关；

2）向量组 $X$ 中任意 $r+1$ 个向量构成的子向量组都是线性相关的。

那么，称向量组 $X_0{:}x_1, x_2, \cdots, x_r, r<n$ 是向量组 $X$ 的一个最大线性无关组，最大线性无关向量组包含的向量个数 $r$ 称为向量组 $X$ 的秩。

秩是一个重要概念，运用非常广泛。实际上，矩阵可以看作一个向量组。如果把矩阵看作由所有行向量构成的向量组，这样矩阵的行秩就等于行向量组的秩；如果把矩阵看作由所有列向量构成的向量组，这样矩阵的列秩就等于列向量组的秩。矩阵的行秩与列秩相等，因此，把矩阵的行秩和列秩统称为矩阵的秩。

## 3.5 范数

数有大小，向量也有大小，向量的大小我们通过范数（Norm）来衡量。范数在机器学习、深度学习中运用非常广泛，特别在限制模型复杂度、提升模型的泛化能力方面效果不错。$p$ 范数的定义如下：

$$\|x\|_p = \left(\Sigma_i |x_i|^p\right)^{\frac{1}{p}} \tag{3.8}$$

其中 $p \in R, P \geqslant 1$

直观上来看，向量 $x$ 的范数是度量从原点到点 $x$ 的距离，范数是将向量映射到非负值的函数，如果从广义来说，任意一个满足以下三个条件的函数，都可称为范数：

1）非负性：$f(x) \geqslant 0$，且当 $f(x)=0$ 时，必有 $x=0$；

2）三角不等式性：$f(x+y) \leqslant f(x) + f(y)$；

3）齐次性：$\forall \alpha \in R, \forall x \in R^n, f(\alpha x) = |\alpha| f(x)$。

当 $p=1$ 时，即 $L^1$ 范数，也称为绝对值范数，大小等于向量每个元素的绝对值之和，即：

$$\|x\| = \Sigma_i |x_i| \tag{3.9}$$

当 $p=2$ 时，即 $L^2$ 范数，也称为欧几里得范数，其大小表示从原点到当前点的欧几里得距离，即：

$$\|x\|_2 = \sqrt{\left(|x_1|^2 + |x_2|^2 + \cdots + |x_n|^2\right)} \tag{3.10}$$

当 $p$ 为 $\infty$ 时，即 $L^\infty$ 范数，也称为最大范数，它的值等于向量中每个元素的绝对值的最大值，即：

$$\|x\|_\infty = \max_i(|x_i|) \tag{3.11}$$

前面主要介绍了利用范数来度量向量的大小，那么矩阵的大小如何度量呢？我们可以用类似的方法。在深度学习中，常用 Frobenius 范数来描述，即：

$$\|A\|_F = \sqrt{\Sigma_{i,j} A_{i,j}^2} \tag{3.12}$$

它有点类似向量的 $L^2$ 范数。

两个向量的点积可以用范数来表示，即：

$$x^T y = \|x\|_2 \|y\|_2 \cos\theta \tag{3.13}$$

其中 $\theta$ 表示 $x$ 与 $y$ 之间的夹角。

以上说了向量的一种度量方式，即通过范数来度量向量或矩阵的大小，并有具体公式，在实际编程中如何计算向量的范数呢？这里我们还是以 Python 为例进行说明。

```
import numpy  as np
import numpy.linalg as LA       # 导入 Numpy 中线性代数库
```

```
x=np.arange(0,1,0.1)    # 自动生成一个 [0,1) 间的 10 个数，步长为 0.1
print(x)

x1= LA.norm(x,1)              # 计算 1 范数
x2= LA.norm(x,2)              # 计算 2 范数
xa=LA.norm(x,np.inf)         # 计算无穷范数
print(x1)
print(x2)
print(xa)
```

打印结果如下：

```
[ 0.   0.1  0.2  0.3  0.4  0.5  0.6  0.7  0.8  0.9]
4.5
1.68819430161
0.9
```

由此看出利用 Python 求向量的范数还是很方便的。

## 3.6 特征值分解

许多数学对象可以分解成多个组成部分。特征分解就是使用最广的矩阵分解之一，即将矩阵分解成一组特征向量和特征值。本节讨论的矩阵都是方阵。

我们先介绍特征值、特征向量的概念。设 $A$ 是一个 $n$ 阶方阵，如果存在实数 $\lambda$ 和 $n$ 维的非零向量 $x$，满足：

$$Ax=\lambda x \tag{3.14}$$

那么把数 $\lambda$ 称为方阵 $A$ 的特征值，向量 $x$ 称为矩阵 $A$ 对应特征值 $\lambda$ 的特征向量。

假设矩阵 $A$ 有 $n$ 个线性无关的特征向量 $\{v^1, v^2, \cdots, v^n\}$，它们对应的特征值为 $\{\lambda_1, \lambda_2, \cdots, \lambda_n\}$，把这 $n$ 个线性无关的特征向量组合成一个新方阵，每一列是一个特征向量。

$$V=[v^1, v^2, \cdots, v^n]$$

用特征值构成一个 $n$ 阶对角矩阵，对角线的元素都是特征值。

$$\mathrm{diag}(\lambda)=[\lambda_1, \lambda_2, \cdots, \lambda_n]^{\mathrm{T}}$$

那么，$A$ 的特征分解可表示为：

$$A=V\mathrm{diag}(\lambda)V^{-1} \tag{3.15}$$

注意，并不是所有方阵都能进行特征值分解，一个 $n$ 阶方阵 $A$ 能进行特征值分解的充分必要条件是它含有 $n$ 个线性无关的特征向量。

这里我们介绍了给定一个方阵时，如何求该方阵的特征向量和特征值，以及如何用编程语言实现。具体请看如下示例：

```
import numpy as np

a = np.array([[1,2],[3,4]]) # 示例矩阵
```

```
A1 = np.linalg.eigvals(a)   # 得到特征值
A2,V1 = np.linalg.eig(a) # 其中 A2 也是特征值，B 为特征向量
print(A1)
print(A2)
print(V1)
```

打印结果：

```
[-0.37228132  5.37228132]
[-0.37228132  5.37228132]
[[-0.82456484 -0.41597356]
 [ 0.56576746 -0.90937671]]
```

【说明】

在 numpy.linalg 模块中：

❑ eigvals()：计算矩阵的特征值。

❑ eig()：返回包含特征值和对应特征向量的元组。

## 3.7 奇异值分解

上节我们介绍了方阵的一种分解方式，如果矩阵不是方阵，是否能分解？如果能，该如何分解？这节我们介绍一种一般矩阵的分解方法，称为奇异值分解，这种方法应用非常广泛，如降维、推荐系统、数据压缩等。

矩阵非常重要，所以其分解方法也非常重要，方法也比较多，除了特征分解法，还有一种奇异值分解法（SVD）。它将矩阵分解为奇异向量和奇异值。通过奇异分解，我们会得到一些类似于特征分解的信息。然而，奇异分解有更广泛的应用。

每个实数矩阵都有一个奇异值分解，但不一定都有特征分解。例如，非方阵的矩阵就没有特征分解，这时我们只能使用奇异值分解。

奇异分解与特征分解类似，只不过这回我们将矩阵 A 分解成三个矩阵的乘积：

$$A=UDV^\mathrm{T} \tag{3.16}$$

假设 $A$ 是一个 $m \times n$ 矩阵，那么 $U$ 是一个 $m \times m$ 矩阵，$D$ 是一个 $m \times n$ 矩阵，$V$ 是一个 $n \times n$ 矩阵。这些矩阵每一个都拥有特殊的结构，其中 $U$ 和 $V$ 都是正交矩阵，$D$ 是对角矩阵（注意，$D$ 不一定是方阵）。对角矩阵 $D$ 对角线上的元素被称为矩阵 $A$ 的奇异值。矩阵 $U$ 的列向量被称为左奇异向量，矩阵 $V$ 的列向量被称右奇异向量。

SVD 最有用的一个性质可能是拓展矩阵求逆到非方矩阵上。奇异值分解，看起来很复杂，如果用 Python 来实现，却非常简单，具体请看如下示例：

```
import numpy as np

Data=np.mat([[1,1,1,0,0],
             [2,2,2,0,0],
```

```
             [3,3,3,0,0],
             [5,5,3,2,2],
             [0,0,0,3,3],
             [0,0,0,6,6]])

u,sigma,vt=np.linalg.svd(Data)
#print(u)
print(sigma)
# 转换为对角矩阵
diagv=np.mat([[sigma[0],0,0],[0,sigma[1],0],[0,0,sigma[2]]])
print(diagv)
#print(vt)
```

打印结果：

```
[  1.09824632e+01   8.79229347e+00   1.03974857e+00   1.18321522e-15
   2.13044868e-32]
[[ 10.98246322   0.          0.         ]
 [  0.           8.79229347  0.         ]
 [  0.           0.          1.03974857]]
```

## 3.8  迹运算

迹运算返回的是矩阵对角元素的和：

$$\mathrm{Tr}(\boldsymbol{A}) = \sum_i \boldsymbol{A}_{i,i} \tag{3.17}$$

迹运算在某些场合非常有用。若不使用求和符号，有些矩阵运算很难描述，而通过矩阵乘法和迹运算符号可以清楚地表示。例如，迹运算提供了另一种描述矩阵 Frobenius 范数的方式：

$$\parallel \boldsymbol{A} \parallel_{\mathrm{F}} = \sqrt{\mathrm{Tr}(\boldsymbol{A}\boldsymbol{A}^{\mathrm{T}})} \tag{3.18}$$

对迹运算的表达式，我们可以使用很多等式来表示。例如，迹运算在转置运算下是不变的：

$$\mathrm{Tr}(\boldsymbol{A}) = \mathrm{Tr}(\boldsymbol{A}^{\mathrm{T}})$$

多个矩阵相乘得到的方阵的迹，与将这些矩阵中最后一个挪到最前面之后相乘的迹是相同的。当然，我们需要考虑挪动之后矩阵乘积依然有定义：

$$\mathrm{Tr}(\boldsymbol{ABC}) = \mathrm{Tr}(\boldsymbol{CAB}) = \mathrm{Tr}(\boldsymbol{BCA})$$

利用 Python 的 NumPy 对矩阵求迹同样方便。请看以下示例。

```
C=np.array([[1,2,3],[4,5,6],[7,8,9]])
TrC=np.trace(C)

D=C-2
TrCT=np.trace(C.T)
TrCD=np.trace(np.dot(C,D))
TrDC=np.trace(np.dot(D,C))
```

```
print(TrC)
print(TrCT)
print(TrCD)
print(TrDC)
```

打印结果：

```
15
15
171
171
```

## 3.9 实例：用 Python 实现主成分分析

主成分分析（Principal Component Analysis，PCA）是一种统计方法。通过正交变换将一组可能存在相关性的变量转换为一组线性不相关的变量，转换后的这组变量叫主成分。

在许多机器学习、深度学习的应用中，往往需要处理大量样本或大的矩阵，多变量大样本无疑会为研究和应用提供丰富的信息，但也在一定程度上增加了数据采集的工作量。更重要的是，在多数情况下，许多变量之间可能存在相关性，从而增加了问题分析的复杂性，同时对分析带来不便。如果分别对每个指标进行分析，分析往往是孤立的，而不是综合的。而盲目减少指标又会损失很多信息，且容易产生错误的结论。因此需要找到一个合理有效的方法，在减少需要分析指标或维度的同时，尽量减少原指标所含信息的损失，以达到对所收集数据进行全面分析的目的。由于各变量间存在一定的相关关系，因此有可能用较少的综合指标分别存储变量的各类信息。主成分分析就属于这类降维的方法。

如何实现以上目标呢？这里我们简要说明一下原理，然后使用 Python 来实现，至于详细的推导过程，大家可参考相关书籍或网上资料。

**问题**：设在 $n$ 维空间中有 $m$ 个样本点：$\{x^1, x^2, \cdots, x^m\}$，假设 $m$ 比较大，需要对这些点进行压缩，使其投影到 $k$ 维空间中，其中 $k<n$，同时使损失的信息最小。

该如何实现呢？以下简要说明一下思路。

设投影到 $k$ 维空间后的新坐标系为 $\{w^1, w^2, \cdots, w^k\}$，其中 $w^i \in R^n$，$w^i$ 是标准的正交基向量，即满足：

$$\| w^i \|_2 = 1, \, w^{i\mathrm{T}} w^i = 0 \; (i \neq j) \tag{3.19}$$

设矩阵 $W = \{w^1, w^2, \cdots, w^k\}$ 是一个大小为 $n \times k$ 维的正交矩阵，它是一个投影矩阵。$X = \{x^1, x^2, \cdots, x^m\}$ 是训练数据集，为 $n \times m$ 维的矩阵，由矩阵乘法的定义可知，投影到 $k$ 维空间的点的坐标为 $Z = W^{\mathrm{T}} X$。

利用该坐标系重构数据，即把数据集 $Z$ 从 $k$ 维空间重新映射回 $n$ 维空间，得到新的坐标点：$X^* = WZ = WW^{\mathrm{T}} X$。

要使信息损失最小，一种合理的设想就是重构后的点 $X^*$ 与原来的数据点之间距离最小，据此，PCA 可转换为求带约束的最优化问题：

$$\min_w \| X - X^* \|_F^2 = \min_w \| X - WW^T X \|_F^2 \qquad (3.20)$$
$$\text{s.t.} \quad W^T W = I$$

根据范数与矩阵迹的关系（3.18），上式可进一步简化为：

$$\min_w \| X - WW^T X \|_F^2 = \min_w \text{tr}((X - WW^T X)T(X - WW^T X))$$

最后可以化简为：

$$\max_w \text{tr}(W^T XX^T W) \qquad (3.21)$$
$$\text{s.t.} \quad W^T W = I$$

然后，利用拉格朗日乘子法求解（3.21）式的最优解：

$$L(W, \lambda) = \text{tr}(W^T XX^T W) + \lambda(I - W^T W) \qquad (3.22)$$

最后对（3.22）式两端对 $w$ 求导，并令导数为 0，化简后就可得到：

$$XX^T W = \lambda W \qquad (3.23)$$

由（3.23）式可知，$W$ 是由协方差矩阵 $XX^T$ 的特征向量构成的特征矩阵，利用特征值分解的方法就可求出 $W$。

以下我们用 Python 具体实现一个 PCA 实例。以 iris 作为数据集，该数据集可以通过 load_iris 自动下载。

### 1. iris 数据集简介

Iris 数据集是常用的分类实验数据集，由 Fisher 在 1936 年收集整理。iris 也称鸢尾花卉数据集。数据集包含 150 个数据集，分为 3 类，每类 50 个数据，每个数据包含 4 个属性。可通过花萼长度、花萼宽度、花瓣长度、花瓣宽度 4 个属性预测鸢尾花卉属于（Setosa、Versicolour、Virginica）三类中的哪一类。

### 2. 算法主要步骤

算法的具体步骤如下：

1）对向量 X 进行去中心化。

2）计算向量 X 的协方差矩阵，自由度可以选择 0 或者 1。

3）计算协方差矩阵的特征值和特征向量。

4）选取最大的 $k$ 个特征值及其特征向量。

5）用 X 与特征向量相乘。

### 3. 代码实现

```
from sklearn.datasets import load_iris
import numpy as np
from numpy.linalg import eig

def pca(X, k):
```

```
    # Standardize by remove average
    X = X - X.mean(axis = 0)

    # Calculate covariance matrix:
    X_cov = np.cov(X.T, ddof = 0)

    # Calculate  eigenvalues and eigenvectors of covariance matrix
    eigenvalues, eigenvectors = eig(X_cov)

    # top k large eigenvectors
    klarge_index = eigenvalues.argsort()[-k:][::-1]
    k_eigenvectors = eigenvectors[klarge_index]

    return np.dot(X, k_eigenvectors.T)

iris = load_iris()
X = iris.data
k = 2   # 选取贡献最大的前 2 个特征

X_pca = pca(X, k)
```

### 4. 查看各特征值的贡献率

我们看一下各特征值的贡献率：

```
import numpy as np
import seaborn as sns
import matplotlib.pyplot as plt
from sklearn.datasets import load_iris
from numpy.linalg import eig
%matplotlib inline

iris = load_iris()
X = iris.data
X = X - X.mean(axis = 0)

# 计算协方差矩阵
X_cov = np.cov(X.T, ddof = 0)

# 计算协方差矩阵的特征值和特征向量
eigenvalues, eigenvectors = eig(X_cov)

tot=sum(eigenvalues)
var_exp=[(i / tot) for i in sorted(eigenvalues,reverse=True)]
cum_var_exp=np.cumsum(var_exp)
plt.bar(range(1,5),var_exp,alpha=0.5,align='center',label='individual var')
plt.step(range(1,5),cum_var_exp,where='mid',label='cumulative var')
plt.ylabel('variance rtion')
plt.xlabel('principal components')
plt.legend(loc='best')
plt.show()
```

各特征值的贡献率如图 3-1 所示，可以看出，前两个特征值的方差贡献率超过 95%,

所以 $k$ 取 2 有其合理性。

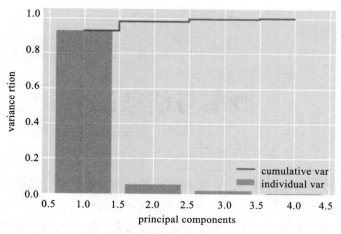

图 3-1    各特征值的贡献率示意图

## 3.10    小结

本章主要介绍线性代数中矩阵及向量的有关概念，以及相关规则和运算等。线性代数是机器学习、深度学习的重要基础，与之相当的还有概率与信息论，我们将在下一章介绍。

# 第 4 章

# 概率与信息论

机器学习、深度学习有三块基石：线性代数、概率与信息论、数值分析。线性代数在上章已介绍过，数值分析后续将介绍，本章讨论概率和信息论。概率是用于表示不确定性陈述的数学框架，即对事物不确定性的度量，而信息论主要研究信号或随机变量所包含的信息量。

在人工智能领域，概率法则告诉我们 AI 系统应该如何推理，从理论上分析我们提出的 AI 系统的行为。

计算机科学许多分支处理的对象都是完全确定的实体，但机器学习却大量使用概率。如果你了解机器学习的工作原理，或许会有更深的体会。因为机器学习大部分时候处理的都是不确定量或随机量。

概率论和信息论是众多学科的基础，也是机器学习、深度学习的重要基础。

如果你对概率论和信息论很熟悉了，可以跳过这章。如果你觉得本章内容还不够，希望了解更多，可以参考相关专业教材。本章主要内容包括：

- ❑ 为何要学概率与信息论
- ❑ 样本空间与随机变量
- ❑ 概率分布
- ❑ 边缘概率
- ❑ 条件概率
- ❑ 期望、方差及协方差
- ❑ 贝叶斯定理
- ❑ 信息论

## 4.1 为何要学概率、信息论

机器学习、深度学习需要借助概率、信息论？

　　概率研究对象不是预先知道或确定的事情，而是预先不确定或随机的事件，研究这些不确定或随机事件背后的规律或规则。或许有人会说，这些不确定或随机事件不需要研究，它们本来就不确定或随机的，飘忽不定、不可捉摸。表面上看似如此，有句话说得好：偶然中有必然，必然中有偶然。就拿我们比较熟悉的微积分来说吧，如果单看有限的几步，很多问题都显得杂乱无章，毫无规律可言，而且还很难处理，但是一旦加上无穷大（∞）这个"照妖镜"，其背后规律立显，原来难处理的问题也好处理了，如大数定律、各种分布等。

　　信息论主要研究对一个信号包含信息的多少进行量化。它的基本思想是一个不太可能的事件居然发生了，其提供的信息量要比一个非常可能发生的事件更多。这种情况也似乎与我们的直觉相矛盾。

　　机器学习、深度学习与概率、信息论有哪些内在关联呢？

　　1）被建模系统内在的随机性。例如一个假想的纸牌游戏，在这个游戏中我们假设纸牌被真正混洗成了随机顺序。

　　2）不完全观测。即使是确定的系统，当我们不能观测到所有驱动系统行为的所有变量或因素时，该系统也会呈现随机性。

　　3）不完全建模。假设我们制作了一个机器人，它可以准确观察周围每一个对象的位置。在对这些对象将来的位置进行预测时，如果机器人采用的是离散化的空间，那么离散化的方法将使机器人无法确定对象们的精确位置：因为每个对象都可能处于它被观测到的离散单元的任何一个角落。也就是说，当不完全建模时，我们不能明确地确定结果，这时的不确定，就需要借助概率来处理。

　　由此看来，概率、信息论很重要，机器学习、深度学习确实很需要它们。后续我们可以看到很多实例，见证概率、信息论在机器学习、深度学习中是如何发挥作用的。

## 4.2　样本空间与随机变量

　　随机试验中，每一个可能的结果，在试验中发生与否，都带有随机性，所以称为随机事件。而所有可能结果构成的全体，称为样本空间。随机变量、样本空间这两个概念非常重要，以下就这两个概念作进一步说明。

### 1. 样本空间

　　样本空间是一个实验或随机试验所有可能结果的集合，随机试验中的每个可能结果称为样本点。例如，如果抛掷一枚硬币，那么样本空间就是集合 { 正面，反面 }。如果投掷一个骰子，那么样本空间就是 {1, 2, 3, 4, 5, 6}。

### 2. 随机变量

　　随机变量，顾名思义，就是"其值随机而定"的变量，一个随机试验有许多可能结果，到底出现哪个预先是不知道的，其结果只有等到试验完成后才能确定。如掷骰子，掷出的

点数 $X$ 是一个随机变量，它可以取 1、2、3、4、5、6 中的任何一个，到底是哪一个，要等掷了骰子以后才知道。因此，随机变量又是试验结果的函数，它为每一个试验结果分配一个值。比如，在一次扔硬币事件中，如果把获得的背面的次数作为随机变量 $X$，则 $X$ 可以取两个值，分别是 0 和 1。如果随机变量 $X$ 的取值是有限的或者是可数无穷尽的值，如：

$$X = \{x_1, x_2, x_3, \cdots, x_n\}$$

则称 $X$ 为离散随机变量。如果 $X$ 由全部实数或者由一部分区间组成，如：

$$X = \{x \mid a \leqslant x \leqslant b\}, \text{其中 } a > b, \text{它们都为实数}$$

则称 $X$ 为连续随机变量，连续随机变量的取值是不可数及无穷尽的。

有些随机现象需要同时用多个随机变量来描述。例如对地面目标射击，弹着点的位置需要两个坐标 $(X, Y)$ 才能确定，$X$、$Y$ 都是随机变量，而 $(X, Y)$ 称为一个二维随机变量或二维随机向量，多维随机向量 $(X_1, X_2, ..., X_n)$ 含义依次类推。

## 4.3　概率分布

概率分布用来描述随机变量（含随机向量）在每一个可能状态的可能性大小。概率分布有不同方式，这取决于随机变量是离散的还是连续的。

对于随机变量 $X$，其概率分布通常记为 $P(X=x)$，或 $X \sim P(x)$，表示 $X$ 服从概率分布 $P(x)$。概率分布描述了取单点值的可能性或概率，但在实际应用中，我们并不关心取某一值的概率，特别是对连续型随机变量，它在某点的概率都是 0，这个后续章节将介绍。因此，我们通常比较关心随机变量落在某一区间的概率，为此，引入分布函数的概念。

定义：设 $X$ 是一个随机变量，$x_k$ 是任意实数值，函数：

$$F(x_k) = P(X \leqslant x_k) \tag{4.1}$$

称为随机变量 $X$ 的分布函数。

由（4.1）式不难发现，对任意的实数 $x_1$、$x_2$ $(x_1 < x_2)$，有：

$$P(x_1 < X \leqslant x_2) = P(X \leqslant x_2) - P(X \leqslant x_1)$$
$$= F(x_2) - F(x_1) \tag{4.2}$$

成立。式（4.2）表明，若随机变量 $X$ 的分布函数已知，那么可以求出 $X$ 落在任意一区间 $[x_1, x_2]$ 的概率。

### 4.3.1　离散型随机变量

设 $x_1, x_2, \cdots, x_n$ 是随机变量 $X$ 的所有可能取值，对每个取值 $x_i$，$X = x_i$ 是其样本空间 $S$ 上的一个事件，为描述随机变量 $X$，还需知道这些事件发生的可能性（概率）。

设离散型随机变量 $X$ 的所有可能取值为 $x_i$ $(i = 1, 2, \cdots, n)$：

$$P(X = x_i) = P_i, i = 1, 2, ... n$$

称为 $X$ 的概率分布或分布律，也称概率函数。

我们常用表格的形式来表示 $X$ 的概率分布：

| $X$ | $x_1$ | $x_2$ | .... | $x_n$ |
|-----|-------|-------|------|-------|
| $P_i$ | $P_1$ | $P_2$ | ... | $P_n$ |

由概率的定义可知，$P_i(i = 1, 2, ...)$ 必然满足：

1）$P_i \geqslant 0$ $i = 1, 2, ..., n$

2）$\sum_{i=1}^{n} p_i = 1$

**例1**：某篮球运动员投中篮圈的概率是 0.8，求他两次独立投篮投中次数 $X$ 的概率分布。

解：$X$ 可取 0，1，2 为值，记 $A_i = \{$ 第 $i$ 次投中篮圈 $\}$，$i=1, 2$，则 $P(A_1) = P(A_2) = 0.8$
由此不难得到下列各情况的概率：

投了两次没一次投中，即：$P(X = 0) = P(\overline{A_1 A_2}) = P(\overline{A_1})P(\overline{A_2}) = 0.2 \times 0.2 = 0.04$

投了两次只投中一次，即：$P(X = 1) = P(\overline{A_1} A_2 \cup A_1 \overline{A_2}) = P(\overline{A_1} A_2) + P(A_1 \overline{A_2})$

$$= 0.2 \times 0.8 + 0.8 \times 0.2 = 0.32$$

投了两次两次都投中，即：$P(X = 2) = P(A_1 A_2) = P(A_1)P(A_2) = 0.8 \times 0.8 = 0.64$

且 $P(X = 0) + P(X = 1) + P(X = 2) = 0.04 + 0.32 + 0.64 = 1$

于是随机变量 $X$ 的概率分布可表示为：

| $X$ | 0 | 1 | 2 |
|-----|-----|-----|-----|
| $P_i$ | 0.04 | 0.32 | 0.64 |

若已知一个离散型随机变量 $X$ 的概率分布：

| $X$ | $x_1$ | $x_2$ | ... | $x_n$ |
|-----|-------|-------|-----|-------|
| $P_i$ | $P_1$ | $P_2$ | ... | $P_n$ |

则由概率的可列可加性，可得随机变量 $X$ 的分布函数为：

$$F(x) = P(X \leqslant x) = \sum_{x_k \leqslant x} P(X = x_k) \tag{4.3}$$

例如，设 $X$ 的概率分布由例1给出，则

$$F(2) = P(X \leqslant 2) = P(X = 0) + P(X = 1) = 0.04 + 0.32 = 0.36$$

常见的离散随机变量的分布有：

### 1. 两点分布

若随机变量 $X$ 只可能取 0 和 1 两个值，且它的分布列为 $P(X = 1) = p$，$P(X = 0) = 1 - P$，其中 $(0 < P < 1)$，则称 $X$ 服从参数为 $p$ 的两点分布，记作 $X \sim B(1, p)$。其分布函数为：

$$F(X) = \begin{cases} 0, & x < 0 \\ 1 - p, & 0 \leqslant x < 1 \\ 1, & x \geqslant 1 \end{cases}$$

### 2. 二项分布

二项分布是重要的离散概率分布之一，由瑞士数学家雅各布·伯努利（Jokab Bernoulli）提出。一般用二项分布来计算概率的前提是，每次抽出样品后再放回去，并且只能有两种试验结果，比如黑球或红球，正品或次品等。二项分布指出，假设某样品在随机一次试验出现的概率为 $p$，那么在 $n$ 次试验中出现 $k$ 次的概率为：

$$P(X=k)=\binom{n}{k}p^{k}(1-p)^{n-k}$$

假设随机变量 $X$ 满足二项分布，且知道 $n$、$p$、$k$ 等参数，我们如何求出各种情况的概率值呢？方法比较多，这里介绍一种比较简单的方法，利用 scipy 库的统计接口 stats 即可，具体如下：

```python
import numpy as np
import matplotlib.pyplot as plt
import math
from scipy import stats
%matplotlib inline


n = 20
p = 0.3
k = np.arange(0,41)
#定义二项分布
binomial = stats.binom.pmf(k,n,p)

#二项分布可视化
plt.plot(k, binomial, 'o-')
plt.title('binomial:n=%i,p=%.2f'%(n,p),fontsize=15)
plt.xlabel('number of success')
plt.ylabel('probalility of success', fontsize=15)
plt.grid(True)
plt.show()
```

运行后的二项分布图如图 4-1 所示。

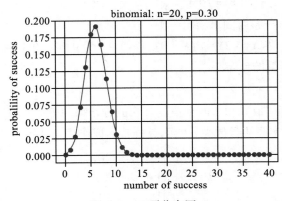

图 4-1  二项分布图

### 3. 泊松（Poisson）分布

若随机变量 $X$ 所有可能取值为 $0$，$1$，$2$，…，它取各个值的概率为：

$$P(X=k) = \frac{\lambda^k}{k!} e^{-\lambda} \ (k=0,1,2,\ldots)$$

这里介绍了离散型随机变量的分布情况，如果 $X$ 是连续型随机变量，其分布函数通常通过密度函数来描述，具体请看下一节。

## 4.3.2 连续型随机变量

与离散型随机变量不同，连续型随机变量采用概率密度函数来描述变量的概率分布。如果一个函数 $f(x)$ 是密度函数，满足以下三个性质，我们就称 $f(x)$ 为概率密度函数。

1）$f(x) \geqslant 0$，注意这里不要求 $f(x) \leqslant 1$。

2）$\int_{-\infty}^{\infty} f(x)\mathrm{d}x = 1$。

3）对于任意实数 $x_1$ 和 $x_2$，且 $x_1 \leqslant x_2$，有：

$$P(x_1 < X \leqslant x_2) = \int_{x_1}^{x_2} f(x)\mathrm{d}x \tag{4.4}$$

第 2 个性质表明，概率密度函数 $f(x)$ 与 $x$ 轴形成的区域的面积等于 1，第 3 个性质表明，连续随机变量在区间 $[x_1, x_2]$ 的概率等于密度函数在区间 $[x_1, x_2]$ 上的积分，也即与 $X$ 轴在 $[[x_1, x_2]$ 内形成的区域的面积，如图 4-2 所示。

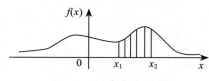

图 4-2　概率密度函数

连续型随机变量在任意一点的概率处处为 0。

假设有任意小的实数 $\Delta x$，由于 $\{X=x\} \subset \{x - \Delta x < X \leqslant x\}$，由式（4.1）分布函数的定义可得：

$$0 \leqslant P(X=x) \leqslant P(x - \Delta x < X \leqslant x) = F(x) - F(x - \Delta x) \tag{4.5}$$

令 $\Delta x \to 0$，由夹逼准则，式（4.5）可求得：

$$P(X=x) = 0 \tag{4.6}$$

式（4.6）表明，对于连续型随机变量，它在任意一点的取值的概率都为 0。因此，在连续型随机变量中，当讨论区间的概率定义时，一般对开区间和闭区间不加区分，即：$P(x_1 \leqslant X \leqslant x_2) = P(x_1 < X \leqslant x_2) = P(x_1 \leqslant X < x_2) = P(x_1 < X < x_2)$ 成立。

最常见的正态分布的密度函数为：

$$f(x) = \frac{1}{\sigma\sqrt{2\pi}} e^{-\frac{(x-\mu)^2}{2\sigma^2}}$$

这个连续分布被称为正态分布，或者高斯分布。其密度函数的曲线呈对称钟形，因此又称为钟形曲线，其中 $\mu$ 是平均值，$\sigma$ 是标准差（何为平均值、标准差后续我们会介绍）。正态分布是一种理想分布。

正态分布如何用 Python 实现呢？同样，我们可以借助其 scipy 库中 stats 来实现，非常方便。

```python
import numpy as np
import matplotlib.pyplot as plt
from scipy import stats
%matplotlib inline

# 平均值或期望值
mu=0
# 标准差
sigma1=1
sigma2=2

# 随机变量的取值
x=np.arange(-6,6,0.1)
y1=stats.norm.pdf(x,0,1) # 定义正态分布的密度函数
y2=stats.norm.pdf(x,0,2) # 定义正态分布的密度函数
plt.plot(x,y1,label='sigma is 1')
plt.plot(x,y2,label='sigma is 2')
plt.title('normal $\mu$=%.1f,$\sigma$=%.1f or %.1f '%(mu,sigma1,sigma2))
plt.xlabel('x')
plt.ylabel('probability density')
plt.legend(loc='upper left')
plt.show()
```

sigma1 系统与正态分布如图 4-3 所示。

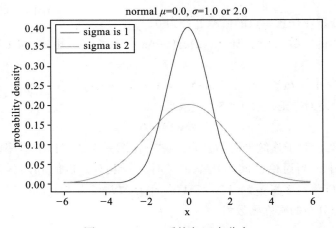

图 4-3    sigma1 系统与正态分布

正态分布的取值范围是负无穷到正无穷。这里我们为便于可视化，只把 $X$ 数据定义在 $[-6, 6]$ 之间，用 stats.norm.pdf 得到正态分布的概率密度函数。另外从图形可以看出，上面两图的均值 $u$ 都是 0，只是标准差（$\sigma$）不同，这就导致图像的离散程度不同，标准差大的更分散，个中原因，我们将在介绍随机变量的数字特征时进一步说明。

## 4.4 边缘概率

对于多维随机变量，如二维随机变量 $(X, Y)$，假设其联合概率分布为 $F(x, y)$，我们经常遇到求其中一个随机变量的概率分布的情况。这种定义在子集上的概率分布称为边缘概率分布。

例如，假设有两个离散的随机变量 $X$、$Y$，且知道 $P(X, Y)$，那么我们可以通过下面求和的方法，得到边缘概率 $P(X)$：

$$P(X = x) = \sum_y P(X = x, Y = y) \tag{4.7}$$

对于连续型随机变量 $(X, Y)$，我们可以通过联合密度函数 $f(x, y)$ 来得到边缘密度函数。

$$f(x) = \int_{-\infty}^{\infty} f(x, y) \mathrm{d}y \tag{4.8}$$

$$f(y) = \int_{-\infty}^{\infty} f(x, y) \mathrm{d}x \tag{4.9}$$

边缘概率如何计算呢？我们通过一个实例来说明。假设有两个离散型随机变量 $X$、$Y$，其联合分布概率如表 4-1 所示。

**表 4-1　$X$ 与 $Y$ 的联合分布**

| $X$ ＼ $Y$ | −1 | 0 | 1 | 行合计 |
|---|---|---|---|---|
| 1 | 0.17 | 0.05 | 0.21 | 0.43 |
| 2 | 0.04 | 0.28 | 0.25 | 0.57 |
| 列合计 | 0.21 | 0.33 | 0.46 | 1 |

如果我们要求 $P(Y = 0)$ 的边缘概率，根据式（4.7）可得：

$$P(Y = 0) = P(X = 1, Y = 0) + P(X = 2, Y = 0) = 0.05 + 0.28 = 0.33$$

## 4.5 条件概率

上一节我们介绍了边缘概率，它是多维随机变量一个子集（或分量）上的概率分布。在含多个随机变量的事件中，经常遇到求某个事件在其他事件发生的概率，例如，在表 4-1 的分布中，假设我们要求在 $Y = 0$ 的条件下，求 $X = 1$ 的概率。这种概率叫作条件概率。条件概率如何求？我们先看一般情况。

设有两个随机变量 $X$、$Y$，我们将把 $X = x$，$Y = y$ 发生的条件概率记为 $P(Y = y|X = x)$，那么这个条件概率可以通过以下公式计算：

$$P(Y = y|X = x) = \frac{P(Y = y, X = x)}{P(X = x)} \tag{4.10}$$

条件概率只有在 $P(X = x) > 0$ 时，才有意义，如果 $P(X = x) = 0$，即 $X = x$ 不可能发生，以它为条件就毫无意义。

现在我们来看上面这个例子，根据式（4.10），我们要求的问题就转换为：

$$P(X=1|Y=0) = \frac{P(X=1, Y=0)}{P(Y=0)} \quad （4.11）$$

其中 $P(Y=0)$ 是一个边缘概率，其值为：$P(X=1, Y=0) + P(X=2, Y=0) = 0.05 + 0.28 = 0.33$，而 $P(X=1, Y=0) = 0.05$. 故 $P(X=1|Y=0) = 0.05/0.33 = 5/33$

式（4.10）为离散型随机变量的条件概率，连续型随机变量也有类似公式。假设 $(X, Y)$ 为二维连续型随机变量，它们的密度函数为 $f(x, y)$，关于 $Y$ 的边缘概率密度函数为 $f_Y(y)$，且满足 $f_Y(y) > 0$，假设

$$f_{X|Y}(x|y) = \frac{f(x, y)}{f_Y(y)} \quad （4.12）$$

为在 $Y=y$ 条件下，关于 $X$ 的条件密度函数，则

$$F_{X|Y}\left(x|y\right) = \int_{-\infty}^{x} f_{X|Y}\left(x|y\right)\mathrm{d}x \quad （4.13）$$

称为在 $Y=y$ 的条件下，关于 $X$ 的条件分布函数。

同理，可以得到，在 $X=x$ 的条件下，关于 $Y$ 的条件密度函数；

$$f_{Y|X}\left(y|x\right) = \frac{f(x, y)}{f_x(x)} \quad （4.14）$$

在 $X=x$ 的条件下，关于 $Y$ 的条件分布函数为：

$$F_{Y|X}\left(y|x\right) = \int_{-\infty}^{x} f_{Y|X}\left(y|x\right)\mathrm{d}y \quad （4.15）$$

## 4.6　条件概率的链式法则

条件概率的链式法则，又称为乘法法则，把式（4.10）变形，可得到条件概率的乘法法则：

$$P(X, Y) = P(X) \cdot P(Y|X) \quad （4.16）$$

根据式（4.16）可以推广到多维随机变量，如：

$$P(X, Y, Z) = P(Y, Z) \cdot xP(X|Y, Z)$$

而 $P(Y, Z) = P(Z) \cdot xP(Y|Z)$，由此可得：

$$P(X, Y, Z) = P(X|Y, Z) \cdot xP(Y|Z) \cdot xP(Z) \quad （4.17）$$

推广到 $n$ 维随机变量的情况，可得：

$$P\left(X^1, X^2,...,X^n\right) = P\left(X^1\right) \times \prod_{i=2}^{n} p\left(x^i\left|x^1,...,x^{i-1}\right.\right) \quad （4.18）$$

## 4.7　独立性及条件独立性

两个随机变量 $X$、$Y$，如果它们的概率分布可以表示为两个因子的乘积，且一个因子只

含 $x$，另一个因子只含 $y$，那么我们就称这两个随机变量互相独立。这句话可能不好理解，我们换一种方式来表达，或许更好理解。

如果对 $\forall x \in X, y \in Y, P(X = x, Y = y) = P(X = x)P(Y = y)$ 成立，那么随机变量 $X$、$Y$ 互相独立。

在机器学习中，随机变量为互相独立的情况非常普遍，一旦互相独立，联合分布的计算就变得非常简单。

这是不带条件的随机变量的独立性定义，如果两个随机变量带有条件，如 $P(X, Y|Z)$，它的独立性如何定义呢？这个与上面的定义类似。具体如下：

如果对 $\forall x \in X, y \in Y, z \in Z, P(X = x, Y = y|Z = z) = P(X = x|Z = z)P(Y = y|Z = z)$ 成立，那么随机变量 $X$、$Y$ 在给定随机变量 $Z$ 时是条件独立的。

为便于表达，如果随机变量 $X$、$Y$ 互相独立，又可记为 $X \perp Y$，如果随机变量 $X$、$Y$ 在给定时互相独立，则可记为 $X \perp Y|Z$。

以上主要介绍离散型随机变量的独立性和条件独立性，如果是连续型随机变量，则只要把概率换成随机变量的密度函数即可。

假设 $X$、$Y$ 为连续型随机变量，其联合概率密度函数为 $f(x, y)$，$f_x(x)$，$f_y(y)$ 分别表示关于 $X$、$Y$ 的边缘概率密度函数，如果 $f(x, y) = f_x(x)f_y(y)$ 成立，则称随机变量 $X$、$Y$ 互相独立。

## 4.8　期望、方差及协方差

在机器学习、深度学习中经常需要分析随机变量的数据特征及随机变量间的关系等，对于这些指标的衡量在概率统计中有相关的内容，如衡量随机变量的取值大小的期望（Expectation）值或平均值、衡量随机变量数据离散程度的方差（Variance）、揭示随机向量间关系的协调方差（Convariance）等。这些衡量指标的定义及公式就是本节的主要内容。

首先我们看随机变量的数学期望的定义。

对离散型随机变量 $X$，设其分布律为：

$$P(X = x_k) = p_k \qquad k = 1, 2, 3, ... \tag{4.19}$$

若级数 $\sum_{k=1}^{\infty} x_k p_k$ 绝对收敛，则称级数 $\sum_{k=1}^{\infty} x_k p_k$ 的值为随机变量 $X$ 的数学期望，记为：

$$\mathrm{E}(X) = \sum_{k=1}^{\infty} x_k p_k \tag{4.20}$$

对于连续型随机变量 $X$，设其概率密度函数为 $f(x)$，若积分：

$$\int_{-\infty}^{\infty} x f(x) \mathrm{d}x \tag{4.21}$$

则绝对收敛，积分的值称为随机变量 $X$ 的数学期望，记为：

$$\mathrm{E}(X) = \int_{-\infty}^{\infty} x f(x) \mathrm{d}x \tag{4.22}$$

如果是随机变量函数，如随机变量 $X$ 的 $g(x)$ 的期望，公式与式（4.21）或式（4.22）类似，只要把 $x$ 换成 $g(x)$ 即可，即随机变量函数 $g(x)$ 的期望为：

设 $Y=g(X)$，则：

$$E(Y)=E(g(X))=\sum_{k=1}^{\infty}g(x_k)p_k \tag{4.23}$$

或

$$E\big(g(X)\big)=\int_{-\infty}^{\infty}g(x)f(x)\mathrm{d}x \tag{4.24}$$

期望有一些重要性质，具体如下所示。

设 $a$、$b$ 为一个常数，$X$ 和 $Y$ 是两个随机变量。则有：

1）$E(a)=a$

2）$E(aX)=aE(X)$

3）$E(aX+bY)=aE(X)+bE(Y)$ $\tag{4.25}$

4）当 $X$ 和 $Y$ 相互独立时，则有：

$$E(XY)=E(X)E(Y) \tag{4.26}$$

数学期望也常称为均值，即随机变量取值的平均值，当然这个平均是指以概率为权的加权平均。期望值可大致描述数据的大小，但无法描述数据的离散程度，这里我们介绍一种刻画随机变量在其中心位置附近离散程度的数字特征，即方差。那么，如何定义方差？

假设随机向量 $X$ 有均值 $E(X)=a$。试验中，$X$ 取的值当然不一定恰好是 $a$，可能会有所偏离。偏离的量 $X-a$ 本身也是一个随机变量。如果我们用 $X-a$ 来刻画随机变量 $X$ 的离散程度，当然不能取 $X-a$ 的均值，因 $E(X-a)=0$，说明正负偏离抵消了，当然我们可以取 $|X-a|$ 这样可以防止正负抵消的情况，但绝对值在实际运算时很不方便。那么可以考虑另一种方法，先对 $X-a$ 平方以便消去符号，然后再取平均得 $E(X-a)^2$ 或 $E(X-EX)^2$，用它来衡量随机变量 $X$ 的取值的离散程度，这个量就叫作 $X$ 的方差（即差的方），随机变量的方差记为：

$$Var(X)=E(X-EX)^2 \tag{4.27}$$

方差的平方根被称为标准差。

对于多维随机向量，如二维随机向量 $(X, Y)$ 如何刻画这些分量间的关系？显然均值、方差都无能为力。这里我们引入协方差的定义，我们知道方差是 $X-EX$ 乘以 $X-EX$ 的均值，如果我们把其中一个换成 $Y-EY$，就得到 $E(X-EX)(Y-EY)$，其形式接近方差，又有 $X$、$Y$ 两者的参与，由此得出协方差的定义，随机变量 $X$、$Y$ 的协方差，记为 $Cov(X, Y)$：

$$Cov(X, Y)=E(X-EX)(Y-EY) \tag{4.28}$$

协方差的另一种表达方式：

$$Cov(X, Y)=E(XY)-EX\times EY \tag{4.29}$$

方差可以用来衡量随机变量与均值的偏离程度或随机变量取值的离散程度，而协方差则可衡量随机变量间的相关性强度，如果 $X$ 与 $Y$ 独立，那么它们的协方差为 0。反之，并不一定成立，独立性比协方差为 0 的条件更强。不过如果随机变量 $X$、$Y$ 都是正态分布，此时独立和协方差为 0 是同一个概念。

当协方差为正时，表示随机变量 $X$、$Y$ 为正相关；如果协方差为负，表示随机变量 $X$、

$Y$ 为负相关。

为了更好地衡量随机变量间的相关性，我们一般使用相关系数来衡量，相关系数将每个变量的贡献进行归一化，使其只衡量变量的相关性而不受各变量尺寸大小的影响，相关系统的计算公式如下：

$$\rho_{xy} = \frac{\text{cov}(X,Y)}{\sqrt{\text{Var}(X)}\sqrt{\text{Var}(Y)}} \quad (4.30)$$

由式（4.30）可知，相关系统是在协方差的基础上进行正则化，从而把相关系数的值限制在 $[-1, 1]$ 之间。如果 $\rho_{xy} = 1$，说明随机变量 $X$、$Y$ 是线性相关的，即可表示为 $Y = kX + b$，其中 $k$、$b$ 为任意实数，且 $k > 0$；如果 $\rho_{xy} = -1$，说明随机变量 $X$、$Y$ 是负线性相关的，即可表示为 $Y = -kX + b$，其中 $k > 0$。

上面我们主要以两个随机变量为例，实际上协方差可以推广到 $n$ 个随机变量的情况或 $n$ 维的随机向量。对 $n$ 维随机向量，我们可以一个 $n \times n$ 的协方差矩阵，而且满足：

1）协方差矩阵为对称矩阵，即 $\text{Cov}(X_i, X_j) = \text{Cov}(X_j, X_i)$。

2）协方差矩阵的对角元素为方差：即 $\text{Cov}(X_i, X_i) = \text{Var}(X_i)$。

求随机变量的方差、协方差、相关系数等，使用 Python 的 NumPy 相关的函数，如用 numpy.var 求方差，numpy.cov 求协方差，使用 numpy.corrcoef 求相关系数，比较简单，这里就不展开来说了。

在机器学习中多维随机向量通常以矩阵的方式出现，所以求随机变量间的线性相关性，就转换为求矩阵中列或行的线性相关性。这里我们举一个简单实例，来说明如果分析向量间的线性相关性并可视化结果。这个例子中使用的随机向量（或特征值）共有三个，一个是气温（temp），一个体感温度（atemp），一个是标签（label，说明共享单车每日出租量），表 4-2 是这三个特征的部分数据。

表 4-2　共享单车示例数据

| temp | atemp | label |
| --- | --- | --- |
| 0.24 | 0.2879 | 16 |
| 0.22 | 0.2727 | 40 |
| 0.22 | 0.2727 | 32 |
| 0.24 | 0.2879 | 13 |

这里使用 Python 中数据分析库 pandas 及画图库 matplotlib、sns 等。

```
### 探索特征间分布、相关性等
import pandas as pd
import seaborn as sns
import matplotlib.pyplot as plt
%matplotlib inline


data1=pd.read_csv('./bike/hour.csv',header=0)
sns.set(style='whitegrid',context='notebook')
cols=['temp','atemp','label']
sns.pairplot(data1[cols],size=2.5)
plt.show()
```

从图 4-4 可以看出，特征 temp 与 atemp 是线性相关的，其分布接近正态分布。

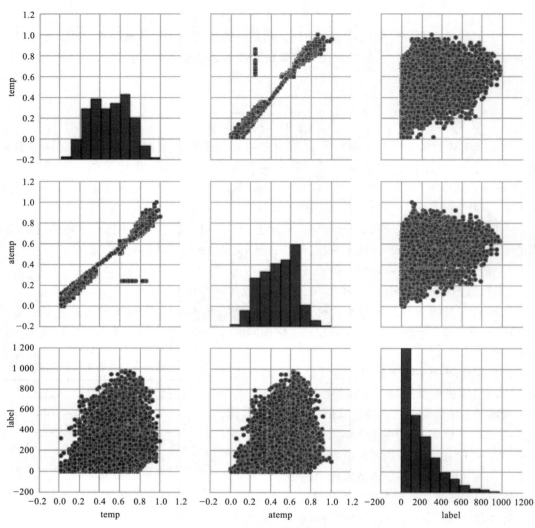

图 4-4　特征分布及相关性

## 4.9　贝叶斯定理

贝叶斯定理是概率论中的一个定理，它跟随机变量的条件概率以及边缘概率分布有关。在有些关于概率的解释中，贝叶斯定理（贝叶斯公式）能够告知我们如何利用新证据修改已有的看法。这个名称来自于托马斯·贝叶斯。

通常，事件 $A$ 在事件 $B$（发生）的条件下的概率，与事件 $B$ 在事件 $A$（发生）的条件下的概率是不一样的；然而，这两者是有确定关系的，贝叶斯定理就是这种关系的陈述。贝叶斯公式的一个用途在于通过已知的三个概率函数推出第四个。

贝叶斯公式为：

$$P(B|A) = \frac{P(B)P(A|B)}{P(A)} \tag{4.31}$$

在贝叶斯定理中，每项都有约定俗成的名称：

- ❑ $P(B|A)$ 是已知 $A$ 发生后 $B$ 的条件概率，由于得自 $A$ 的取值也被称作 $B$ 的后验概率。
- ❑ $P(B)$ 是 $B$ 的先验概率（或边缘概率）。之所以称为"先验"是因为它不考虑任何 $A$ 方面的因素。
- ❑ $P(A|B)$ 是已知 $B$ 发生后 $A$ 的条件概率，称为似然（likelihood），也由于得自 $B$ 的取值而被称作 $A$ 的后验概率。
- ❑ $P(A)$ 是 $A$ 的先验概率或边缘概率。

其中 $P(A)$ 的计算，通常使用全概率公式，设 $\Omega = B_1 + B_2 + \cdots$（其中 $B_i$、$B_j$ 两两互斥），则 $A = A \cap \Omega = \sum_i AB_i$，从而 $P(A) = \sum_i P(AB_i) = \sum_i P(A|B_i)P(B_i)$，对任意 $B_j$，贝叶斯公式又可表示为：

$$P(B_j|A) = \frac{P(B_j)P(A|B_j)}{\sum_i P(A|B_i)P(B_i)} \tag{4.32}$$

## 4.10 信息论

信息论是应用数学的一个分支，主要研究的是对信号所含信息的多少进行量化。它的基本想法是一个不太可能的事件的发生，要比一个非常可能的事件的发生提供更多信息。本节主要介绍度量信息的几种常用指标，如信息量、信息熵、条件熵、互信息、交叉熵等。

### 1. 信息量

1948 年克劳德·香农（Claude Shannon）发表的论文《通信的数学理论》是世界上首次将通信过程建立了数学模型的论文，这篇论文和 1949 年发表的另一篇论文一起奠定了现代信息论的基础。信息量是信息论中度量信息多少的一个物理量，它从量上反应具有确定概率的事件发生时所传递的信息。香农把信息看作是"一种消除不确定性"的量，而概率正好是表示随机事件发生的可能性大小的一个量，因此，可以用概率来定量描述信息。

在实际运用中，信息量常用概率的负对数来表示，即，$I = -\log_2 p$。为此，可能有人会问，为何要用对数，前面还要带上负号？

用对数表示是为了计算方便。因为直接用概率表示，在求多条信息总共包含的信息量时，要用乘法，而对数可以变求积为求和。另外，随机事件的概率总是小于 1，而真实小于 1 的对数为负的，概率的对数之前冠以负号，其值便成为正数。所以通过消去不确定性，获取的信息量总是正的。

**2. 信息熵**

信息熵（entropy）又简称为熵，是对随机变量不确定性的度量。熵的概念由鲁道夫·克劳修斯（Rudolf Clausius）于 1850 年提出，并应用在热力学中。1948 年，克劳德·艾尔伍德·香农（Claude Elwood Shannon）第一次将熵的概念引入信息论中，因此它又称为香农熵。

用熵来评价整个随机变量 $X$ 平均的信息量，而平均最好的量度就是随机变量的期望，即熵的定义如下：

$$H(X) = -\sum_{i=1}^{n} p_i \log_2 p_i \tag{4.33}$$

这里假设随机变量 $X$ 的概率分布为：$P(X = x_i) = P_i \quad i = 1, 2, 3, ...., n$；信息熵越大，包含的信息就越多，那么随机变量的不确定性就越大。

下面我们通过一个实例进一步说明这个关系。

假设随机变量 $X$ 服从 0-1 分布，其概率分布为：

$$P(X = 1) = p, P(X = 0) = 1-p$$

这时，$X$ 的熵为：

$$H(X) = -p \log_2(p) - (1-p)\log_2(1-p)$$

我们利用 Python 具体实现以下概率 $p$ 与 $H(X)$ 的关系：

```python
import numpy as np
import matplotlib.pyplot as plt
%matplotlib inline

# 定义概率列表
p=np.arange(0,1.05,0.05)
HX=[]
for i in p:
    if i==0 or i==1:
        HX.append(0)
    else:
        HX.append(-i*np.log2(i)-(1-i)*np.log2(1-i))
plt.plot(P,HX,label='entropy')
plt.xlabel('p')
plt.ylabel('H(X)')
plt.show()
```

效果如图 4-5 所示。从这个图形可以看出，当概率为 0 或 1 时，$H(X)$ 为 0，说明此时随机变量没有不确定性，当 $p = 0.5$ 时，随机变量的不确定性最大，即信息量最大。$H(X)$ 此时取最大值。

**3. 条件熵**

设二维随机变量 $(X, Y)$，其联合概率分布为：

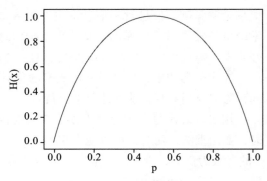

图 4-5　概率与信息熵

$$P(X = x_i, Y = y_j) = p_{ij},\ i = 1, 2, ..., n; j = 1, 2, ..., m \tag{4.34}$$

条件熵 $H(Y|X)$ 表示在已知随机变量 $X$ 的条件下，随机变量 $Y$ 的不确定性，它的计算公式为：

$$H(Y|X) = -\sum_{i=1}^{n}\sum_{j=1}^{m} p(X = x_i, Y = y_j) x \log p(Y = y_j | X = x_i) \tag{4.35}$$

注意，这个条件熵不是指随机变量 $X$ 在给定某个数的情况下，另一个变量的熵是多少，以及变量的不确定性是多少，而是期望！因为条件熵中 $X$ 也是一个变量，意思是在一个变量 $X$ 的条件下（变量 $X$ 的每个值都会取），另一个变量 $Y$ 熵对 $X$ 的期望。

条件熵比熵多了一些背景知识，按理说条件熵的不确定性小于熵的不确定性，即 $H(Y|X) \leqslant H(Y)$，事实也是如此，下面这个定理有力地说明了这一点。

定理：对二维随机变量 $(X, Y)$，条件熵 $H(Y|X)$ 和信息熵 $H(Y)$ 满足如下关系：

$$H(Y|X) \leqslant H(Y) \tag{4.36}$$

### 4. 互信息

互信息（mutual information）又称为信息增益，用来评价一个事件的出现对于另一个事件的出现所贡献的信息量。记为：

$$I(X, Y) = H(Y) - H(Y|X) \tag{2.37}$$

在决策树的特征选择中，信息增益为主要依据。在给定训练数据集 $D$，假设数据集由 $n$ 维特征构成，构建决策树时，一个核心问题就是选择哪个特征来划分数据集，使得划分后的纯度最大。一般而言，信息增益越大，意味着使用某属性 $a$ 来划分所得"纯度提升"越大。因此，我们常用信息增益来构建决策树划分属性。

### 5. 相对熵

相对熵（relative entropy），所谓相对，一般是在两个随机变量之间来说，又被称为 KL 散度（Kullback-Leibler Divergence，KLD），这里我们假设 $p(x)$ 和 $q(x)$ 是 $X$ 取值的两个概率分布，如 $p(x)$ 表示 $X$ 的真实分布，$q(x)$ 表示 $X$ 的训练分布或预测分布，则 $p$ 对 $q$ 的相对熵为：

$$\mathrm{KL}\big(p(x)\|q(x)\big) = \sum_{x \in X} p(x) \log_2 \left( \frac{p(x)}{q(x)} \right) \tag{4.38}$$

相对熵有些重要性质：

1）相对熵不是传统意义上的距离，它没有对称性，即：

$$\mathrm{KL}(p(x)\|q(x)) \neq \mathrm{KL}(q(x)\|p(x))$$

2）当预测分布 $q(x)$ 与真实分布 $p(x)$ 完全相等时，相对熵为 0；

3）如果两个分别差异越大，那么相对熵也越大；反之，如果两个分布差异越小，相对熵也越小。

4）相对熵满足非负性，即 $\mathrm{KL}(p(x)\|q(x)) \geqslant 0$。

### 6. 交叉熵

交叉熵可在神经网络（机器学习）中作为代价函数，$p$ 表示真实标记的分布，$q$ 则为训练后的模型的预测标记分布，交叉熵代价函数可以衡量 $p$ 与 $q$ 的相似性。交叉熵作为代价函数还有一个好处是使用 sigmoid 函数在梯度下降时能避免均方误差代价函数学习速率降低的问题，因为学习速率可以被输出的误差所控制。

交叉熵（cross entropy），其定义为：

$$H(p(x0, q(x)) = H(X) + \mathrm{KL}(p(x)\|q(x)) \tag{4.39}$$

其中：

$$H(X) = -\sum\nolimits_{x \in X} p(x)\log_2 p(x)$$

$$\mathrm{KL}\big(p(x)\|q(x)\big) = \sum\nolimits_{x \in X} p(x)\big(\log_2 p(x) - \log_2 q(x)\big)$$

故 $H(p(x0, q(x))$ 化简后为：

$$H\big(p(x0, q(x))\big) = -\sum\nolimits_{x \in X} p(x)\log_2 q(x) \tag{4.40}$$

## 4.11 小结

概率与信息论是机器学习的重要基础及重要理论依据。本章介绍了概率论、信息论的一些基本概念，如样本空间、随机变量等。根据随机变量取值不同，又可分为离散型和连续型随机变量；根据随机变量的维度又可分为一维或多维随机变量。概率分布、边缘分布是刻画随机变量的重要特征，而期望、方差及协方差是随机变量的三个常用统计量。信息论是刻画随机变量的另一种方式，信息论在深度学习、人工智能中应用非常广泛，在后续章节也经常会出现。

# 第 5 章

# 概率图模型

概率图模型（probabilistic graphical model）是一类用图的形式表示随机变量之间条件依赖关系的概率模型，是概率论与图论的结合，图中的节点表示一个或一组随机变量，节点之间的边表示变量间的概率相关关系。根据图中边的有向、无向性，模型可分为两类：有向图、无向图。有向图又称为贝叶斯网，无向图又称为马尔科夫网。

数据流图是深度学习框架 TensorFlow、Theano 等编程核心，了解概率图模型有利于理解这些深度学习框架，此外，概率图模型中很多内容在深度学习中运用非常广泛，如隐马尔可夫模型（HMM）广泛运用于语音识别、模式识别、故障诊断等方面，条件随机场（CRF）广泛应用于自然语言处理。

下面我们首先简单说明采用概率图的一些优点，然后从大家比较熟悉的监督学习入手引入生成模型及判别模型，在此基础上简单介绍一些图论基础知识，最后根据模型是否有向，把概率图分为贝叶斯网络和马尔可夫网络，并分别对这两种网络进行简单介绍。

## 5.1 为何要引入概率图

对于一般的统计推断问题，概率模型能够很好地解决，那么引入概率图模型又能带来什么好处呢？

概率图模型吸取了图论和概率二者的长处，利用图来表示与模型有关的变量的联合概率分布。具体来说：

- 它使概率模型可视化了，这样就使得一些变量之间的关系能够很容易地从图中观测出来；
- 有一些概率上的复杂的计算可以理解为图上的信息传递，这时我们就无须关注太多的复杂表达式了；
- 图模型能够用来设计新的模型。

总之，图的表达能力非常强，仅仅用点和线就可以表达随机变量之间复杂的关系。如果给关联随机变量的边再加上概率，就可进一步表达随机变量之间关系的强弱和推理逻辑了。

## 5.2　使用图描述模型结构

图结构是一种重要的数据结构类型，也是概率图模型的两大支柱之一。图结构的优点很多，其中把复杂的分布关系通过可视化的形式展示出来，无疑是最明显的。概率图模型使用图来表示随机变量间的互相关系，在图中，每个节点代表一个随机变量，每一条边代表随机变量间的依赖关系或相互关系。

概率图模型中图的边可能有方向，也可能没方向。如果一个图包含有向的边，那么这个图模型就是有向概率图模型（或称为贝叶斯网络），否则就是无向概率图模型（又称为马尔可夫网）。有向概率图模型（如图 5-1）可以表达随机变量间的依赖关系或因果关系，而无向概率图（如图 5-2）可以非常直观地表达随机变量间的相互关系。

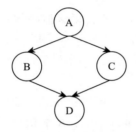

图 5-1　有向概率图模型

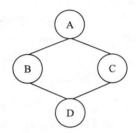

图 5-2　无向概率图模型

有向概率图模型使用带有方向边的图，它们用条件概率分布来表示分解。假设有向概率模型对于分布中的每一个随机变量 $x_i$ 都含有一个影响因子，这个组成 $x_i$ 条件概率的影响因子称为 $x_i$ 的父节点，记为 $g(x_i)$，则有：

$$p(x) = \prod_i p(x_i|g(x_i)) \tag{5.1}$$

根据式（5.1），我们不难得到图 5-1 对应的概率分布可以分解为：

$$p(A, B, C, D) = p(A)p(B|A)p(C|A)p(D|B, C) \tag{5.2}$$

其中 $B$、$C$ 的父节点都是 $A$，$D$ 的父节点为 $B$、$C$。

无向概率图模型使用带有无向的图，它们不像有向模型那样含有影响因子，对于无向模型来说，由无向边连接的随机变量，它们之间的影响是等价的，不存在一个变量影响或决定另一个变量的概念，它们之间的影响更像一种函数关系。因此，通常将无向概率图模型分解为一组函数，这些函数通常不是任何类型的概率分布。无向模型图中任何满足两两之间有边连接的节点集合称为团，若在一个团中加入任何一个节点都不再形成团，则称该团为极大团（maximal clique）。

无向概率图模型中每个团（或极大团）$C^i$ 都伴随着一个因子（或称为势函数），记为 $\psi^i(C^i)$。这些因子仅仅是函数，并不是概率分布。虽然每个因子的输出都必须为非负，但不要求这些因子的和或积分为 1。

随机变量的联合概率与所有这些因子的乘积成比例，虽然不能保证乘积为 1，但我们可以使其归一化来得到一个概率分布，除以一个常数 $Z$ 使其归一化，这个常数被定义为 $\psi$ 函数乘积的所有状态的求和或积分。则联合概率 $p(x)$ 定义为：

$$p(x)=\frac{1}{z}\prod_i \psi^i\left(C^i\right) \tag{5.3}$$

根据式（5.3），我们可以将图 5-2 的概率分布分解为：

$$p(A, B, C, D) = \psi^1(A, B)\psi^2(A, C)\psi^3(B, D)\psi^4(C, D)/Z \tag{5.4}$$

由此可以看出，有向图的联合概率可以写成各条件概率的乘积，而无向图的联合概率可以写成团（或极大团）随机变量函数的乘积。

对于概率图模型的分类，我们可以粗略地表示成图 5-3 所示的树形结构。

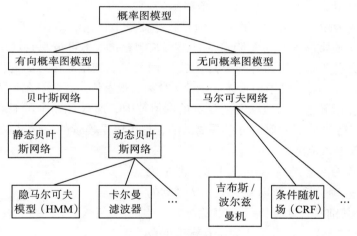

图 5-3　概率图模型

这里我们粗略地将概率图模型分为贝叶斯网络和马尔可夫网络，在实际应用中，很多时候是它们的某种形式的结合。以下我们就贝叶斯网络、马尔可夫网络分别进行简单介绍。

## 5.3　贝叶斯网络

贝叶斯网络分为静态贝叶斯网络和动态贝叶斯网络，其中动态贝叶斯网络（Dynamic Bayesian Networks，DBN）应用非常广泛，可用于处理随时间变化的动态系统中的推断和预测等问题。而隐马尔可夫模型（Hidden Markov Model，HMM）是动态贝叶斯网络的典型代表，它被广泛应用于语音识别、自动分词与词性标注和统计机器翻译等领域。限于篇幅考虑，这节我们主要介绍隐马尔可夫模型。

## 5.3.1　隐马尔可夫模型简介

本节我们首先介绍隐马尔可夫模型的结构，然后介绍利用它可以解决哪些问题，最后通过一个简单实例说明 HMM 的结构及问题求解。

如图 5-4 所示，隐马尔可夫模型分为上下两行，上行为马尔可夫转移过程，下行则为输出。

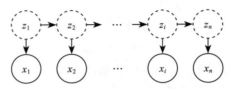

图 5-4　隐马尔可夫模型

图中，→ 表示状态转移；↓表示观察值输出。

如果用变量来表示，可分为两组：一组是状态变量 $\{z_1, z_2, ..., z_n\}$，其中 $z_i \in Z$ 表示第 $i$ 时刻的系统状态，通常状态变量是隐藏的，不可被观察的（不可被观察这个概念，这么说你可能还不清楚，没关系，后面有例子会介绍），因此状态变量又称为隐变量；另一组变量为观察变量 $\{x_1, x_2, ..., x_n\}$，其中 $x_i \in X$ 表示第 $i$ 时刻的观察值。在隐马尔可夫模型中，系统通常在 $N$ 个状态之间转换，所以状态变量 $z_i$ 的取值范围 $Z$ 通常有 $N$ 个可能取值的离散空间 $\{s_1, s_2, ..., s_N\}$。观察变量 $x_i$ 的取值可以是离散的，也可以是连续的。这里我们以离散为例，连续类似，假设其取值范围为 $\{o_1, o_2, ..., o_M\}$。

图 5-4 中的箭头不管是横向还是纵向，都是说明变量间的一种依赖关系。横向箭头表示 $t$ 时刻的状态 $z_t$ 仅依赖于其前一个时刻 $t-1$ 的状态 $z_{t-1}$，与 $t-1$ 之前的任何状态无关；纵向箭头表示观察值的取值仅依赖于当前的状态变量，即 $x_t$ 由 $z_t$ 确定，与其他状态变量或观察值无关。这就是所谓的马尔可夫链。这种变量间的关系，可以用图 5-5 表示。

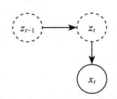

图 5-5　隐马尔可夫模型变量间的关系

基于这种依赖关系，$z_t$ 依赖于 $z_{t-1}$（或称为 $z_t$ 的父节点），$x_t$ 依赖于 $z_t$（或称为 $x_t$ 的父节点），根据式（5.1），不难得到所有变量的联合概率分布为：

$$p(x_1, z_1, ..., x_n, z_n) = p(z_1)p(x_1|z_1) \prod_{t=2}^{n} p(z_t|z_{t-1})p(x_t|z_t) \tag{5.5}$$

## 5.3.2　隐马尔可夫模型三要素

隐马尔可夫模型的三要素，即确定它的三组参数，初始状态项链 $\pi$、状态转移概率矩阵 $A$ 和观测概率矩阵 $B$。$\pi$ 和 $A$ 决定状态序列，$B$ 决定观测序列。因此 $A$、$B$ 和 $\pi$ 就是隐马尔可夫模型的三要素，而 $\theta = \{\pi, A, B\}$ 表示控制隐马尔可夫模型参数的集合。

以下我们根据式（5.5），看如何表示隐马尔可夫模型的三组参数：

### 1. 初始状态项链 $\pi$

模型在初始时刻各状态出现的概率，记为 $\pi = \{\pi_1, \pi_2, ..., \pi_N\}$，其中：

$$\pi_i = p(z_i = s_i), \quad 1 \leq i \leq N$$

### 2. 状态转移概率矩阵 $A$

模型在各个状态间转换的概率，记为矩阵 $A = [a_{ij}]_{N \times N}$，其中：

$$a_{ij} = p(z_{t+1} = s_j | z_t = s_i), \quad 1 \leq i \leq N$$

### 3. 观测概率矩阵 $B$

模型根据当前状态获得各个观测值的概率，记为矩阵 $B = [b_{ij}]_{N \times M}$，其中：

$$b_{ij} = p(x_t = o_j | z_t = s_i), \quad 1 \leq i \leq N, 1 \leq j \leq M$$

假设已知隐马尔可夫模型的三要素，即 $\theta = \{\pi, A, B\}$，我们该如何得到观测序列 $\{x_1, x_2, ..., x_n\}$ 呢？一般可以通过以下步骤实现：

1）根据初始状态概率 $\pi$，获取初始状态 $z_1$；

2）根据状态 $z_t$ 和输出观测概率矩阵 $B$ 选择观测变量取值 $x_t$；

3）根据状态 $z_t$ 和状态转移矩阵 $A$，选择确定 $z_{t+1}$；

4）若 $t<n$，令 $t=t+1$，并返回第 2 步，否则停止。

以上我们介绍了隐马尔可夫模型的结构、它的三要素及根据三要素产生观测序列的一般步骤。但我们还不清楚隐马尔可夫模型是如何解决一些实际问题的，如语言识别、机器翻译、参数学习等。下一节我们将介绍这方面的内容。

## 5.3.3　隐马尔可夫模型三个基本问题

隐马尔可夫模型在实际应用中非常广泛，它可以解决的问题很多，一般我们可以归结为三个基本问题。即评估问题、解码问题、学习问题。

### 1. 评估问题

给定模型 $\theta = \{\pi, A, B\}$，如何计算其产生观测序列 $X = \{x_1, x_2, ..., x_n\}$ 的概率 $p(x|\theta)$？

这个问题在实际应用中非常重要，如许多任务需要根据以往的观测序列 $\{x_1, x_2, ..., x_{n-1}\}$ 来推测当前时刻最有可能的观测值 $x_n$。这个问题可以转换为求概率 $p(x|\theta)$。

### 2. 解码问题

给定模型 $\theta = \{\pi, A, B\}$ 和观测序列 $X = \{x_1, x_2, ..., x_n\}$，如何找到与之最匹配的隐含状态序列 $Z = \{z_1, z_2, ..., z_n\}$ 呢？这个问题可以运用在语音识别中。在语音识别任务中，观测值为语言信号，隐藏状态为文字，目标就是根据观测信号来推断最有可能的隐藏状态序列，即文字。

### 3. 学习问题

给定观测序列 $X = \{x_1, x_2, ..., x_n\}$，如何调整模型参数 $\theta = \{\pi, A, B\}$，使得该序列出现的

概率 $p(x|\theta)$ 最大？这个问题就是如何根据训练样本学得最优模型参数。

对这三个问题，各有对应的解决方法，如对评估问题可以采用前向算法，对解码问题可以采用维特比（Viterbi）算法，对学习问题可以采用 Baum-Welch 算法。

看到这里，或许你对隐马尔可夫模型还不是很清楚，如观测序列如何产生，隐含状态是不可观测是什么意思等。没关系，接下来我们通过一个具体实例帮助你进一步理解。

### 5.3.4　隐马尔可夫模型简单实例

下面我们用一个简单的例子[⊖]来阐述隐马尔可夫模型的主要内容和核心思想。

假设我们手里有三个不同的骰子。第一个骰子是我们平常见到的骰子（称这个骰子为 D6），6 个面，每个面（1，2，3，4，5，6）出现的概率是 1/6。第二个骰子是个四面体（称这个骰子为 D4），每个面（1，2，3，4）出现的概率是 1/4。第三个骰子有八个面（称这个骰子为 D8），每个面（1，2，3，4，5，6，7，8）出现的概率是 1/8。这三个骰子具体信息如图 5-6 所示。

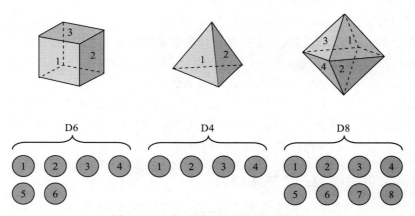

图 5-6　三个不同骰子的所含的数字

假设我们开始下列步骤：

1）从三个骰子里挑一个（挑到每一个骰子的概率都是 1/3）；

2）掷骰子，得到一个数字（这个数字为 1、2、3、4、5、6、7、8 中的一个）。

不停重复上述过程，我们会得到一串数字，每个数字都是 1、2、3、4、5、6、7、8 中的一个。例如我们可能得到这么一串数字（假设掷骰子 10 次）：1 6 3 5 2 7 3 5 2 4。

这串数字叫作可见状态链或观测序列。但是在隐马尔可夫模型中，我们不仅有这么一串可见状态链，还有一串隐含状态链。在这个例子里，这串隐含状态链就是你用的骰子的序列。比如，隐含状态链有可能是：D6 D8 D8 D6 D4 D8 D6 D6 D4 D8。

---

⊖　这个例子来源：知乎，作者是 Yang Eninala，链接为 https://www.zhihu.com/question/20962240/answer/33438846。

一般来说，HMM 中说到的马尔可夫链其实是指隐含状态链，因为隐含状态（骰子）之间存在转换概率（transition probability），如图 5-7 所示。在我们这个例子里，D6 的下一个状态是 D4、D6、D8 的概率都是 $\frac{1}{3}$。D4、D8 的下一个状态是 D4、D6、D8 的转换概率也都是 $\frac{1}{3}$。这样设定是为了便于说明，但是我们其实是可以随意设定转换概率的。比如，我们可以这样定义，D6 后面不能接 D4，D6 后面是 D6 的概率是 0.9，是 D8 的概率是 0.1 等。这样就是一个新的 HMM。

同样的，尽管可见状态之间没有转换概率，但是隐含状态和可见状态之间有一个概率叫作输出概率（emission probability）。就我们的例子来说，六面骰（D6）产生 1 的输出概率是 $\frac{1}{6}$。产生 2、3、4、5、6 的概率也都是 $\frac{1}{6}$。我们同样可以对输出概率进行其他定义。比如，我有一个被赌场动过手脚的六面骰子，掷出来是 1 的概率更大，是 $\frac{1}{2}$，掷出来是 2、3、4、5、6 的概率是 $\frac{1}{10}$。

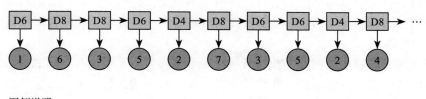

图例说明：

| D6 | 一个隐含状态 | → | 从一个隐含状态到下一个隐含状态的转换 |

| ① | 一个可见状态 | ↓ | 从一个隐含状态到一个可见状态的输出 |

图 5-7 HMM 示意图

其实对于 HMM 来说，如果提前知道所有隐含状态之间的转换概率和所有隐含状态到所有可见状态之间的输出概率，做模拟是相当容易的。但是应用 HMM 模型的时候，往往是缺失了一部分信息的，有时候你知道骰子有几种，每种骰子是什么，但是不知道掷出来的骰子序列；有时候你只是看到了很多次掷骰子的结果，剩下的什么都不知道。如果应用算法去估计这些缺失的信息，就成了一个很重要的问题，这些问题可归结为我们上面提到的三个基本问题。这三个基本问题落实到这个具体实例就是：

**1. 评估问题**

知道骰子有几种（隐含状态数量），每种骰子是什么（转换概率），根据掷骰子掷出的结果（可见状态链），我想知道掷出这个结果的概率。看似这个问题意义不大，因为你掷出来的结果很多时候都对应了一个比较大的概率。问这个问题的目的呢，其实是检测观察到的结果和已知的模型是否吻合。如果很多次结果都对应了比较小的概率，那么就说明我们已知的模型很有可能是错的，有人偷偷把我们的骰子换掉了。

**2. 解码问题**

知道骰子有几种（隐含状态数量），每种骰子是什么（转换概率），根据掷骰子掷出的结果（可见状态链），我想知道每次掷出来的都是哪种骰子（隐含状态链）。

**3. 学习问题**

知道骰子有几种（隐含状态数量），不知道每种骰子是什么（转换概率），观测到很多次掷骰子的结果（可见状态链），我想反推出每种骰子是什么（转换概率）。这个问题很重要，因为这是最常见的情况。很多时候我们只有可见结果，不知道 HMM 模型里的参数，所以需要从可见结果估计出这些参数，这是建模的一个必要步骤。

## 5.4　马尔可夫网络

前面提过，我们根据图的边是否有向将概率图模型大致分为两类，有向的称为贝叶斯网络，无向的称为马尔可夫网络。马尔可夫网络是关于一组有马尔可夫性质随机变量 $X$ 的全联合概率分布模型。

马尔可夫网络与贝叶斯网络类似，可用于表示依赖关系。但也有不同之处，一方面它可以表示贝叶斯网络无法表示的一些依赖关系，如循环依赖；另一方面，它不能表示贝叶斯网络能够表示的某些关系，如推导关系。

在 5.2 节我们介绍了马尔可夫网络基于团或最大团的因子分子分解，其分解公式为式（5.3），这个因子分解也称为 Hammersley–Clifford 定理。

Hammersley–Clifford 定理：定义在随机变量集 $X$ 上的马尔可夫网络，其联合概率分布 $P(X)$ 可表示为式（5.3）。

在贝叶斯网络中，我们重点介绍了隐马尔可夫模型。在马尔可夫网络中我们也将重点介绍一种常见的模型，即马尔可夫随机场，简称为 MRF。它是典型的马尔可夫网络，也是一种著名的无向图模型，马尔可夫随机场有一组势函数，也称因子，这是定义在变量子集上的非负函数，其联合概率的表达式就是式（5.3）。

### 5.4.1　马尔可夫随机场

在概率图模型中，一个很重要的任务就是分解概率联合函数，而函数分解通常利用随机变量的独立性或条件独立性。当然利用概率图，还可以把这种独立性可视化。

在马尔可夫随机场中如何得到这种独立性呢？这里我们可借助"分离"的概念，如

图 5-8 所示。如果从节点集 X 中的节点到 Y 中的节点都必须经过节点集 Z 中的节点，则称节点集 X 和 Y 被节点集 Z 分离，其中 Z 又称为分离集。

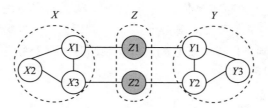

图 5-8 节点集 Z 分离节点集 X 和 Y

对马尔可夫随机场，有：

### 1. 全局马尔可夫独立性

给定两个变量子集的分离集，则这两个变量子集条件独立。

如在无向图 5-8 中，集合 X=(X1, X2, X3) 和集合 Y=(Y1, Y2, Y3) 被集合 Z=(Z1, Z2) 所分离，则 X 和 Y 在给定 Z 的条件下独立，记为：$X \perp Y|Z$，用概率表示为：

$$P(X, Y|Z) = P(X|Z)P(Y|Z) \qquad (5.6)$$

由全局马尔可夫独立性，可以推广到两个局部的独立性质。

### 2. 局部马尔可夫独立性

如图 5-9 所示，$X_1$ 是无向图中的一个节点，$W=\{X_2, X_3\}$ 是与 $X_1$ 相连的所有节点，$O$ 是 $X_1$、$W$ 外的所有节点，$O=\{X_4, X_5\}$。则有：

$$P(X_1, O|W) = P(X_1|W)P(O|W) \qquad (5.7)$$

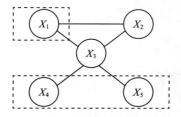
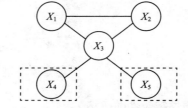

图 5-9 局部马尔可夫独立性　　　　　图 5-10 成对马尔可夫独立性

### 3. 成对马尔可夫独立性

如图 3-10 所示，$X_4$、$X_5$ 是无向图中任意两个不相邻的结点，其他所有结点是 $O=\{X_1, X_2, X_3\}$，则有

$$P(X_4, X_5|O) = P(X_4|O)P(X_5|O) \qquad (5.8)$$

实际上，成对马尔科夫性、局部马尔可夫性、全局马尔可夫性是等价的。

## 5.4.2 条件随机场

条件随机场（Conditional Random Field，CRF）是条件概率分布模型 $P(Y|X)$，表示的是

在给定一组输入随机变量 $X$ 的条件下另一组输出随机变量 $Y$ 的马尔可夫随机场，也就是说 CRF 的特点是假设输出随机变量构成马尔可夫随机场。这时，在条件概率模型 $P(Y|X)$ 中，$Y$ 是输出变量，表示标记序列；$X$ 是输入变量，表示需要标注的观测序列。也可以把标记序列称为状态序列（参见隐马尔可夫模型）。学习时，利用训练数据集通过极大似然估计或正则化的极大似然估计得到条件概率模型 $\hat{P}(Y|X)$；预测时，对于给定的输入序列 $X$ 求出条件概率 $\hat{P}(Y|X)$ 最大的输出序列 $Y$。

**1. 条件随机场的定义**

设 $X$ 与 $Y$ 是随机变量，$P(Y|X)$ 是在给定 $X$ 的条件下 $Y$ 的条件概率分布。若随机变量 $Y$ 构成一个由无向图 $G = (V, E)$ 表示的马尔可夫随机场，即

$$P(Y_v|X, Y_w, w \neq v) = P(Y_v|X, Y_w, w \sim v) \tag{5.9}$$

对任意节点 $v$ 成立，则称条件概率分布 $P(Y|X)$ 为条件随机场。

式中 $w \sim v$ 表示在图 $G=(V, E)$ 中与节点 $v$ 有边连接的所有节点 $w$，$w != v$ 表示节点 $v$ 以外的所有节点，$Y_v$、$Y_w$ 为节点 $v$、$w$ 对应的随机变量。

一般假设 $X$ 和 $Y$ 有相同的图结构。线性链条件随机场的情况为：

$$G = (V = \{1, 2, \cdots, n\}, E = \{(i, i+1)\}), i = 1, 2, \cdots, n-1$$

在此情况下，$X = (X_1, X_2, \cdots, X_n)$，$Y = (Y_1, Y_2, \cdots, Y_n)$，最大团是相邻两个节点的集合。如图 5-11 所示。

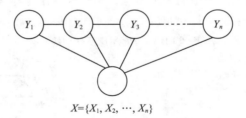

$$X = \{X_1, X_2, \cdots, X_n\}$$

图 5-11　线性链条件随机场

**2. 线性链条件随机场**

设 $X = (X_1, X_2, \cdots, X_n)$，$Y = (Y_1, Y_2, \cdots, Y_n)$ 为线性链表示的随机变量序列，若在给定随机变量序列 $X$ 的条件下，随机变量序列 $Y$ 的条件概率分布 $P(Y|X)$ 构成条件随机场，即满足马尔可夫性：

$$P(Y_i|X, Y_1, \cdots, Y_{i-1}, Y_{i+1}, \cdots, Y_n) = P(Y_i|X, Y_{i-1}, Y_{i+1}), i = 1, 2, \cdots, n \tag{5.10}$$

其中 $i=1$ 或 $n$ 时，只考虑单边。则称 $P(Y|X)$ 为线性链条件随机场。

### 5.4.3　实例：用 Tensorflow 实现条件随机场

条件随机场在词性标注中发挥重要作用，首先我们简单介绍何为词性标注，然后通过一个实例来实现一个具体的词性标注。

为了更好地理解词性标注这个概念，我们还是通过实例来说明。词性标注就是给一个句子中的每个单词注明词性。比如这句话："He drank coffee at Starbucks"，注明每个单词的词性后是这样的："He（代词）drank（动词）coffee（名词）at（介词）Starbucks（名词）"。我们用图 5-12 表示词性标注过程。

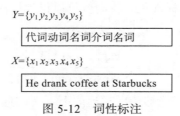

$Y=\{y_1\,y_2\,y_3\,y_4\,y_5\}$

| 代词 动词 名词 介词 名词 |

$X=\{x_1\,x_2\,x_3\,x_4\,x_5\}$

| He drank coffee at Starbucks |

图 5-12　词性标注

如何用条件随机场来解决词性标注问题？

以上面的这句话为例，这句话共有 5 个单词，我们将：（代词，动词，名词，介词，名词）作为一个标注序列，称为 $Y$。可选的标注序列有很多种，比如 $Y$ 还可以是这样：（名词，动词，动词，介词，名词），我们要在这么多的可选标注序列中，挑选出一个最靠谱的作为我们对这句话的标注。

怎么判断一个标注序列靠谱不靠谱呢？

就我们上面展示的两个标注序列来说，第二个显然不如第一个靠谱，因为它把第二、第三个单词都标注成了动词，动词后面接动词，这在一个句子中通常是说不通的。

假如我们给每一个标注序列打分，打分越高代表这个标注序列越靠谱，我们至少可以说，凡是标注中出现了动词后面还是动词的标注序列，就要给它负分。

上面所说的动词后面还是动词就是一个特征函数，我们可以定义一个特征函数集合，用这个特征函数集合来为一个标注序列打分，并据此选出最靠谱的标注序列。也就是说，每一个特征函数都可以用来为一个标注序列评分，把集合中所有特征函数对同一个标注序列的评分综合起来，就是这个标注序列最终的评分值。

现在，我们正式地定义一下什么是 CRF 中的特征函数。所谓特征函数，就是这样的函数，它接收四个参数：

❑ 句子 X：就是我们要标注词性的句子。

❑ $i$：用来表示句子 $X$ 中第 $i$ 个单词。

❑ $y_i$：表示要评分的标注序列给第 $i$ 个单词标注的词性。

❑ $y_{i-1}$：表示要评分的标注序列给第 $i-1$ 个单词标注的词性。

它的输出值是 0 或者 1，0 表示要评分的标注序列不符合这个特征，1 表示要评分的标注序列符合这个特征。这里，我们的特征函数仅仅依靠当前单词的标签和它前面的单词的标签对标注序列进行评判，这样建立的 CRF 也叫作线性链 CRF，这是 CRF 中的一种简单情况。

定义好一组特征函数后，我们要给每个特征函数 $f_j$ 赋予一个权重 $\lambda_j$。现在，只要有一

个句子 $X$, 有一个标注序列 $Y$, 我们就可以利用前面定义的特征函数集来对 1 评分。

$$\text{score}(Y|X) = \sum_{j=1}^{m} \sum_{i=1}^{n} \lambda_j f_j(X, i, y_i, y_{i-1}) \tag{5.11}$$

上式中有两个求和, 外面的求和用来求每一个特征函数 $f_j$ 评分值的和, 里面的求和用来求句子中每个位置的单词的特征值的和。

对这个分数进行指数化和标准化, 我们就可以得到标注序列 1 的概率值 $P(Y|X)$, 如下所示:

$$P(Y|X) = \frac{\exp\left[\text{score}(Y|X)\right]}{\sum_{Y'} \exp\left[\text{score}(Y'|X)\right]} \tag{5.12}$$

CRF 与 LSM 等模型不同, 能够考虑长远的上下文信息, 它更多考虑的是整个句子局部特征的线性加权组合 (通过特征模板去扫描整个句子)。关键的一点是, CRF 的模型为 $P(Y|X)$, 注意这里 $Y$ 和 $X$ 都是序列, 优化的是一个序列 $Y = (y_1, y_2, \cdots, y_n)$, 而不是某个时刻的 $y_t$, 即找到一个概率最高的序列 $Y = (y_1, y_2, \cdots, y_n)$ 使得 $P(Y|X)$ 最高, 它计算的是一种联合概率, 优化的是整个序列 (最终目标), 而不是将每个时刻的最优拼接起来, 在这一点上 CRF 要优于 LSTM。

以下是用 Tensorflow 来具体实现一个 CRF, 在代码前, 先说明几个重要函数的功能:

❏ tf.contrib.crf.crf_log_likelihood 在一个条件随机场里面计算标签序列的 log-likelihood, 其格式为:

```
crf_log_likelihood(inputs,tag_indices,sequence_lengths,transition_params=None)
```

❏ tf.contrib.crf.viterbi_decode 其作用就是返回最好的标签序列。这个函数只能够在测试时使用, 在 Tensorflow 外部解码。其格式为:

```
viterbi_decode(score,transition_params)
```

❏ tf.contrib.crf.crf_decode 在 tensorflow 内解码, 其格式为:

```
crf_decode(potentials,transition_params,sequence_length)
```

用 TensorFlow 实现 CRF 的主要步骤包括参数设置、构建随机特征、随机场 tag、训练及评估模型, 以下为详细代码。

```
import numpy as np
import tensorflow as tf

# 参数设置
num_examples = 10
num_words = 20
num_features = 100
num_tags = 5

# 构建随机特征
```

```
    x = np.random.rand(num_examples, num_words, num_features).astype(np.float32)

    # 构建随机 tag
    y = np.random.randint(
        num_tags, size=[num_examples, num_words]).astype(np.int32)

    # 获取样本句长向量（因为每一个样本可能包含不一样多的词），在这里统一设为 num_words - 1，真实情
况下根据需要设置
    sequence_lengths = np.full(num_examples, num_words - 1, dtype=np.int32)

    # 训练，评估模型
    with tf.Graph().as_default():
        with tf.Session() as session:
            x_t = tf.constant(x)
            y_t = tf.constant(y)
            sequence_lengths_t = tf.constant(sequence_lengths)

            # 在这里设置一个无偏置的线性层
            weights = tf.get_variable("weights", [num_features, num_tags])
            matricized_x_t = tf.reshape(x_t, [-1, num_features])
            matricized_unary_scores = tf.matmul(matricized_x_t, weights)
            unary_scores = tf.reshape(matricized_unary_scores,
                                        [num_examples, num_words, num_tags])

            # 计算 log-likelihood 并获得 transition_params
            log_likelihood, transition_params = tf.contrib.crf.crf_log_likelihood(
                unary_scores, y_t, sequence_lengths_t)

            # 进行解码（维特比算法），获得解码之后的序列 viterbi_sequence 和分数 viterbi_score
            viterbi_sequence, viterbi_score = tf.contrib.crf.crf_decode(
                unary_scores, transition_params, sequence_lengths_t)

            loss = tf.reduce_mean(-log_likelihood)
            train_op = tf.train.GradientDescentOptimizer(0.01).minimize(loss)

            session.run(tf.global_variables_initializer())

            mask = (np.expand_dims(np.arange(num_words), axis=0) <      # np.arange()
创建等差数组
                    np.expand_dims(sequence_lengths, axis=1))          # np.expand_
dims() 扩张维度

            # 得到一个 num_examples*num_words 的二维数组，数据类型为布尔型，目的是对句长进行截断

            # 将每个样本的 sequence_lengths 加起来，得到标签的总数
            total_labels = np.sum(sequence_lengths)

            # 进行训练
            for i in range(1000):
                tf_viterbi_sequence, _ = session.run([viterbi_sequence, train_op])
                if i % 100 == 0:
                    correct_labels = np.sum((y == tf_viterbi_sequence) * mask)
                    accuracy = 100.0 * correct_labels / float(total_labels)
```

```
print("Accuracy: %.2f%%" % accuracy)
```

运行结果：

```
Accuracy: 20.53%
Accuracy: 56.84%
Accuracy: 67.37%
Accuracy: 73.68%
Accuracy: 80.00%
Accuracy: 82.63%
Accuracy: 84.21%
Accuracy: 88.42%
Accuracy: 88.42%
Accuracy: 90.00%
```

## 5.5  小结

概率图模型可以直观理解为概率模型的图形化或可视化，概率模型的图形化给我们带来很大便利，使一些复杂逻辑表达式变得非常直观和简洁，所以概率图模型是深度学习的重要工具，我们在很多深度学习的参考资料上都会看到大量的概率图，概率图模型这种思想也影响到很多深度学习框架，如 Theano、TensorFlow 等。

本章介绍了概念图模型的基本概念及基本结构，根据构造图是否有向，我们把概率图模型分为贝叶斯网络和马尔可夫网络。在贝叶斯网络中重点介绍了隐马尔可夫模型，在马尔可夫网络中主要介绍了马尔可夫随机场、马尔可夫独立性、条件随机场等内容。

至此，机器学习、深度学习的基础部分就介绍完了，接下来将开始介绍机器学习、深度学习的理论和应用。

第二部分

# 深度学习理论与应用

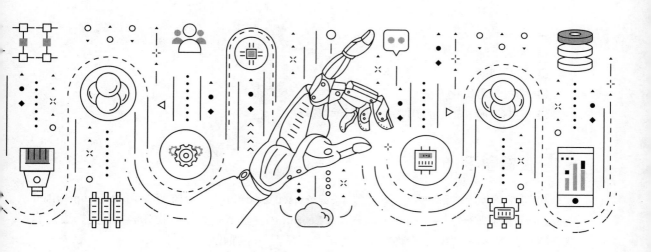

第 6 章

# 机器学习基础

深度学习是机器学习的重要分支，它是在机器学习基础上发展起来的，理解机器学习的基本原理对理解深度学习将大有裨益。深度学习中很多新技术是在继承其优点、克服其不足的基础上发展起来的。因此，在介绍深度学习前，我们先介绍机器学习基础。

机器学习的体系很庞大，限于篇幅，本章主要介绍基本知识及与深度学习关系比较密切的内容，如果读者希望进一步学习机器学习的相关知识，建议参考周志华老师编著的《机器学习》或李航老师编著的《统计学习方法》。

本章先介绍机器学习中常用的监督学习、无监督学习等，然后介绍神经网络及相关算法，最后介绍传统机器学习中的一些不足及优化方法等，主要内容或知识点如下：

- ❑ 监督学习
- ❑ 无监督学习
- ❑ 梯度下降法
- ❑ 神经网络
- ❑ 机器学习优化方法
- ❑ 实例：用 Sklearn 实现一个机器学习算法

## 6.1　监督学习

机器学习大致可分为监督学习（Supervised Learning）、无监督学习（Unsupervised Learning）和半监督学习（Semi-supervised Learning）。这节主要介绍监督学习有关算法，下节介绍无监督学习，第 21 章将介绍一种半监督学习——强化学习。

监督学习的数据集一般含有很多特征或属性，数据集中的样本都有对应标签或目标值。监督学习的任务就是根据这些标签，学习调整分类器的参数，使其达到所要求性能的过程。简单来说，就是由已知推出未知。监督学习过程如图 6-1 所示。

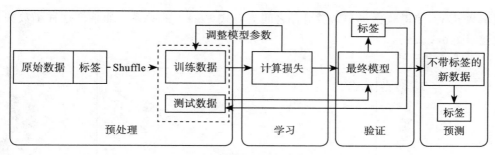

图 6-1　监督学习过程

## 6.1.1　线性模型

线性模型是监督学习中比较简单的一种算法，虽然简单，但却非常有代表性，而且是线性模型其他算法的很好入口。

线性模型的任务是：在给定样本数据集上（假设该数据集特征数为 $n$），学习得到一个模型或一个函数 $f(z)$，使得对任意输入特征向量 $X=(x_1, x_2, \cdots, x_n)^{\mathrm{T}}$，$f(z)$ 能表示为 $X$ 的线性函数，即满足：

设 $z=w_1x_1+w_2x_2+\cdots+w_nx_n+b$，则有：

$$f(z)=f(w_1x_1+w_2x_2+\cdots+w_nx_n+b) \tag{6.1}$$

其中 $w_i\,(1 \leqslant i \leqslant n)$，$b$ 为模型参数，这些参数需要在训练过程学习或确定。

把式（6.1）写成矩阵的形式：

$$f(z)=f(W^{\mathrm{T}}X+b) \tag{6.2}$$

其中 $W=(w_1, w_2, \cdots, w_n)^{\mathrm{T}}$。

线性模型可以用于分类、回归等学习任务，具体包括线性回归、逻辑回归等，另外我们从式（6.2）可以看出，它与单层神经网络或单层感知机（如图 6-2 所示）的表达式一致，因此，人们往往也把单层感知机纳入线性模型范围中。单层感知机属于神经网络，神经网络我们将在 6.4 节介绍。

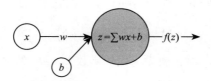

图 6-2　单层单个神经元

### 1. 线性回归

回归一般用于预测，当然也可用于分类，下节的逻辑回归就是用于分类任务。线性回归是回归学习中的一种，其任务就是在给定的数据集 D 中，通过学习得到一个线性模型或

线性函数 $f(x)$，使得数据集与函数 $f(x)$ 之间具有式（6.1）的关系，如果把这种函数关系可视化就是图 6-3。

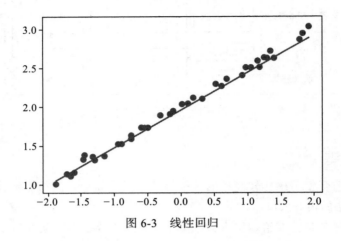

图 6-3　线性回归

图 6-3 中这条直线是如何训练出来的呢？要画出这条直线（$f(x)=wx+b$），就需要知道直线的两个参数：$w$ 和 $b$。如何求 $w$ 和 $b$？那就需要用到所有的已知条件：样本（含 $x$ 和目标值或标签），样本用字符可表示为：$\{(x^1, y^1), (x^2, y^2), ..., (x^m, y^m)\}$

这里假设共有 $m$ 个样本，每个样本由输入特征向量 $x^i$ 和目标值 $y^i$ 构成，其中 $x^i$ 一般上向量，如 $x^i=(x_1, x_2, \cdots, x_n)^{\mathrm{T}}$，$y_i$ 是目标值或实际值或称为标签，它是一个实数，即 $y \in R$。为简单起见，我们假设 $x^i$ 是一维的，所以样本就是图 6-3 中的各个点。

根据这些点，如何拟合预测函数或直线（$f(x)=wx+b$）呢？通过这些点，可以画出很多类似的直线，在这些直线中哪条直线最能反映这些样本的特点呢？这里就涉及一个衡量标准，而这个衡量标准我们通常用一个代价函数来表示：

$$L(w,b) = \frac{1}{2} \sum_{i=1}^{m} \left( f\left( x^i \right) - y^i \right)^2 \tag{6.3}$$

式（6.3）的直观解释就是，这 $m$ 个样本点的预测值 $f(x^i)$ 与实际值 $y^i$ 的距离最小。满足这个条件的直线应该就是最好的。而 $f(x^i)=wx^i+b$，把它代入式（6.3）就是：

$$L(w,b) = \frac{1}{2} \sum_{i=1}^{m} \left( \left( wx^i + b \right) - y^i \right)^2 \tag{6.4}$$

所以上述拟合直线问题，就转换为求代价函数 $L(w, b)$ 的最小值问题。求解式（6.4）的最小值问题，我们可以使用：

1）利用迭代法，每次迭代沿梯度的反方向（如图 6-4），逐步靠近或收敛最小值点。

2）利用最小二乘法，直接求出参数 $w$、$b$。

我们通常采用第一种方法，具体实现将在 6.3 节介绍；第二种方法计算量比较大而且复杂，这里不再展开。

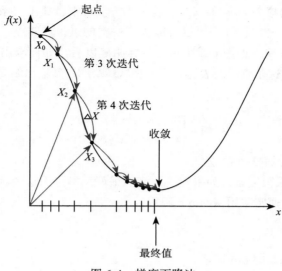

图 6-4 梯度下降法

### 2. 逻辑回归

上节我们介绍了线性回归,利用线性回归来拟合一条直线,这条直线就是一个函数或一个模型,根据这个函数我们就可以对新输入数据 $x$ 进行预测,即根据输入 $x$,预测其输出值 $y$。这是一个典型的回归问题。线性模型除了用于回归,也可用于分类。最常用的方法就是逻辑回归(Logistic Regression)。分类顾名思义就是根据数据集的特点划分成几类,其输出为有限的离散值,如 {A, B, C}、{ 是,否 }、{0, 1} 等。图 6-5 为分类可视化示意图。

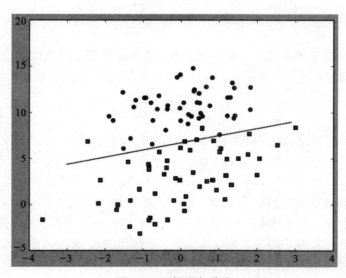

图 6-5 逻辑回归分类

其任务就是在数据集 $D=\{$ 若干圆点、若干小方块 $\}$ 中，找出一条直线或曲线，把这两类点区分开。划分结果，在直线一边尽可能为同一类的点，如圆点，在直线另一边尽可能是另一类的点，如小方块，如图 6-5 所示。目标明确以后，如何求出拟合分类直线或这条直线的表达式呢？当然这条直线的表达式不能像式（6.1），其输出结果最好为是或否，或为 0 或 1，其表达式为：

$$f(z)=\begin{cases}0 & z=w^{\mathrm{T}}x+b\leqslant 0\\ 1 & z=w^{\mathrm{T}}x+b>0\end{cases} \tag{6.5}$$

其中 $w^{\mathrm{T}}x+b=0$ 称为划分边界。

式（6.5）虽然结果很完备，如果能这样当然最好，不过因这个函数不连续，所以我们一般转向次优的方案，通常采用 sigmoid 函数：

$$f(z)=\frac{1}{1+\mathrm{e}^{-z}} \tag{6.6}$$

其对应的函数曲线如图 6-6 所示。

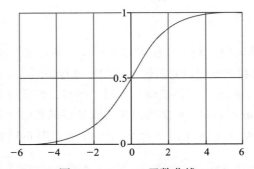

图 6-6    sigmoid 函数曲线

该函数将输出数据压缩在 0～1 的范围内，这也是概率取值范围，如此便可将分类问题转换一个概率问题来处理。把 $z=w^{\mathrm{T}}x+b$ 代入式（6.6）便可得到逻辑回归的预测函数：

$$f(z)=\frac{1}{1+\mathrm{e}^{-\left(w^{\mathrm{T}}x+b\right)}} \tag{6.7}$$

对于二分类问题，我们就可以用预测 $y=1$ 或 0 的概率表示为：

$$p(y=1|x;\ w,\ b)=f(z) \tag{6.8}$$

$$p(y=0|x;\ w,\ b)=1-f(z) \tag{6.9}$$

模型的函数表达式确定后，剩下就是如何去求解模型中的参数（如 $w$、$b$）。与线性回归一样，要确定参数，需要使用代价函数。逻辑回归属于分类问题，此时就不宜用式（6.3）的代价函数。如果还用式（6.3）作为代价函数，我们会发现 $L(w,b)$ 为非凸函数，此时就存在很多局部极值点，无法用梯度迭代得到最终的参数，因此分类问题通常采用对数最大似然代价函数：

$$L(w,b) = \log\left(\prod_{i=1}^{m} p\left(y^i \middle| x^i; w, b\right)\right)$$
$$= \sum_{i=1}^{m} \log\left(p\left(y^i \middle| x^i; w, b\right)\right)$$

（6.10）

这节我们介绍了线性模型中的线性回归和逻辑回归及其简单应用。分类中使用的数据集比较理想的是线性数据集。但实际上生活中很多数据集是非线性数据集，对非线性数据集我们该如何划分呢？下节我们将介绍一种强大的分类器——支持向量机（SVM），它不但可以处理线性数据集，也可处理非线性数据集。

## 6.1.2　SVM

支持向量机（Support Vector Machine，SVM），在处理线性数据集、非线性数据集都有较好效果。在机器学习或者模式识别领域可谓无人不知，无人不晓。

SVM 的强大或神奇与它采用的相关技术不无关系，如最大类间隔、松弛变量、核函数等，这些技术使其在众多机器学习方法中脱颖而出。即使几十年过去了，SVM 仍风采依旧，究其原因，与其高效、简洁、易用的特点分不开。其中一些处理思想与当今深度学习技术有很大关系，如使用核方法解决非线性数据集分类问题的思路，类似于带隐含层的神经网络，两者有同工异曲之妙。

用支持向量机进行分类，目的也是一样：得到一个分类器或分类模型。不过它的分类器是一个超平面（如果数据集是二维，这个超平面就是直线，三维数据集，就是平面，以此类推），这个超平面把样本一分为二，当然，这种划分不是简单划分，需要使正例和反例之间的间隔最大。间隔最大，其泛化能力就最强。如何得到这样一个超平面呢？下节我们通过用一个二维空间例子来说明。

**1. 最优间隔分类器**

SVM 的分类器为超平面，何为超平面？哪种超平面是我们所需要的？我们先看图 6-7所示的几个超平面或直线。

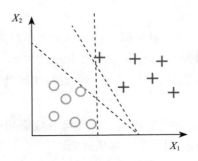

图 6-7　SVM 超平面

如何获取最大化分类间隔？分类算法的优化目标通常是最小化分类误差，但对 SVM 而言，优化的目标是最大化分类间隔。所谓间隔是指两个分离的超平面间的距离，其中最靠近超平面的训练样本又称为支持向量（Support Vector）。下面我们通过一个二维空间的简单实例来说明。

假设在一个二维空间中，数据集分布如图 6-8 所示（有些是圆点，有些是方块）。

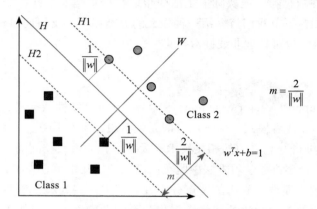

图 6-8　SVM 的最优间隔分类器

其中，$H1$：$W^TX+b=1$；$H2$：$W^TX+b=-1$；$H$：$W^TX+b=0$；$W=[w1, w2]$；$X=[x1, x2]$ 或 $[x, y]$。

接下来我们需要用这些样本去训练学习一个线性分类器（超平面），这里就是直线 $H$：$f(x)=\text{sgn}(W^Tx + b)$，也就是 $W^Tx + b$ 大于 0 时，输出 +1，小于 0 时，输出 -1，其中 sgn() 表示取符号。而 $g(x) = W^Tx + b = 0$ 就是我们要寻找的分类超平面（即直线 $H$），如图 6-8 所示。我们需要这个超平面尽可能分隔这两类，即这个分类面到这两个类的最近的那些样本的距离相同，而且最大。为了更好地说明这个问题，假设我们在图 6-8 中找到了两个和这个超平面并行且距离相等的超平面：$H1: y = W^Tx + b = +1$ 和 $H2: y = W^Tx + b = -1$。

这时候我们就需要两个条件：

1）没有任何样本在这两个平面之间。

2）这两个平面的距离需要最大。

有了超平面以后，我们就可以对数据集进行划分。不过还有一个关键问题，如何把非线性数据集转换为线性数据集呢？这就是下节要介绍的内容，利用核函数技术，把非线性数据集映射到一个更高或无穷维的空间，在新空间转换为线性数据集。

**2. 核函数**

核函数如何把线性不可分数据集转换为线性可分数据集呢？为给大家一个直观认识，我们先看一下图 6-9，直观感受一下 SVM 的核威力。

图 6-9 左边为一个线性不可分数据集，中间为一个核函数 $\varphi$：

$$\varphi(x1, x2) = (z1, z2, z3) = (x1, x2, x1^2+x2^2) \tag{6.11}$$

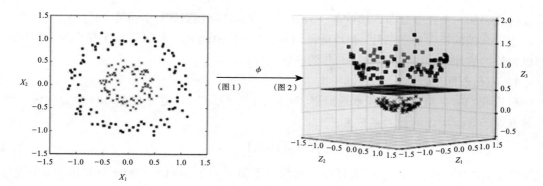

图 6-9　SVM 核函数数据集映射

其功能就是将左边在二维空间线性不可分的数据集，映射到三维空间后变成了一个线性可分数据集，其中超平面可以把数据分成上下两部分。

这里使用的核为一个多项式核：$k(x, y) = (x^\mathrm{T}y + c)^d$

除了用多项式核，还可以用其他核，如：

1）径向基核函数（Radial Basis Function），又称为高斯核：

$$k(x, y) = \exp\left(-\frac{\|x - y\|^2}{2\delta^2}\right) \tag{6.12}$$

2）Sigmoid 核：

$$k(x, y) = \tanh(\alpha x^\mathrm{T} + c) \tag{6.13}$$

SVM 添加核函数，就相当于在神经网络中添加了隐含层，所以 SVM 曾经风靡一时。但目前已被神经网络，尤其是被深度学习所超越，原因有很多，其中 SVM 核函数比较难选择是重要原因。此外，SVM 的灵活性、扩展性也不如神经网络。我们将在 6.4 节介绍神经网络。

## 6.1.3　贝叶斯分类器

概率论是许多机器学习算法的基础，所以熟悉这一主题非常重要。朴素贝叶斯是一种基于概率论来构建分类器的经典方法。

对于某些类型的概率模型，在监督式学习的样本集中能获得非常好的分类效果。在许多实际应用中，朴素贝叶斯模型参数估计使用最大似然估计方法。

### 1. 极大似然估计

概率模型的训练过程就是一个参数估计过程，对于参数估计，在统计学界有两个派别提出了不同的思想和解决方案，这些方法各有自己的特点和理论依据。频率派认为参数虽然未知，但却是固定的，因此，可以通过优化似然函数等准则来确定；贝叶斯派认为参数是随机值，因为没有观察到，与一个随机数也没有什么区别，因此参数可以有分布，可以假设参数服从一个先验分布，然后基于观察到的数据计算参数的后验分布。

本节介绍的极大似然估计（Maximum Likelihood Estimate，MLE）属于频率派。如何求解极大似然估计呢？以下为求解 MLE 的一般过程：

1）写出似然函数：

假设我们有一组含 $m$ 个样本数据集 $X=\{x^{(1)}, x^{(2)}, \cdots, x^{(m)}\}$，由分布 $P(x;\theta)$ 独立生成，则参数 $\theta$ 对于数据集 $X$ 的似然函数为：

$$\prod_{i=1}^{m} p\left(x^{(i)};\theta\right) \tag{6.14}$$

概率乘积不方便计算，而且连乘容易导致数值下溢，为了得到一个便于计算的等价问题，通常使用对数似然。

2）对似然函数取对数，整理得：

$$\log \prod_{i=1}^{m} p\left(x^{(i)};\theta\right) \\ = \sum_{i=1}^{m} \log p\left(x^{(i)};\theta\right) \tag{6.15}$$

3）利用梯度下降法，求解参数 $\theta$。

根据式（6.15），极大似然估计可表示为：

$$\hat{\theta} = \arg\max_{\theta} \sum_{i=1}^{m} \log p\left(x^{(i)};\theta\right) \tag{6.16}$$

**2. 朴素贝叶斯分类器**

前面我们介绍了利用逻辑回归(LR)、支持向量机(SVM)进行分类，这里我们介绍一种新的分类方法。这种方法基于贝叶斯定理，同时假设样本的各特征之间是独立且互不影响，这就是朴素贝叶斯分类器，假设特征互相独立是称其为"朴素"的重要原因。

利用 LR 或 SVM 进行分类的一般步骤为：

1）定义模型函数：$y=f(x)$ 或 $p(y|x)$。

2）定义代价函数。

3）利用梯度下降方法，求出模型函数中的参数。

如果我们用朴素贝叶斯分类器进行分类，其步骤是否与 LR 或 SVM 的一样呢？要回答这个问题，我们首先看一下朴素贝叶斯分类器的主要思想。

假设给定输入数据 $x$ 及类别 $c$，现在需要在给定输入数据 $x$ 的条件下，求属于类别 $c$ 的概率 $p(c|x)$，根据第 4 章贝叶斯公式（4.25）可知：

$$p\left(c|x\right) = \frac{p\left(x|c\right) p\left(c\right)}{p\left(x\right)} \tag{6.17}$$

贝叶斯分类的基本思想就是，通过求取 $p(c)$ 和 $p(x|c)$ 来求 $p(c|x)$，而不是直接求 $p(c|x)$，利用式（6.17）求最优分类，$p(x)$ 对所有类别都是相同的。

输入数据 $x$ 一般含有多个特征或多个属性，假设有 $n$ 个特征，即 $x=(x_1, x_2, \cdots, x_n)$，那

么计算 $p(x|c)$ 比较麻烦，需要计算在条件 $c$ 下的联合分布。好在朴素贝叶斯有"属性条件独立性"这个假设，计算 $p(x|c)$ 时就方便多了。$p(x|c)$ 就可以写成：

$$p(x|c) = p((x_1, x_2, \cdots, x_n)|c)$$
$$= \prod_{i=1}^{n} p(x_i|c) \tag{6.18}$$

假设类别集合为 $Y$，$p(x)$ 对所有类别都相同，因此在给定输入数据 $x$ 的条件下，最优分类就可表示为：

$$\arg\max_{c \in Y} p(c) \prod_{i=1}^{n} p(x_i|c) \tag{6.19}$$

由此我们可以看出，利用贝叶斯分类器进行分类，不是首先定义 $p(c|x)$，而是先求出 $p(x|c)$，然后求出不同分类下的最优值，期间不涉及求代价函数。

### 6.1.4　集成学习

我们知道艺术来源于生活，又高于生活，实际上很多算法也是如此，来源于生活，又高于生活。在介绍集成学习之前，先看一下我们生活中的集成学习（Aggregation）。假如你有 $m$ 个朋友，每个朋友向你预测推荐明天某支股票是涨还是跌，对应的建议分别是 $t_1$, $t_2$, $\cdots$, $t_m$。那么你该选择哪个朋友的建议呢？你可能采用如下一些方法：

第一种方法，是从 $m$ 个朋友中选择一个最受信任，对股票预测能力最强的朋友，直接听从他的建议就好。这是一种普遍的做法。

第二种方法，如果每个朋友在股票预测方面都是比较厉害的，都有各自的专长，那么就同时考虑 $m$ 个朋友的建议，将所有结果做个投票，一人一票，最终决定出对该支股票的预测。

第三种方法，如果每个朋友水平不一，有的比较厉害，投票比重应该更大一些；有的比较差，投票比重应该更小一些。那么，仍然对 $m$ 个朋友进行投票，只是每个人的投票权重不同。

第四种方法与第三种方法类似，但是权重不是固定的，根据不同的条件，给予不同的权重。比如，如果是传统行业的股票，那么给这方面比较厉害的朋友较高的投票权重，如果是服务行业，那么就给这方面比较厉害的朋友较高的投票权重。

以上所述的这四种方法都是将不同人不同意见融合起来的方式，接下来我们就要讨论如何将这些做法对应到机器学习中去。集成学习的思想与这个例子类似，即把多个人的想法结合起来，得到一个更好、更全面的想法。

集成学习的主要思想：对于一个比较复杂的任务，综合许多人的意见来进行决策往往比一家独大好，正所谓集思广益。其过程如图 6-10 所示。

接下来介绍两种典型的集成学习，一种称为装袋（Bagging）算法，另一种称为自适应分类器（AdaBoosting）。

图 6-10 集成学习示例

### 1. Bagging

Bagging 即套袋法，其算法过程如下：

1）从原始样本集中抽取训练集。

每轮从原始样本集中使用 Bootstraping（Bootstrapping 算法，指的就是利用有限的样本经由多次重复抽样，重新建立起足以代表母体样本分布的新样本）的方法抽取 $n$ 个训练样本（在训练集中，有些样本可能被多次抽取到，而有些样本可能一次都没有被抽中）。共进行 $k$ 轮抽取，得到 $k$ 个训练集。这 $k$ 个训练集之间是相互独立的。

2）每次使用一个训练集得到一个模型，$k$ 个训练集共得到 $k$ 个模型。

训练时我们可以根据具体问题采用不同的分类或回归方法，如决策树、感知器等。

3）对分类问题：对上步得到的 $k$ 个模型采用投票的方式得到分类结果；对回归问题，计算上述模型的均值作为最后的结果。

### 2. Adaboost

自适应分类器（Adaboost）是一种迭代算法，其核心思想是针对同一个训练集训练不同的分类器（弱分类器），然后把这些弱分类器集合起来，构成一个更强的最终分类器（强分类器）。其算法本身是通过改变数据分布来实现的，它根据每次训练集中每个样本的分类是否正确，以及上次总体分类的准确率，来确定每个样本的权值。将修改过权值的新数据集送给下层分类器进行训练，最后将每次训练得到的分类器融合起来，作为最后的决策分类器。使用 Adaboost 分类器可以排除一些不必要的训练数据特征，并放在关键的训练数据上面。为了更好地理解 Adaboost 的实现原理，我们通过下列一些图形来说明。

1）假设我们有如下样本图：

2）对以上数据集进行替代式分类。

第 1 次分类，得到以下划分：

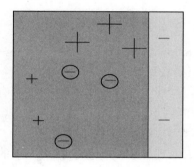

第 2 次分类，得到以下划分：

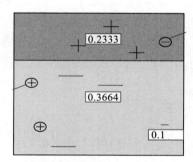

第 3 次分类，得到以下划分：

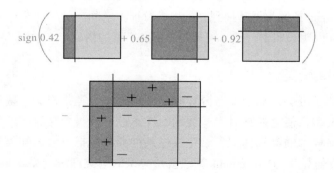

第 4 次综合以上分类，得到最好分类结果：

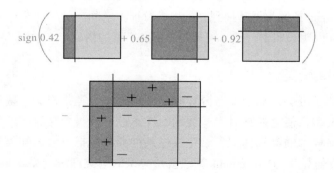

## 6.2 无监督学习

上节我们介绍了监督学习，监督学习的输入数据中有标签或目标值，但在实际生活中，有很多数据是没有标签的，或者标签代价很高，对这些没有标签的数据该如何学习呢？这就涉及了机器学习中的无监督学习。在无监督学习中，我们通过推断输入数据中的结构来建模。如通过提取一般规律，或通过数学处理系统地减少冗余，或者根据相似性组织数据等，这分别对应无监督学习的关联学习、降维、聚类。无监督学习的方法很多，限于篇幅，我们这里只介绍两种典型无监督算法：主成分分析与 k 均值（k-means）算法。

### 6.2.1 主成分分析

主成分分析（Principal Components Analysis，PCA），是一种数据降维技术，可用于数据预处理。如果我们获取的原始数据维度很大，比如 1000 个特征，在这 1000 个特征中可能包含了很多无用的信息或者噪声，真正有用的特征可能只有 50 个或更少，那么我们可以运用 PCA 算法将 1000 个特征降到 50 个特征。这样不仅可以去除无用的噪声，节省计算资源，还能保持模型性能变化不大。如何实现 PCA 算法呢？

为便于理解，我们从直观上理解就是，将数据从原来的多维特征空间转换到新的维数更低的特征空间中。例如原始的空间是三维的 $(x, y, z)$，$x$、$y$、$z$ 分别是原始空间的三个基，我们可以通过某种方法，用新的坐标系 $(a, b, c)$ 来表示原始的数据，那么 $a$、$b$、$c$ 就是新的基，它们组成新的特征空间。在新的特征空间中，可能所有的数据在 $c$ 上的投影都接近于 0，即可以忽略，那么我们就可以直接用 $(a, b)$ 来表示数据，这样数据就从三维的 $(x, y, z)$ 降到了二维的 $(a, b)$。如何求新的基 $(a, b, c)$ 呢？以下介绍求新基的一般步骤：

1）对原始数据集做标准化处理。

2）求协方差矩阵。

3）计算协方差矩阵的特征值和特征向量。

4）选择前 $k$ 个最大的特征向量，$k$ 小于原数据集维度。

5）通过前 $k$ 个特征向量组成了新的特征空间，设为 $W$。

6）通过矩阵 $W$，把原数据转换到新的 $k$ 维特征子空间。

更详细的原理说明及实例介绍，可参考本书 3.9 节的内容。

### 6.2.2 k-means 聚类

前面我们介绍了分类，那聚类与分类有何区别呢？分类是根据一些给定的已知类别标识的样本，训练模型，使它能够对未知类别的样本进行分类。这属于监督学习。而聚类指事先并不知道任何样本的类别标识，希望通过某种算法来把一组未知类别的样本划分成若干类别，它属于无监督学习。k-means 算法就是典型的聚类算法。那么 k-means 算法如何实现聚类呢？它的基本思想是：

1）适当选择 $k$ 个类的初始中心。

2）在第 $i$ 次迭代中，对任意一个样本，求其到 $k$ 个中心的距离，将该样本归到距离最短的中心所在的类。

3）利用均值等方法更新该类的中心值；

4）对于所有的 $k$ 个聚类中心，如果利用 2、3 的迭代法更新后，值保持不变，则迭代结束，否则继续迭代。

最后结果是同一类簇中的对象相似度极高，不同类簇中的数据相似度极低。如图 6-11 所示为聚类结果示意图。

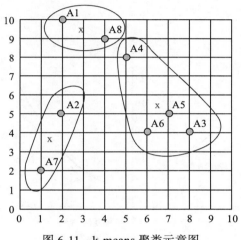

图 6-11    k-means 聚类示意图

对 k-means 算法，如果原数据很多，其计算量非常大，对于大数据是否有更好的方法呢？每次处理聚类算法时，可以采用 Scikit-learn 提供的 Mini Batch k-Means 算法，这种方法采用少批量而不是所有数据进行训练，非常高效，在深度学习计算梯度下降时，经常采用类似方法，称为随机梯度下降法，具体内容将在下节介绍。

## 6.3    梯度下降与优化

前面我们介绍了多种机器学习算法，而算法的最终目标就是通过训练，习得一组最优的模型参数。如何学习到最优参数？通常以代价函数或成本函数作为参数估计的函数，如此，机器学习的任务就转变为最小化代价函数。而梯度下降算法就是一个被广泛使用的优化算法，它可以用于寻找最小化代价函数的参数值。由此可见，基于梯度的优化算法是机器学习、深度学习的核心内容之一。这节我们首先介绍梯度下降的一般定义，然后介绍不同数据集下的梯度更新方法，最后介绍深度学习中几种梯度的更新策略。

### 6.3.1　梯度下降简介

梯度下降法是一种致力于找到函数极值点的算法，在机器学习中，我们一般通过这种方法获取模型参数，从而求得目标函数或代价函数的极值。

问题描述：

$$\min_{X} f(x) \text{（其中 } X \text{ 为数据集）} \tag{6.20}$$

如果实值函数 $f(x)$，在点 $x_i$ 处可微且有定义，利用梯度下降法来求函数 $f(x)$ 的极小值，那么函数 $f(x)$ 在 $x_i$ 点沿着梯度相反的方向下降最快，如图 6-12 所示。函数 $f(x)$ 在点 $x_i$ 的梯度，表示为 $\nabla f(x_i)$。

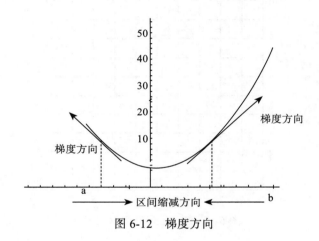

图 6-12　梯度方向

假设我们已得到 $(x_0, x_1, x_2, \cdots, x_i)$，如何求新的点 $x_{i+1}$？

在欧几里得空间中，点 $x_i$ 和 $x_{i+1}$ 之差是一个向量，该向量由其方向和长度确定，因此，迭代公式可以写成：

$$x_{i+1} = x_i - \lambda_i \nabla f(x_i) \tag{6.21}$$

如果设 $\Delta x_i = -\lambda_i \nabla f(x_i)$，则上式又可表示为：

$$x_{i+1} = x_i + \Delta x_i \tag{6.22}$$

随着迭代步数的增加，将逐渐逼近极值点，整个迭代过程如图 6-13 所示。

在式（6.21）中，$\lambda_i$ 为步长（或称为学习速率或学习率），当 $\lambda_i$ 和 $\nabla f(x_i)$ 都确定后，也就确定了 $x_{i+1}$，依次迭代，最后便可求得函数 $f(x)$ 的极小值。

这是利用梯度下降法求函数极值的一般方法。在实际使用中，往往会根据不同场景和需求，对步长 $\lambda_i$ 和梯度 $\nabla f(x_i)$ 使用多种不同的取法。如果数据集比较大，那么选择或划分训练数据集，也是一个重要考虑因素。下节将介绍如何处理大数据集问题。

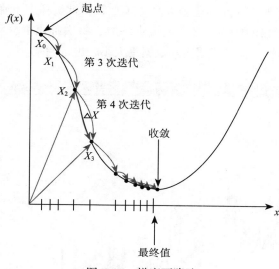

图 6-13 梯度下降法

## 6.3.2 梯度下降与数据集大小

数据量对模型的泛化能力有重要影响,但在大训练集上训练模型计算量增长得非常快。假设样本数为 $m$ ,其样本数为 $(x^{(1)}, y^{(1)}), (x^{(2)}, y^{(2)}), ..., (x^{(m)}, y^{(m)})$ , $f(x^{(i)}, \theta)$ 为输入 $x^{(i)}$ 时所预测的输出函数, $L$ 是每个样本的代价函数,则代价函数为:

$$J(\theta) = \frac{1}{m} \sum_{i=1}^{m} L\left(f\left(x^{(i)}, \theta\right), y^{(i)}\right) \tag{6.23}$$

对这些相加的代价函数,梯度下降的计算为:

$$\nabla_\theta J(\theta) = \frac{1}{m} \sum_{i=1}^{m} \nabla_\theta L\left(f\left(x^{(i)}, \theta\right), y^{(i)}\right) \tag{6.24}$$

这些运算的代价是 $O(m)$ ,当数据规模达到千万、数十亿甚至更多时,计算梯度将耗费相当长的时间。因此,面对大数据集,不宜用全量训练数据训练。全量训练又称为批量梯度下降法(Batch Gradient Descent,BGD)。那么对大数据集我们该如何训练呢?可以采用随机梯度下降法(Stochastic Gradient Descent,SGD),或小批量梯度下降法(Mini-batch Gradient Descent,MBGD),接下来我们将分别展开介绍。

### 1. 随机梯度下降法

随机梯度下降法,每次更新,只使用一个样本,因此,它的速度比较快。但由于是随机抽取一个,训练样本可能出现相似或重复,而且单个样本数据之间可能差别比较大,这就可能导致每一次训练时,代价函数出现较大波动,具体如图 6-14 所示。

### 2. 小批量梯度下降法

小批量梯度下降法,顾名思义就是每次训练时用训练集的一部分或一小批,既不是所有数据集，也是单个样本。因此，这种方法有效克服了批量梯度下降法和随机梯度下降的不足，但效率与 SGD 和 BGD 差不多。假设训练时，每次抽出的样本数为 $k$，$k$ 一般取 10 到 500 之间的整数，当然，也可根据实际数据集大小，进行调整。

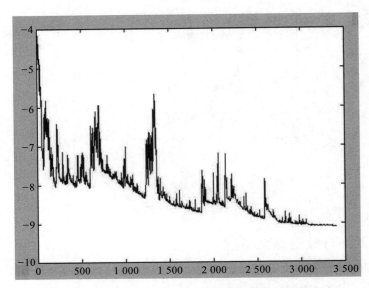

图 6-14　使用 SGD 训练时，代价函数会出现较大波动

小批量梯度下降计算公式：

$$\frac{1}{k}\sum_{i=1}^{k}\nabla_{\theta}L\left(f\left(x^{(i)},\theta\right),y^{(i)}\right) \tag{6.25}$$

由于训练时使用了更多样本，特别适合于高效的矩阵运算，尤其 GPU 的并行处理。同时数据之间差异较小、更平均，因此结果比较稳定，而且不会出现图 6-13 那样的剧烈波动。梯度是期望，而期望可用小规模的样本近似估计，因此，MBGD 在提升性能的基础上，又能保持效率。

MBGD 训练的算法如下：

```
假设 batch_size=10, m=1000
初始化参数向量 θ, 学习率 λ
while 停止准则未满足 do
    Repeat {
    forj = 1, 11, 21, .., 991 {
        更新梯度 : ĝ ← 1/batch_size ∑(i=j to j+batch_size) ∇_θL(f(x^(i),θ),y^(i))
        更新参数 : θ ← θ−λĝ
        }
    }
end while
```

上面我们介绍了梯度下降的三种方法，各自有优缺点及适应场景，如表 6-1 所示。

表 6-1 梯度下降算法

| 梯度下降算法 | 优点 | 缺点 |
| --- | --- | --- |
| BGD | 全局最优化 | 计算量大，迭代速度慢 |
| SGD | 1）训练速度快<br>2）支持在线学习 | 准确度下降，有噪音，非全局最优化 |
| MBGD | 1）可以使用深层学习库中通用的矩阵优化方法，使计算小批量数据的梯度更加高效<br>2）支持在线学习 | 准确度不如 BGD，非全局最优解 |

本书后续章节，如果没有特殊说明，随机梯度下降一般指小批量梯度下降。

### 6.3.3　传统梯度优化的不足

传统梯度更新算法为最常见、最简单的一种参数更新策略。其基本思想是：先设定一个学习率 $\lambda$，参数沿梯度的反方向移动。假设需更新的参数为 $\theta$，梯度为 $g$，则其更新策略可表示为：

$$\theta \leftarrow \theta - \lambda g \tag{6.26}$$

这种梯度更新算法简洁，当学习率取值恰当时，可以收敛到全面最优点（凸函数）或局部最优点（非凸函数）。

但其不足也很明显，对超参数学习率比较敏感（过小导致收敛速度过慢，过大又越过极值点），如图 6-15c 所示。在比较平坦的区域，因梯度接近于 0，易导致提前终止训练，如图 6-15a 所示。

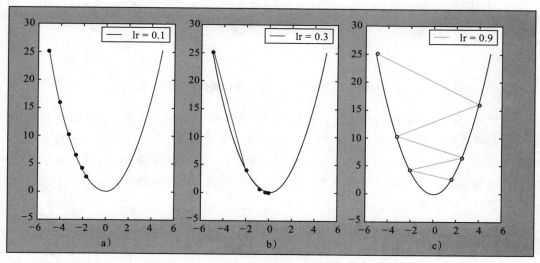

图 6-15　学习速率大小对梯度下降法的敏感程度

　　学习速率大小对梯度下降法非常敏感，太小，搜索速度比较慢（如图 6-15c）；太大又可能跳过极值点（如图 6-15a）。要选中一个恰当的学习速率往往要花费不少时间。

　　学习率除了敏感，有时还会因其在迭代过程中保持不变，很容易造成算法被卡在鞍点的位置，如图 6-16 所示。

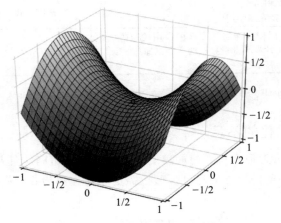

图 6-16　算法卡在鞍点示意图

　　另外，在较平坦的区域，因梯度接近于 0，优化算法往往因误判，还未到达极值点，就提前结束迭代，如图 6-17 所示。

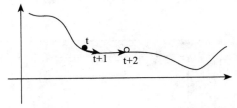

图 6-17　在较平坦区域，梯度接近于 0，优化算法因误判而提前终止迭代

　　传统梯度优化方面的这些不足，在深度学习中会更加明显。为此，人们自然想到如何克服这些不足的问题。从式（6.26）可知，影响优化无非有两个因素：一个是梯度方向，一个是学习率。所以很多优化方法大多从这两方面入手，有些从梯度方向入手，如下节介绍的动量更新策略；有些从学习率入手，这涉及调参问题；还有从两方面同时入手，如自适应更新策略，接下来将介绍这些方法。

## 6.3.4　动量算法

　　梯度下降法在遇到平坦或高曲率区域时，学习过程有时很慢。利用动量算法能比较好解决这个问题。动量算法与传统梯度下降优化的效果如图 6-18 所示。

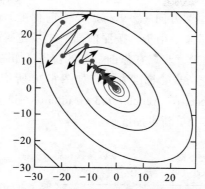

图 6-18 使用或不使用动量算法的 SGD 效果比较，红色或振幅较小的为有动量梯度下降行为

从图 6-18 可以看出，不使用动量算法的 SGD 学习速度比较慢，振幅比较大；而使用动量算法的 SGD，振幅较小，而且较快到达极值点。动量算法是如何做到这点的呢？

动量（Momentum）是模拟物理里动量的概念，具有物理上惯性的含义，一个物体在运动时具有惯性，把这个思想运用到梯度下降计算中，可以增加算法的收敛速度和稳定性，具体实现如图 6-19 所示。

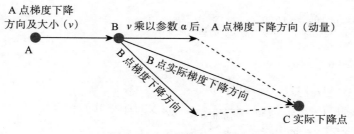

图 6-19 动量算法示意图

由图 6-19 可知，动量算法每下降一步都是由前面下降方向的一个累积和当前点的梯度方向组合而成。含动量的随机梯度下降法，其算法伪代码为：

```
假设 batch_size=10, m=1000
初始化参数向量 θ、学习率 λ、动量参数 α、初始速度 v
while 停止准则未满足 do
    Repeat {
    forj = 1, 11, 21, .., 991 {
```
$$\text{更新梯度}: \hat{g} \leftarrow \frac{1}{\text{batch\_size}} \sum_{i=j}^{j+\text{batch\_size}} \nabla_\theta L\left(f\left(x^{(i)}, \theta\right), y^{(i)}\right)$$
```
        计算速度: v←αv−λĝ
    更新参数: θ←θ+v
        }
    }
end while
```

　　既然每一步都要将两个梯度方向（历史梯度、当前梯度）做一个合并再下降，那为什么不先按照历史梯度往前走那么一小步，按照前面一小步位置的"超前梯度"来做梯度合并呢？如此一来，可以先往前走一步，在靠前一点的位置（如图 6-19 中的 C 点）看到梯度，然后按照那个位置再来修正这一步的梯度方向，如图 6-20 所示。这就得到动量算法的一种改进算法，即 NAG 算法（Nesterov Accelerated Gradient）。这种预更新方法能防止大幅振荡，不会错过最小值，并对参数更新更加敏感。

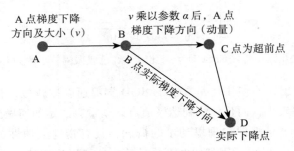

图 6-20　NAG 下降法示意图

NAG 下降法的算法伪代码：

```
假设 batch_size=10, m=1000
初始化参数向量 θ、学习率 λ、动量参数 α、初始速度 v
while 停止准则未满足 do
    更新超前点：θ̃ ← θ + αv
    Repeat {
    for j = 1, 11, 21, .., 991 {
```
$$\text{更新梯度（在超前点）：} \hat{g} \leftarrow \frac{1}{\text{batch\_size}} \sum_{i=j}^{j+\text{batch\_size}} \nabla_{\hat{\theta}} L\left(f\left(x^{(i)}, \tilde{\theta}\right), y^{(i)}\right)$$
```
        计算速度：v ← αv - λĝ
        更新参数：θ ← θ + v
        }
    }
end while
```

　　NAG 动量法和经典动量法的差别就在 B 点和 C 点梯度的不同。动量法，更多关注梯度下降方法的优化，如果能从方向和学习率同时优化，效果或许更理想。事实也确实如此，而且这些优化在深度学习中显得尤为重要。接下来我们介绍几种自适应优化算法，这些算法同时从梯度方向及学习率进行优化，效果非常好。

## 6.3.5　自适应算法

　　传统梯度下降算法对学习率这个超参数非常敏感，难以驾驭；对参数空间的某些方向也没有很好的方法。这些不足在深度学习中，因高维空间、多层神经网络等因素，常会出现平坦、鞍点、悬崖等问题，因此，传统梯度下降法在深度学习中显得力不从心。还好现在已有很多解决这些问题的有效方法。上节介绍的动量算法在一定程度缓解了对参数空间某些方向的问题，但需要新增一个参数，而且对学习率的控制还不很理想。为了更好驾驭这个超参数，人们想出来多种自适应优化算法，使用自适应优化算法，学习率不再是一个固定不变值，它会根据不同情况自动调整来适用情况。这些算法使深度学习向前迈出一大步！这节我们将介绍几种自适应优化算法。

### 1. AdaGrad 算法

AdaGrad 算法是通过参数来调整合适的学习率 $\lambda$，能独立地自动调整模型参数的学习率，对稀疏参数进行大幅更新和对频繁参数进行小幅更新。因此，Adagrad 方法非常适合处理稀疏数据。AdaGrad 算法在某些深度学习模型上效果不错。但还有些不足，可能因其累积梯度平方导致学习率过早或过量的减少所致。

AdaGrad 算法伪代码：

```
假设 batch_size=10, m=1000
初始化参数向量 θ、学习率 λ
小参数 δ，一般取一个较小值（如 10⁻⁷），该参数避免分母为 0
初始化梯度累积变量 r=0
while 停止准则未满足 do
    Repeat {
    forj = 1, 11, 21, .., 991 {
```

$$更新梯度：\hat{g} \leftarrow \frac{1}{batch\_size} \sum_{i=j}^{j+batch\_size} \nabla_\theta L\big(f(x^{(i)}, \theta), y^{(i)}\big)$$

$$累积平方梯度：r \leftarrow r + \hat{g} \odot \hat{g}$$

$$计算速度：\Delta\theta \leftarrow -\frac{\lambda}{\delta + \sqrt{r}} \odot \hat{g}$$

$$更新参数：\theta \leftarrow \theta + \Delta\theta$$

```
            }
        }
end while
```

由上面算法的伪代码可知：

1）随着迭代时间越长，累积梯度 $r$ 越大，从而学习速率 $\frac{\lambda}{\delta + \sqrt{r}}$ 随着时间就减小，在接近目标值时，不会因为学习速率过大而越过极值点。

2）不同参数之间学习速率不同，因此，与前面固定学习速率相比，不容易在鞍点卡住。

3）如果梯度累积参数 $r$ 比较小，则学习速率会比较大，所以参数迭代的步长就会比较大。相反，如果梯度累积参数比较大，则学习速率会比较小，所以迭代的步长会比较小。

### 2. RMSProp 算法

RMSProp 算法修改 AdaGrad，为的是在非凸背景下效果更好。针对梯度平方和累计越来越大的问题，RMSProp 用指数加权的移动平均代替梯度平方和。RMSProp 为使用移动平均，引入了一个新的超参数 $\rho$，用来控制移动平均的长度范围。

RMSProp 算法伪代码：

```
假设 batch_size=10, m=1000
初始化参数向量 θ、学习率 λ、衰减速率 ρ
小参数 δ，一般取一个较小值（如 10⁻⁷），该参数避免分母为 0
初始化梯度累积变量 r=0
while 停止准则未满足 do
    Repeat {
    forj = 1, 11, 21, .., 991 {
```

更新梯度：$\hat{g} \leftarrow \dfrac{1}{batch\_size} \sum\limits_{i=j}^{j+batch\_size} \nabla_{\theta} L\left(f\left(x^{(i)}, \theta\right), y^{(i)}\right)$

累积平方梯度：$r \leftarrow \rho r + (1-\rho)\, \hat{g} \odot \hat{g}$

计算参数更新：$\Delta\theta \leftarrow -\dfrac{\lambda}{\delta + \sqrt{r}} \odot \hat{g}$

更新参数：$\theta \leftarrow \theta + \Delta\theta$

```
        }
    }
end while
```

RMSProp 算法在实践中已被证明是一种有效且实用的深度神经网络优化算法，在深度学习中得到了广泛应用。

### 3. Adam 算法

Adam（Adaptive Moment Estimation）本质上是带有动量项的 RMSprop，它利用梯度的一阶矩估计和二阶矩估计动态调整每个参数的学习率。Adam 的优点主要在于经过偏置校正后，每一次迭代学习率都有个确定范围，使得参数比较平稳。

Adam 是另一种学习速率自适应的深度神经网络方法，它利用梯度的一阶矩估计和二阶矩估计动态调整每个参数的学习速率。Adam 的优点主要在于经过偏置校正后，每一次迭代学习速率都有个确定范围，使得参数比较平稳。Adam 算法伪代码如下：

```
假设 batch_size=10, m=1000
初始化参数向量 θ、学习率 λ
矩估计的指数衰减速率 ρ₁ 和 ρ₂ 在区间 [0,1) 内。
小参数 δ，一般取一个较小值（如 10⁻⁷），该参数避免分母为 0
初始化一阶和二阶矩变量 s=0,r=0
初始化时间步 t=0
while 停止准则未满足 do
    Repeat {
    forj = 1, 11, 21, .., 991 {
```

更新梯度：$L(\ \hat{g} \leftarrow \dfrac{1}{batch\_size} \sum\limits_{i=j}^{j+batch\_size} \nabla_{\theta} L\left(f(x^{(i)}, \theta), y^{(i)}\right)\ )$

```
    t←t+1
```

更新有偏一阶矩估计：$s \leftarrow \rho_1 s + (1-\rho_1)\, \hat{g}$

更新有偏二阶矩估计：$r \leftarrow \rho_2 r + (1-\rho_2)\, \hat{g} \odot \hat{g}$

修正一阶矩偏差：$\hat{S} = \dfrac{s}{1-\rho_1^t}$

修正二阶矩偏差：$\hat{r} = \dfrac{r}{1-\rho_2^t}$

累积平方梯度：$r \leftarrow \rho r + (1-\rho)\, \hat{g} \odot \hat{g}$

计算参数更新：$\Delta\theta = -\lambda \dfrac{\hat{s}}{\delta + \sqrt{\hat{r}}}$

更新参数：θ←θ+Δθ
```
            }
        }
end while
```

### 6.3.6 有约束最优化

前文我们介绍的优化问题都是无约束的，即格式为 $\min f(x)$。如果其中 $x$ 还需要满足其他条件，如等式约束条件（如：$h(x)=0$），或不等式约束条件（如 $g(x) \leqslant 0$），这就属于有约束最优化问题，那么如何求有约束的 $f(x)$ 最小值呢？

解决有约束条件的最优化问题，总的思路就是把约束问题转换为无约束问题。如何转换？这里我们可以通过添加参数的方式来实现，通过添加参数把这些函数（如 $f(x)$、$h(x)$）合成一个函数。在数学上，新合成的函数称为拉格朗日函数，所用参数称为拉格朗日乘子。把这一思路可视化就是图 6-21。

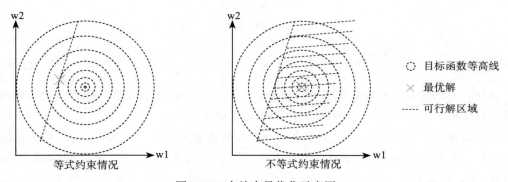

图 6-21　有约束最优化示意图

通过图 6-21 我们可以看出，在有约束最优化中约束转换为可行解区域，所以，如果用一句话来说，有约束最优化就是在可行域上最优化。

在求取有约束条件的优化问题时，拉格朗日乘子法（Lagrange Multiplier）和 KKT 条件是非常重要的两个求取方法，对于等式约束的优化问题，可以应用拉格朗日乘子法去求取最优值；如果含有不等式约束，可以应用 KKT 条件去求取。当然，这两个方法求得的结果只是必要条件，只有当目标函数为凸函数的情况下，才能保证是充分必要条件。KKT 条件是拉格朗日乘子法的泛化。

这个思路如何用数学表达式表示呢？我们假设有一个等式约束 h(x)=0 或一个不等式约束 g(x) ≤ 0 的情况。

#### 1. 等式约束最优化

$$\min f(x) \qquad x \in R^n$$
$$s.t.\ h(x)=0$$

1）构建拉格朗日函数：

$$L(x, \alpha)=f(x)+\alpha \cdot h(x) \qquad (6.27)$$

2）拉格朗日函数 $L(x, \alpha)$ 分别对 $x$、$\alpha$ 求导，并令其为 0。

$$\begin{cases} \nabla_x L(x,\alpha) = 0 \\ \nabla_\alpha L(x,\alpha) = 0 \end{cases} \qquad (6.28)$$

3）求式（6.28）的值 $(x, \alpha)$ 后，将 $x$ 带入 $f(x)$ 即为在约束条件 $h(x)$ 下的可行解。

**2. 不等式约束最优化**

$$\min f(x) \qquad x \in R^n$$
$$\text{s.t. } g(x) \leqslant 0$$

1）构建拉格朗日函数：

$$L(x, \alpha) = f(x)+\lambda \cdot g(x) \qquad (6.29)$$

2）KKT 条件

$$\nabla_x L(x, \lambda) = 0$$
$$\lambda \cdot g(x) = 0$$
$$\lambda \geqslant 0$$

3）满足 KKT 条件后，极小化拉格朗日函数，即可得到在不等式约束条件下的可行解。

---

**注意：** 我们该如何选择优化器呢？在机器学习中，一般采用 SGD。SGD 虽然能达到极小值，但是相比其他算法，用时较长，而且可能会被困在鞍点。

如果数据为稀疏的，在深度学习中，一般采用自适用方法，如 AdaGrad、RMSprop、Adam 等。当然 RMSprop、Adam 这些优化方法，在很多情况下的效果是相似的。Adam 在 RMSprop 的基础上加了 bias-correction 和 momentum，随着梯度变得稀疏，Adam 比 RMSprop 效果会好。整体而言，Adam 是更好的选择。

---

## 6.4  前馈神经网络

前馈神经网络（Feedforward Neural Network）是最早被提出的神经网络，我们熟知的单层感知机、多层感知机、卷积深度网络等都属于前馈神经网络，它之所以称为前馈（Feedforward），或许与其信息往前流有关：数据从输入开始，流过中间计算过程，最后达到输出层。模型的输出和模型本身没有反馈（Feedback）连接。有反馈连接的称为反馈神经网络，如循环神经网络（Recurrent Neural Network，RNN），RNN 将在第 15 章介绍。本书如果没有特别说明，神经网络一般指前馈神经网络。

前面我们介绍了机器学习中的几种常用算法，如线性模型、SVM、集成学习等有监督学习，这些算法我们都可以用神经网络来实现，如图 6-22 所示，神经网络的万能近似定理

（Universal Approximation Theorem）为重要理论依据。如果用神经网络来实现，还有很多便利，可自动获取特征、自动（或半自动）选择模型函数等。神经网络可以解决传统机器学习问题，更可以解决传统机器学习无法解决或难以解决的问题。因此，近些年神经网络发展非常快，应用也非常广。

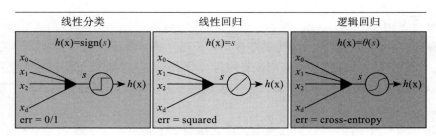

图 6-22　线性模型的神经元

神经网络是深度学习的重要基础，深度学习中的深一般指神经网络的层次较深。接下来我们从最简单也最基础的神经元开始，介绍单层感知机、单层感知机的局限性、多层感知机、构建一个多层神经网络、前向传播及反向传播算法及实例等内容。

### 6.4.1　神经元结构

1943 年，心理学家 McCulloch 和数学家 Pitts 参考了生物神经元的结构（请看图 6-23），发表了抽象的神经元模型 MP。一个神经元模型包含输入、计算、输出等功能。图 6-23 是一个典型的神经元模型：包含 3 个输入、1 个输出、计算功能（先求和，然后把求和结果传递给激活函数 $f$）。

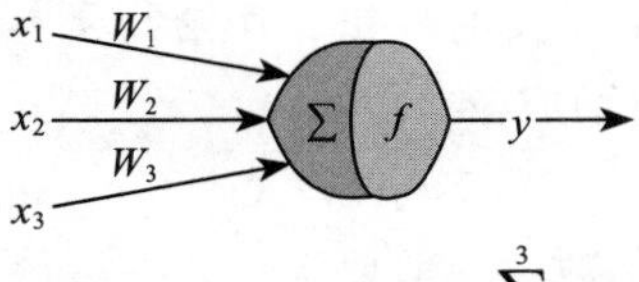

图 6-23　神经元结构图，其中 $z = \sum_{i=1}^{3} x_i * w_i, y = f(z)$

其间的箭头线称为"连接"。每个连接上有一个"权值"，如图 6-23 中的 $w_i$，权重是最重要的东西。一个神经网络的训练算法就是让权重的值调整到最佳，以使得整个网络的预测效果最好。

我们使用 $x$ 来表示输入，用 $w$ 来表示权值。一个表示连接的有向箭头可以这样理解：在初端，传递的信号大小仍然是 $x$，中间有加权参数 $w$，经过这个加权后的信号会变成 $x \cdot w$，因此在连接的末端，信号的大小就变成了 $x \cdot w$。

输出 $y$ 是在输入和权值的线性加权及叠加了一个函数 $f$ 后的值。在 MP 模型里，函数 $f$ 又称为激活函数，激活函数将数据压缩到一定范围区间内，其值大小将决定该神经元是否处于活跃状态。

从机器学习的角度，我们习惯把输入称为特征，输出 $y=f(z)$ 为目标函数。

在 6.1.1 节介绍的逻辑回归实际上就是一个神经元结构，输入为 $x$，参数有 $w$（权重），$b$（偏移量），求和得到：$z=wx+b$，式（6.5）中的函数 $f$ 就是激活函数，该激活函数为阶跃函数。

## 6.4.2   感知机的局限

在讲感知机的局限之前，我们先简单介绍一下感知机。在感知机中，"输入"也作为神经元节点，标为"输入单元"。感知机仅有两层：分别是输入层和输出层。输入层里的"输入单元"只负责传输数据，不做计算。输出层里的"输出单元"则需要对前面一层的输入进行计算。

图 6-24 就是一个简单的感知机模型，输入层有 3 个输入单元，输出层有 2 个神经元。输出值分别为 $y_1$ 和 $y_2$，其中输出：$y_1 = f\left(\sum_{i=1}^{3} x_{1,i} \cdot w_{1,i}\right)$，而 $y_2 = f\left(\sum_{i=1}^{3} x_{2,i} \cdot w_{2,i}\right)$。

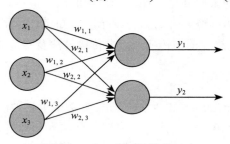

图 6-24   感知机模型

如果我们把输入的变量 $x_1$、$x_2$、$x_3$ 用向量 $X$ 来表示，即 $X=[x_1, x_2, x_3]^T$。权重构成一个 $2 \times 3$ 矩阵 $W$（第一行下标为 1 开头的权重，第 2 行下标为 2 开头的权重），输出表示为 $Y=[y_1, y_2]^T$。这样输出公式可以改写成：

$$Y= f(W \cdot X) \tag{6.30}$$

其中 $f$ 是激活函数。对激活函数，一般要求：

1）非线性：为提高模型的学习能力，如果是线性，那么再多层都相当于只有两层效果。

2）可微性：有时可以弱化，在一些点存在偏导即可。

3）单调性：保证模型简单。

与神经元模型不同，感知器中的权值是通过训练得到的。如何训练？主要通过前向传播和反向传播训练，具体操作后续将详细介绍。感知器对线性可分或近似线性可分数据有很好的效果，对线性不可分数据的效果不理想。Minsky 在 1969 年出版的《Perceptron》中用详细的数学证明了感知器无法解决 XOR（异或）分类问题。这应该是比较简单的分类问题，用传统的机器学习算法如 SVM 等能很好解决，用感知器却无法解决。当时很多人做过多种尝试，如增加输出层的神经个数、调整激活函数等，但结果都不尽人意。后来有人通过增加层数，问题就迎刃而解了。接下来我们介绍多层神经网络。

### 6.4.3 多层神经网络

解决 XOR 问题并不是一帆风顺，增加层实际上很多人都想到了，但增加层以后，计算量、计算的复杂度就上来了，还有如何缩小误差，如何求最优解等问题也随之出现。传统机器学习中我们可以通过梯度下降或最小二乘法等算法解决，但如何优化神经网络，这个问题困扰了大家很长时间。

直到 1986 年，Hinton 和 Rumelhar 等人提出了反向传播（Back Propagation，BP）算法，解决了两层神经网络所需要的复杂计算量问题，从而带动了业界使用两层神经网络研究的热潮。目前，大量介绍神经网络的教材，一般重点介绍两层（带一个隐藏层）或多层神经网络的内容。

多层神经网络（含一层或多层隐含层）结构与神经元有何区别呢？图 6-25 就是一个简单的多层神经网络，除有一个输入层，一个输出层外，中间还有一层，这中间层因看不见其输入或输出数据，所以称为隐含层。

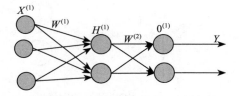

图 6-25　多层神经网络示意图

现在，权值矩阵增加到两个，我们用上标来区分不同层次之间的变量。
这里我们使用向量和矩阵来表示层次中的变量，如输入层表示为 $X^{(1)}$，隐含层为 $H^{(1)}$，$O^{(1)}$ 是为输出层。$W^{(1)}$ 和 $W^{(2)}$ 是网络的矩阵参数。用矩阵来描述，可得到如下计算公式：

$$f(W^{(1)} \cdot X^{(1)}) = H^{(1)} \tag{6.31}$$
$$f(W^{(2)} \cdot H^{(1)}) = O^{(1)} \tag{6.32}$$

接下来，我们看多层神经网络如何处理 XOR 问题。

1）首先我们来看，何为 XOR 问题，如表 6-2 所示。

表 6-2　异或问题

| $x_1$ | $x_2$ | AND | OR | XOR |
|---|---|---|---|---|
| 0 | 0 | 0 | 0 | 0 |
| 0 | 1 | 0 | 1 | 1 |
| 1 | 0 | 0 | 1 | 1 |
| 1 | 1 | 1 | 1 | 0 |

（其中 XOR = OR−AND）

表 6-2 的可视化结果为图 6-26，其中圆点表示 0，方块表示 1。AND、OR、NAND 问题都是线性可分，但 XOR 是线性不可分。

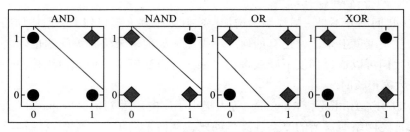

图 6-26 异或问题示意图

2）构建多层网络。

a）确定网络结构：

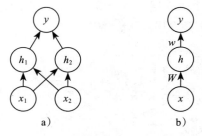

图 6-27 解决 XOR 问题的网络结构

其中，图 6-27a 为详细结构，图 6-27b 为向量式结构，这种结构比较简洁，而且更贴近矩阵运算模型。

b）确定输入：由表 6-2 可知，输入数据中有两个特征：$x_1$、$x_2$，共 4 个样本。分别为 $[0, 0]^T$，$[0, 1]^T$，$[1, 0]^T$，$[1, 1]^T$，详细内容见表 6-2。取 $x_1$、$x_2$ 两列，每行代表一个样本，每个样本 $x$ 都是一个向量，如果用矩阵表示就是：

$$X = \begin{bmatrix} 0 & 0 \\ 0 & 1 \\ 1 & 0 \\ 1 & 1 \end{bmatrix}$$

c）确定隐含层及初始化权重矩阵 $W$、$w$。隐含层主要确定激活函数，这里我们采用整流线性激活函数：$g(z)=\max\{0, z\}$，如图 6-28 所示。

初始化以下矩阵：

❑ 输入层到隐含层的权重矩阵 $W = \begin{bmatrix} 1 & 1 \\ 1 & 1 \end{bmatrix}$，偏移量为 $c = \begin{bmatrix} 0 \\ -1 \end{bmatrix}$。

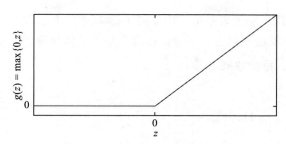

图 6-28 整流线性激活函数（ReLU）图形

❑ 隐含层到输出层的权重矩阵 $\boldsymbol{w} = \begin{bmatrix} 1 \\ -2 \end{bmatrix}$，偏移量 $b=0$。

d）确定输出层。

$z=\boldsymbol{W}^{\mathrm{T}}x+c$，由激活函数 $g(z)=\max\{0,z\}$ 可得：$A=g(z)=\max(0,z)$，而 $y=\boldsymbol{w}^{\mathrm{T}}A+b$，所以：

$$y = \boldsymbol{w}^{\mathrm{T}}(\max(0, z))+b$$
$$= \boldsymbol{w}^{\mathrm{T}}(\max(0, \boldsymbol{W}^{\mathrm{T}}x+c))+b$$

e）计算。输入矩阵（$\boldsymbol{x}$）·矩（$\boldsymbol{W}$）$+c^{\mathrm{T}}$

$$\boldsymbol{XW} + c^{\mathrm{T}} = \begin{bmatrix} 0 & 0 \\ 0 & 1 \\ 1 & 0 \\ 1 & 1 \end{bmatrix} \cdot \begin{bmatrix} 1 & 1 \\ 1 & 1 \end{bmatrix} + \begin{bmatrix} 0, -1 \end{bmatrix} = \begin{bmatrix} 0 & -1 \\ 1 & 0 \\ 1 & 0 \\ 2 & 1 \end{bmatrix}$$

$$\max\left(0, \boldsymbol{XW} + c^{\mathrm{T}}\right) = \begin{bmatrix} 0 & 0 \\ 1 & 0 \\ 1 & 0 \\ 2 & 1 \end{bmatrix} = \mathrm{H}$$

再乘以权限矩阵 $\boldsymbol{w}$，然后加上 $b$，可得到输出值为：

$$y = H\boldsymbol{w} + b = \begin{bmatrix} 0 & 0 \\ 1 & 0 \\ 1 & 0 \\ 2 & 1 \end{bmatrix} \begin{bmatrix} 1 \\ -2 \end{bmatrix} + 0 = \begin{bmatrix} 0 \\ 1 \\ 1 \\ 0 \end{bmatrix}$$

这样神经网络就得到我们希望的结果。

如何用程序如何实现 XOR 呢？下节将具体说明。

## 6.4.4 实例：用 TensorFlow 实现 XOR

上节通过一个实例具体说明了如何用多层神经网络来解决 XOR 问题，不过在计算过程中我们做了很多人工设置，如对权重及偏移量的设置。如果用程序来实现，一般不会这样，如果维度较多，手工设置参数也是不现实的。接下来我们介绍如何用 TensorFlow 来实现

XOR 问题。用程序实现，总的思路是：用反向传播算法（BP），循环迭代，直到满足终止条件为止。如果你对 BP 算法不熟悉，下节将详细介绍。具体步骤如下：

### 1. 明确输入数据、目标数据

$$输入值为 X = \begin{bmatrix} 0 & 0 \\ 0 & 1 \\ 1 & 0 \\ 1 & 1 \end{bmatrix}, \quad 目标值 y = \begin{bmatrix} 0 \\ 1 \\ 1 \\ 0 \end{bmatrix}$$

### 2. 确定网络架构

网络架构采用图 6-27 所示的架构。

### 3. 确定几个函数

这里用到了激活函数、代价函数、优化算法等。激活函数还是使用 ReLU 函数，代价函数使用 MSE，优化器使用 Adam 自适应算法。

### 4. 初始化权重和偏移量等参数

初始化权重和偏移量，只要随机取些较小值即可，无须考虑一些特殊值，最终这些权重值或偏移量，会在循环迭代中不断更新。随机生成权重初始化数据，生成的数据符合正态分布。

### 5. 循环迭代

循环迭代过程中参数会自动更新。

### 6. 最后打印输出

下面我们用 TensorFlow 来实现 XOR 问题的详细代码，为尽量避免循环，这里采用矩阵思维，这样可以大大提升性能，尤其在深度学习环境中。如果你对 TensorFlow 还不是很熟悉，可以先跳过，或先看一下第 9 章。

```python
import tensorflow as tf
import numpy as np

# 定义输入与目标值
X = np.array([[0, 0], [0, 1], [1, 0], [1, 1]])
Y = np.array([[0], [1], [1], [0]])

# 定义占位符，从输入或目标中按行取数据
x = tf.placeholder(tf.float32, [None, 2])
y = tf.placeholder(tf.float32, [None, 1])
# 初始化权重，使权重满足正态分布
#w1 是输入层到隐含层间的权重矩阵，w2 是隐含层到输出层的权重
w1 = tf.Variable(tf.random_normal([2,2]))
w2 = tf.Variable(tf.random_normal([2,1]))
# 定义偏移量，b1 为隐含层上偏移量，b2 是输出层上偏移量。
b1=tf.Variable([0.1,0.1])
b2=tf.Variable(0.1)
```

```
# 利用激活函数就隐含层的输出值
h=tf.nn.relu(tf.matmul(x,w1)+b1)
# 计算输出层的值
out=tf.matmul(h,w2)+b2

# 定义代价函数或代价函数
loss = tf.reduce_mean(tf.square(out - y))
# 利用 Adam 自适应优化算法
train = tf.train.AdamOptimizer(0.1).minimize(loss)

with tf.Session() as sess:
    sess.run(tf.global_variables_initializer())
    for i in range(2000):
        sess.run(train, feed_dict={x: X, y: Y})
        loss_ = sess.run(loss, feed_dict={x: X, y: Y})
        if i%200==0 :
            print("step: %d, loss: %.3f"%(i, loss_))
    print("X: %r"%X)
    print("pred: %r"%sess.run(out, feed_dict={x: X}))
```

打印结果：

```
step: 0, loss: 0.212
step: 200, loss: 0.000
step: 400, loss: 0.000
step: 600, loss: 0.000
step: 800, loss: 0.000
step: 1000, loss: 0.000
step: 1200, loss: 0.000
step: 1400, loss: 0.000
step: 1600, loss: 0.000
step: 1800, loss: 0.000
X: array([[0, 0],
    [0, 1],
    [1, 0],
    [1, 1]])
pred: array([[ -7.44201316e-07],
    [  9.99997079e-01],
    [  9.99997139e-01],
    [ -7.44201316e-07]], dtype=float32)
```

## 6.4.5  反向传播算法

上节我们用 TensorFlow 实现了 XOR 问题，效果不错。整个训练过程就是通过循环迭代，逐步使代价函数值越来越小。如何使代价函数值越来越小？主要采用 BP 算法。BP 算法是目前训练神经网络最常用且最有效的算法，也是整个神经网络的核心之一，它由前向和后向两个操作构成，主要思想是：

1）利用输入数据及当前权重，从输入层经过隐藏层，最后达到输出层，求出预测结果，并利用预测结果与真实值构成代价函数，这是前向传播过程。

2）利用代价函数，将误差从输出层向隐藏层反向传播，直至传播到输入层，利用梯度下降法，求解参数梯度并优化参数。

3）在反向传播的过程中，根据误差调整各种参数的值；不断迭代上述过程，直至收敛。

这样说，或许你觉得还不够具体、不好理解，没关系。BP 算法确实有点复杂、不易理解，接下来，我们将以单个神经元如何实现 BP 算法为易撕口，由点扩展到面、由特殊推广到一般的神经网络，这样或许能大大降低学习 BP 算法的坡度。

**1. 单个神经元的 BP 算法**

以下推导要用到微积分中链式法则，这里先简单介绍一下。链式法用于计算复合函数，而 BP 算法需要利用链式法则。设 $x$ 是实数，假设 $y=g(x)$, $z=f(y)=f(g(x))$，根据链式法则，可得：

$$\frac{dz}{dx} = \frac{dz}{dy}\frac{dy}{dx} \tag{6.33}$$

式（6.33）可以进行扩展，把 $x$、$y$ 由实数扩展为一般标量（如向量），假设 $x \in R^n$，$y \in R^m$ $g$ 是 $R^n$ 到 $R^m$ 的映射 $(y_j=g(x)$, $j=1, 2, ...., m)$，$z$ 是 $R^m$ 到 $R$ 的映射，则式（6.33）可扩展为：

$$\frac{\partial z}{\partial x_i} = \sum_j \frac{\partial z}{\partial y_j}\frac{\partial y_j}{\partial x_i} \tag{6.34}$$

如果用向量表示，式（6.34）可简化为：

$$\nabla_x z = \left(\frac{\partial y}{\partial x}\right)^{\mathrm{T}} \nabla_y z \tag{6.35}$$

其中 $\frac{\partial y}{\partial x}$ 是 $m \times n$ 的雅可比（Jacobian）矩阵。

我们以单个神经元为例，以下是详细步骤。

（1）定义神经元结构

首先我们看只有一个神经元的 BP 过程。假设这个神经元有三个输入，激活函数为 sigmoid 函数：

$$f(x) = \frac{1}{1+e^{-x}} \tag{6.36}$$

其结构如图 6-29 所示。

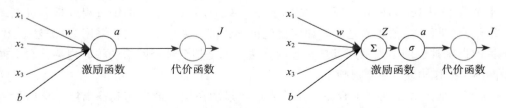

图 6-29　单个神经元，把左图中的神经元展开就得到右图

（2）进行前向传播

从输入数据及权重开始，往输出层传递，最后求出预测值 $a$，并与目标值 $y$ 构成代价函数 $J$。

假设一个训练样本为 $(x,y)$，其中 $x$ 是输入向量，$x=[x_1, x_2, x_3]^T$，$y$ 是目标值。先把输入数据与权重 $w=[w_1, w_2, w_3]$ 乘积和求得 $z$，然后通过一个激励函数 sigmoid，得到输出 $a$，最后 $a$ 与 $y$ 构成代价函数 $J$。具体前向传播过程如下：

$$z = \sum_{i=1}^{3} w_i x_i + b = wx + b \tag{6.37}$$

$$a = f(z) = \frac{1}{1 + e^{-z}} \tag{6.38}$$

$$J(w,b,x,y) = \frac{1}{2}\|(a-y)\|^2 \tag{6.39}$$

（3）进行反向传播

以代价函数开始，从输出到输入，求各节点的偏导。这里分成两步，先求 $J$ 对中间变量的偏导，然后求关于权重 $w$ 及偏移量 $b$ 的偏导。先求 $J$ 关于中间变量 $a$ 和 $z$ 的偏导：

$$\delta^{(a)} = \frac{\partial}{\partial a} J(w,b,x,y) = -(y-a) \tag{6.40}$$

其中 $J$ 是 $a$ 的函数，而 $a$ 是 $z$ 的函数，利用复合函数的链式法则，可得：

$$\delta^{(z)} = \frac{\partial}{\partial z} J(w,b,x,y) = \frac{\partial J}{\partial a}\frac{\partial a}{\partial z} = \delta^{(a)} a(1-a) \tag{6.41}$$

再根据链导法则，求得 $J$ 关于 $W$ 和 $b$ 的偏导数，即得 $W$ 和 $b$ 的梯度。

$$\nabla_w J(w,b,x,y) = \frac{\partial}{\partial w} J = \frac{\partial J}{\partial z}\frac{\partial z}{\partial w} = \delta^{(z)} x^T \tag{6.42}$$

$$\nabla_b J(w,b,x,y) = \frac{\partial}{\partial b} J = \frac{\partial J}{\partial z}\frac{\partial z}{\partial b} = \delta^{(z)} \tag{6.43}$$

在这个过程中，先求 $\frac{\partial J}{\partial a}$，进一步求 $\frac{\partial J}{\partial z}$，最后求得 $\frac{\partial J}{\partial w}$ 和 $\frac{\partial J}{\partial b}$，然后利用梯度下降优化算法，变更参数权重参数 $w$ 及偏移量 $b$，结合图 6-29 及链导法则，可以看出这是一个将代价函数的增量 $\partial J$ 自后向前传播的过程，因此称为反向传播。

重复第 2 步看代价函数 J 的误差是否满足要求或是否到指定迭代步数，如果不满足条件，继续第 3 步，如此循环，直到满足条件为止。

这节介绍了单个神经元的 BP 算法。虽然只有一个神经元，但包括了 BP 的主要内容，正所谓"麻雀虽小，五脏俱全"。不过与一般神经网络还是有点区别，下节我们介绍一个三层神经网络的 BP 算法。

**2. 多层神经网络的 BP 算法**

不失一般性，这里我们介绍一个含隐含层，两个输入，两个输出的神经网络。为简便起见，这里省略偏差 $b$，这个实际可以看作 $X_n \cdot w_n(X_n=1, w_n=b)$。激活函数为 $f(z)=\dfrac{1}{1+e^{-z}}$，共有三层：第一层为输入层，第二层为隐含层，第三层为输出层，详解结构如图 6-30 所示。

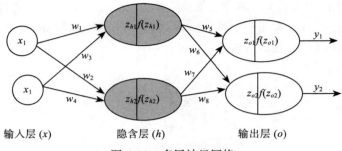

图 6-30　多层神经网络

整个过程与单个神经元的基本相同，包括前向传播和反向传播两步，只是在求偏导时有些区别。

（1）前向传播

对当前的权重参数和输入数据，从下到上（即从输入层到输出层），求取预测结果，并利用预测结果与真实值求解代价函数的值。如图 6-31 所示。

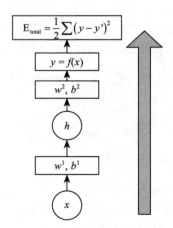

图 6-31　前向传播示意图

具体步骤如下：

1）从输入层到隐含层：

$$z_{h1}=w_1 \cdot x_1+w_2 \cdot x_2 \tag{6.44}$$

$$z_{h2}=w_3 \cdot x_1+w_4 \cdot x_2 \tag{6.45}$$

$$f\left(z_{h1}\right)=\frac{1}{1+e^{-z_{h1}}} \tag{6.46}$$

$$f\left(z_{h2}\right)=\frac{1}{1+e^{-z_{h2}}} \tag{6.47}$$

2）从隐含层到输出层：

$$z_{o1}=w_5 \cdot f(z_{h1})+w_6 \cdot f(z_{h2}) \tag{6.48}$$

$$z_{o2}=w_7 \cdot f(z_{h1})+w_8 \cdot f(z_{h2}) \tag{6.49}$$

$$y_1 = f\left(z_{o1}\right)=\frac{1}{1+e^{-z_{o1}}} \tag{6.50}$$

$$y_2 = f\left(z_{o2}\right)=\frac{1}{1+e^{-z_{o2}}} \tag{6.51}$$

3）计算总误差：

$$\mathrm{E}_{\mathrm{total}}=\frac{1}{2}\sum\left(y-y'\right)^2 \text{（其中，} y \text{为预测值，} y' \text{为实际值，} y=(y_1, y_2)) \tag{6.52}$$

（2）反向传播

反向传播是利用前向传播求解的代价函数，从上到下（即从输出层到输入层），求解网络的参数梯度或新的参数值，经过前向和反向两个操作后，完成一次迭代过程，如图 6-32 所示。

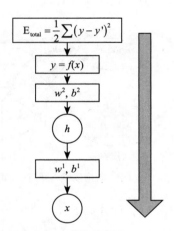

图 6-32　反向传播示意图

具体步骤如下：

1）计算总误差：

$$\mathrm{E}_{\mathrm{total}}=\frac{1}{2}\sum\left(y-y'\right)^2 \tag{6.53}$$

$$\mathrm{E}_{\mathrm{total}}=\mathrm{E}_{o1}+\mathrm{E}_{o2} \tag{6.54}$$

2）由输出层到隐含层，假设我们需要分析权重参数 $w_5$ 对整个误差的影响，可以用整体误差对 $w_5$ 求偏导求出。这里利用微分中的链式法则，过程包括：$f(z_{o1})\rightarrow z_{o1}\rightarrow w_5$，如图

6-33 所示。

$$\frac{\partial E_{total}}{\partial w_5} = \frac{\partial E_{total}}{\partial f(z_{o1})} \frac{\partial f(z_{o1})}{\partial z_{o1}} \frac{\partial z_{01}}{\partial w_5} \tag{6.55}$$

根据式（6.42 ~ 6.52），不难求出其他权重的偏导数。

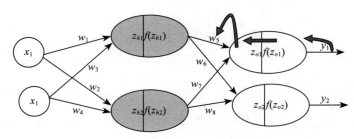

图 6-33  反向传播有输出层到权重 $w_5$

3）由隐含层到输入层，假设我们需要分析权重参数 $w_1$ 对整个误差的影响，可以用整体误差对 $w_1$ 求偏导，过程包括：$f(z_{h1}) \rightarrow z_{h1} \rightarrow w_1$，如图 6-34 所示。不过 $f(z_{h1})$ 会接收 $E_{o1}$ 和 $E_{o2}$ 两个地方传来的误差，所以这个地方两个都要计算。

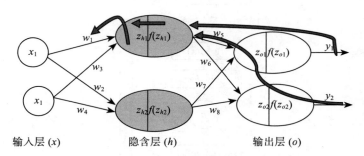

图 6-34  反向传播由隐含层再到权重 $w_1$

代价函数偏导由隐含层到权重 $w_1$，计算如下：

$$\frac{\partial E_{total}}{\partial w_1} = \frac{\partial E_{total}}{\partial f(z_{h1})} \frac{\partial f(z_{h1})}{\partial z_{h1}} \frac{\partial z_{h1}}{\partial w1} \tag{6.56}$$

其中：

$$\frac{\partial E_{total}}{\partial f(z_{h1})} = \frac{\partial E_{o1}}{\partial f(z_{h1})} + \frac{\partial E_{o2}}{\partial f(Z_{h1})} \tag{6.57}$$

$$\frac{\partial E_{o1}}{\partial f(z_{h1})} = \frac{\partial E_{o1}}{\partial z_{o1}} \frac{\partial z_{o1}}{\partial f(Z_{h1})} \tag{6.58}$$

$$\frac{\partial E_{o2}}{\partial f(z_{h1})} = \frac{\partial E_{o2}}{\partial z_{o2}} \frac{\partial z_{o2}}{\partial f(Z_{h1})} \tag{6.59}$$

至此，可求得权重 $w_1$ 的偏导数，按类似方法，可得到其他权重的偏导。权重和偏移量的偏导求出后，再根据梯度优化算法，更新各权重和偏移量。

（3）判断是否满足终止条件

根据更新后的权重、偏移量，进行前向传播，计算输出值及代价函数，根据误差要求或迭代次数，看是否满足终止条件，满足则终止，否则，继续循环以上步骤。

现在很多架构都提供了自动微分功能，在具体训练模型时，只需要选择优化器及代价函数，其他无须过多操心。但是，理解反向传播算法的原理对学习深度学习的调优、架构设计等还是非常有帮助的。

## 6.5  实例：用 Keras 构建深度学习架构

最后给出一个用 Keras 实现的样例，这里用 Keras 主要是考虑其简洁性，Keras 的介绍可参考 16.5 节。如果你还想进一步了解 Keras，可参考 Keras 中文网站 http://keras-cn.readthedocs.io/en/latest/ 或飞谷云网站：http://www.feiguyunai.com/。

```python
# 构建模型
model = Sequential()
# 往模型中添加一层，神经元个数，激活函数及指明输入数据维度。
model.add(Dense(32, activation='relu', input_dim=784))
# 再添加一层，神经元个数及激活函数
model.add(Dense(1, activation='sigmoid'))
# 编译模型，指明所用优化器，代价函数及度量方式等
model.compile(optimizer='Adam',loss='binary_crossentropy',metrics=['accuracy'])
# 训练模型，指明训练的数据集、循环次数、输出详细程度、批量大小等信息
model.fit(x_train, y_train, epochs=10,verbose=2, batch_size=32,)
```

## 6.6  小结

本章主要介绍了机器学习的相关内容，详细介绍了监督学习和无监督学习。在监督学习中重点介绍了线性模型、支持向量机、贝叶斯分类、集成学习等内容；在无监督学习中介绍了 PCA 算法及 K-means 算法等。在这些传统机器学习中，我们能发现很多神经网络的因素，神经网络能实现传统机器学习中很多任务，当然神经网络的内容还不止这些。神经网络有很多优化算法，核心是梯度下降法，不过传统梯度下降法对学习率、下降方向等敏感也不够灵活。为克服这些不足，我们介绍了几种自适应优化算法，这些自适应算法是深度学习的核心之一，在 BP 算法中发挥着重要作用。

深度学习的复杂度远大于传统机器学习，不管是模型构建还是模型训练，遇到的问题更多，挑战也更大。如收敛速度慢、梯度消失、过拟合、欠拟合、收敛局部极小值、卡于鞍点等，这些问题在深度学习中都可能出现，如何有效解决这些问题或挑战，将是下一章的主要内容。

第 7 章

# 深度学习挑战与策略

上章我们介绍了神经元、单层感知机、多层神经网络等内容。在感知机中无法实现的问题，通过添加一层就可以迎刃而解，说明网络的深度在神经网络中是一个重要因素。实际上深度学习与传统神经网络的最大区别就在这个深字（当然不是全部）。经验表明，增加深度是提高模型精度和泛化能力的有效措施。不过层数多了，问题就多了，挑战也大了。

随着层数的增加，首当其冲的就是计算力的指数级上升，因微积分的链式规则导致的梯度不稳定，因高维矩阵叠加导致的鞍点、高原和悬崖现象，因网络深度导致的 BP 算法困难、信息丢失、对超参敏感、对初始数据敏感，以及因此而导致模型的欠拟合或过拟合等挑战不一而足。

针对这些问题与挑战，目前已有相应的方法或策略，虽不算完美，但效果不错。运用这些方法训练的模型，其性能在很多领域已取得超过人类的平均水平。

"兵来将挡水来土掩"，欠拟合问题，我们有正则化；梯度不稳定，我们可以 ReLU；难训练问题，我们有 Batch Normaliztion、GPU、深度残差网络等；超参敏感问题，我们有自适应优化算法等。本章主要介绍这方面的一些方法或策略，主要包括：

- ❑ 正则化
- ❑ 预处理
- ❑ 批量化
- ❑ 并行化
- ❑ 如何选择激活函数
- ❑ 如何选择代价函数

## 7.1 正则化

过拟合不但是传统机器学习中的难点，也是深度学习中的一大挑战，解决这个问题我们通常用正则化方法。正则化、优化是机器学习中两大核心任务，所以我们把正则化作为第 1 节来讲。正则化的方法有很多，在深度学习中又有很多新成员。为了更好地理解正则化，我们先从传统的正则化开始，然后再过渡到深度学习中的各种正则化方法。

## 7.1.1 正则化参数

在介绍正则化之前，我们先了解一下什么是过拟合？简单来说，过拟合就是模型在训练集上表现太完美，以至于"过了"。如图 7-1 所示，明显模拟得有点过了。

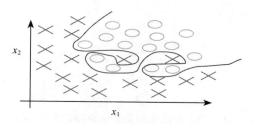

图 7-1 模型过拟合示意图

过拟合说明模型不够"通用"，如果将模型应用在新的数据上，即指得到的效果比在训练集上差，甚至差很多。

是什么原因导致过拟合呢？除了数据少、算法不够好之外，模型过于复杂是重要原因。一般来说，模型复杂度与测试误差构成一个 U 型图，如图 7-2 所示。测试误差刚开始随着模型复杂度而变小，但当复杂度超过某点之后，测试误差不但不会变小，反而会越来越大，或方差越来越大，如图 7-2 所示。

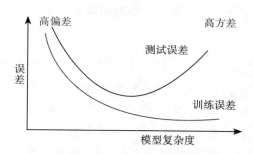

图 7-2 测试误差与训练误差

模型不是越复杂越好，训练精度随复杂度逐渐变小，这也是奥卡姆剃刀原则（Occam's Razor）的主要思想。

如何解决过拟合问题呢？正则化是有效方法之一，它不仅可以有效降低高方差，还有利于降低偏差。何为正则化？在机器学习中，很多被显式地用来减少测试误差的策略，统称为正则化。正则化旨在减少泛化误差而不是训练误差。为使大家对正则化的作用及原理有个直观印象，我们先看几张与正则化有关的图片。

正则化是如何解决模型过复杂这个问题的呢？主要是通过正则化使参数变小甚至趋于

原点。如图 7-3c 所示，其模型或目标函数是一个 4 次多项式，因它把一些噪音数据也包括进来了，所以导致模型很复杂，实际上房价与房屋面积应该是 2 次多项式函数，如图 7-3b 所示。

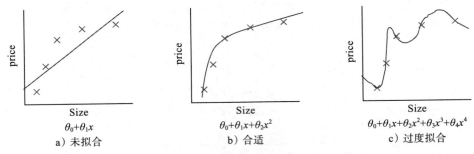

a) 未拟合 $\theta_0+\theta_1 x$

b) 合适 $\theta_0+\theta_1 x+\theta_2 x^2$

c) 过度拟合 $\theta_0+\theta_1 x+\theta_2 x^2+\theta_3 x^3+\theta_4 x^4$

图 7-3 根据房屋面积预测房价的几个回归模型

如果要降低模型的复杂度，可以通过缩减它们的系数来实现，如把第 3 次、第 4 次项的系数 $\theta_3$、$\theta_4$ 缩减到接近于 0 即可。

在算法中如何实现呢？这个得从其代价函数或损失函数着手。

假设房屋价格与面积间模型的代价函数为：

$$\min_{\theta}\frac{1}{2m}\sum_{i=1}^{m}\left(h_{\theta}\left(x^{(i)}\right)-y^{(i)}\right)^2 \tag{7.1}$$

这个代价函数是我们的优化目标，也就是说我们需要尽量减少代价函数的均方误差。我们给这个函数添加一些正则项，如加上 10000 乘以 $\theta_3$ 的平方，再加上 10000 乘以 $\theta_4$ 的平方，得到如下函数：

$$\min_{\theta}\frac{1}{2m}\sum_{i=1}^{m}\left(h_{\theta}\left(x^{(i)}\right)-y^{(i)}\right)^2+10000\cdot\theta_3^{\ 2}+10000\cdot\theta_4^{\ 2} \tag{7.2}$$

这里取 10000 只是用来代表它是一个"大值"，现在，如果要最小化这个新的代价函数，我们要让 $\theta_3$ 和 $\theta_4$ 尽可能小。因为如果你在原有代价函数的基础上加上 10000 乘以 $\theta_3$ 这一项，那么这个新的代价函数将变得很大，所以，当我们最小化这个新的代价函数时，我们将使 $\theta_3$ 的值接近于 0，同样 $\theta_4$ 的值也接近于 0，就像我们忽略了这两个值一样。如果做到这一点（$\theta_3$ 和 $\theta_4$ 接近 0），那么我们将得到一个近似的二次函数，如图 7-4 所示。

希望通过上面的简单介绍，能给大家一个直观理解。传统意义上的正则化一般分为 L0、L1、L2、L∞ 等，这里我们主要介绍常用的 L2、L1 正则化。

### 1. L2 正则化

正则化方法在传统机器学习非常成熟，效果也不错。正则化方法可无缝拓展到神经网络或深度学习中。不过在深度学习或神经网络中使用正则化，一般针对权重参数（包括每一层的权重参数）进行惩罚，不针对偏移量进行惩罚（实际上我们对线性模型进行正则化时，也不包括偏移量）。为何如此？主要基于以下两点：

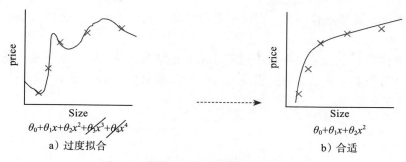

图 7-4 利用正则化提升模型泛化能力

1）每个偏移量仅控制一个变量，不对其正则化，不会导致太大的方差。

2）正则化偏移量可能导致明显的欠拟合。

接下来我们在目标函数中，添加 L2 范数惩罚项，以使权重参数 $w$ 逐步变小。正则化方法一般是对目标函数 $J$ 添加一个参数范数惩罚项 $\Omega(w)$，限制模型（这里的模型包括传统机器学习模型及神经网络）的表现能力。实现 L2 正则化时，$\Omega(w)$ 的表达式为：

$$\begin{aligned}\Omega(w) &= \frac{1}{2}\|w\|_2^2 \\ &= \frac{1}{2}w^\mathrm{T}w\end{aligned}\tag{7.3}$$

实现 L1 正则化时（下节将介绍），$\Omega(w)$ 的表达式为：

$$\begin{aligned}\Omega(w) &= \|w\|_1 \\ &= \sum_i |w_i|\end{aligned}\tag{7.4}$$

不失一般性，假设目标函数中没有偏移量，则目标函数 $J$ 添加 L2 范数惩罚项可表示为：

$$\tilde{J} = J(w;X,y) + \frac{\alpha}{2}w^\mathrm{T}w \tag{7.5}$$

其中 $\alpha$ 为正则化超参数，又称为权重衰减因子，其取值范围为 $[0, \infty)$。如果 $\alpha=0$，则表示不进行正则化，如果大于 0，表示对目标函数进行正则化，而且 $\alpha$ 越大，表示正则化惩罚越大。

对式（7.5）利用梯度下降法，可得：

$$w := w - \lambda(\alpha w + \nabla_w J(w;X,y)) \tag{7.6}$$

其中 $\lambda$ 为学习率，对式（7.6）整理后得：

$$w := (1-\lambda\alpha)w - \lambda\nabla_w J(w;X,y)) \tag{7.7}$$

因 $\lambda\alpha > 0$，所以 $1-\lambda\alpha < 1$，与未添加 L2 正则化的迭代公式相比，每一次梯度更新前，$w$ 都要先乘以一个小于 1 的因子，从而使得 $w$ 不断减小，因此总得来看，$w$ 是不断减小的。

一般认为参数值小的模型比较简单，更能适应不同的数据集，也在一定程度上避免了过拟合现象。反之，若参数很大，那么只要数据偏移一点点，就会对结果造成很大的影响；

如果参数足够小，数据偏移得多一点也不会对结果造成什么影响，这样无形中提高了模型的鲁棒性。

到此如果你对 $w$ 逐步变小的整个过程还不是很清楚，没关系，接下来，我们会将这个过程可视化。为便于可视化，我们假设 $w$ 是一个二维向量 $w=(\omega^1, \omega^2)$，这样式（7.5）表达式就可用图 7-5 来描述。

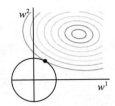

图 7-5    L2 正则化目标函数 $J$

图 7-5 中右上方同心圆为目标函数的等高线，左下方这个圆为 L2 正则化惩罚项 $w^{\mathrm{T}}w = \omega_1^2 + \omega_2^2$，而且 $\alpha$ 越大，该圆将不断向原点收缩。因此，图 7-5 中的这个黑点（即式 7.5 的最优解）将向原点靠近，即越来越小。

### 2. L1 正则化

上节介绍通过添加 L2 参数正则化惩罚项来提升模型鲁棒性或泛化能力，这节我们介绍另一种正则化方法，即 L1 参数正则化。L1 正则化除了可用来有效控制模型参数规模外，还可以产生更稀疏的解。L1 是如何实现这些功能的呢？请看如下内容。

目标函数 $J$ 添加 L1 参数正则化惩罚项后就是：

$$\begin{aligned}\tilde{J} &= J(w;X,y) + \alpha \|w\|_1 \\ &= J(w;X,y) + \alpha \sum_i |\omega_i|\end{aligned} \tag{7.8}$$

其中 $J(w; X, y)$ 是原始的目标函数，$\alpha$ 是正则化系数。注意到 L1 正则化是权值的绝对值之和，这样 $\tilde{J}$ 就是带有绝对值符号的函数，因此 $\tilde{J}$ 是不完全可微的。如何求添加 L1 正则化项后函数 $\tilde{J}$ 的最小值？为便于理解，我们可视化这个过程。这里以二维空间为例（多维情况原理是相似的），假设有两个权值 $\omega^1$ 和 $\omega^2$。设 $L = \alpha \sum_i |\omega_i| = \alpha (|\omega^1| + |\omega^2|)$，使用梯度下降法，求解 $J(w; X, y)$ 的过程，可以通过图 7-6 来表示。

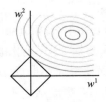

图 7-6    L1 正则化目标函数 $J$

其中同心圆为 $J(w; X, y)$ 的等高线，黑色方形就是 L 函数的图形。在图 7-6 中，$J(w; X, y)$ 等值线与 L 图形首次相交的地方就是最优解。这里 $J(w; X, y)$ 与 L 在 L 的一个顶点处相交，这个顶点就是最优解。注意到这个顶点的值是 $(\omega^1, \omega^2)=(0, \omega)$，在 $\omega^1$ 轴上的值为 0，这就是为什么 L1 正则化可以产生稀疏模型的原因。在传统机器学习中，可以利用 L1 降维或特征选择。

同样，正则化项前的系数 $\alpha$，可以控制 L 图形的大小。$\alpha$ 越小，L 的图形越大（图 7-6 中的黑色方框）；$\alpha$ 越大，L 的图形就越小，整个黑色方框更接近原点，其中 $J(w; X, y)$ 与 L 的交叉点（图 7-6 中 $\omega^2$ 轴上这个黑点），就是最优点的值 $(\omega^1, \omega^2)=(0, \omega)$ 中的 $\omega$。

## 7.1.2 增加数据量

提高模型泛化能力的最好办法是有更多更具代表性的数据。但数据的获取往往不充分或成本比较高。那么，是否有其他方法可以快速又便捷地增加数据量呢？在一些领域（如图像识别、语言识别等）是存在的，如通过水平或垂直翻转图像、裁剪、色彩变换、扩展和旋转等数据增强技术来增加数据量。当然对图像做这些预处理时，不宜使用会改变其类别的转换，如手写的数字，如果使用旋转 90 度，就有可能把 9 变成 6，或把 6 变为 9。此外，把随机噪音添加到输入数据或隐藏单元中也是方法之一。

Ian Goodfellow 提出了训练对抗样本的理念，利用生成式对抗网络可以自动生成样本，并添加到训练集中。图 7-7 的结果表明，除了对对抗样本有所帮助之外，也提高了原始样本上的准确性。

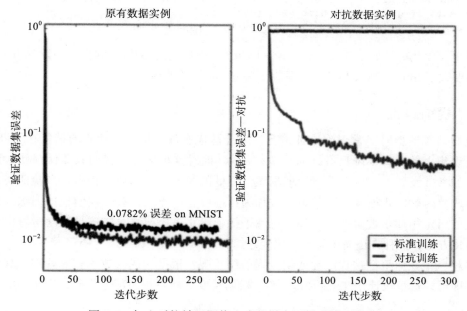

图 7-7 加入对抗神经网络生成的样本可提升模型性能

### 7.1.3　梯度裁剪

在深度学习中，如果不同参数搭配不当，权重参数极易发散，遇到目标函数悬崖地形时，梯度参数更新可以将参数抛出很远，如图 7-8a 所示。遇到这种情况，在目标函数中添加 L1 或 L2 惩罚项，效果不一定理想。此时，我们可以采用梯度裁剪（Gradient Clipping）的方法。

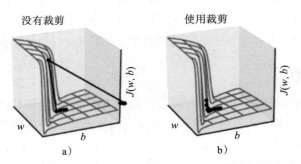

没有裁剪　　　　　　　　使用裁剪

a)　　　　　　　　　　　　b)

图 7-8　参数梯度非常大时，优化算法会越过最优点，这是是否使用梯度裁剪的对比效果图

梯度裁剪的基本思想是将梯度值限制在一个合理的范围内，按照这种方法，就可避免参数被抛出很远或远离极小值的情况，如图 7-8b 所示。

梯度裁剪如何实现呢？TensorFlow 提供了一个函数，tf.clip_by_value，以下是示例代码：

```
gradients = optimizer.compute_gradients(loss, var_list)
capped_gradients = [(tf.clip_by_value(grad, -limit., limit.), var) for grad,var
in gradients if grad is not None else (None,var)]
train_op = optimizer.apply_gradients(capped_gradients)
```

对于梯度裁剪，如果梯度分量小于 −limit（预习指定的参数），则将它们设置为 −limit；如果梯度大于 limit，则取 limit，这里需要注意 None 的使用。

### 7.1.4　提前终止

我们训练模型时经常遇到这种情况，随着迭代次数的增加，训练的精度在不断变小，但验证误集上的差却不降反升，如图 7-9 所示。面对这种情况，我们只要保存使验证集误差最低的参数设置，就可以获得验证集误差更低的模型。在循环过程中，当验证误差没有进一步改善时就停止循环，这种策略被称为提前终止。当然，有时我们根据训练误差到指定误差或指定循环步数时停止循环，也属于提前终止。提前终止应该是深度学习中最常见的正则化方法，这种方法简单有效、比较好控制。

在程序中如何根据迭代次数或精度提前终止呢？根据迭代次数比较好处理，只要用循环语句即可，这里仅使用 TensorFlow 实现根据精度提前终止的部分代码，后续 20.3.3 节有详细代码。

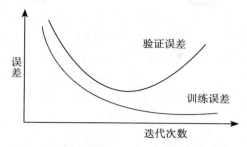

图 7-9 验证误差随着迭代次数的增加不降反升

```
# 获取测试数据的准确率
acc = accuracy.eval({x:test_x, y_:test_y, keep_prob_5:1.0, keep_prob_75:1.0})
# 当准确率大于 0.98 时保存并退出
if acc > 0.98 :
    saver.save(sess, './train_face_model/train_faces.model')
```

## 7.1.5  共享参数

前面我们介绍的 L2 或 L1 正则化方法，是通过在目标函数增加惩罚项，使权重参数向原点靠近。使权重参数都向原点靠近，从另一个方面来说就是使这些权重参数彼此接近。使权重参数彼此接近的方法还有很多，如通过某种约束强制某些参数相等，具体表现为训练模型中共享一组参数，这种正则化方法被称为共享参数。

与通过 L2 或 L1 等正则化方法相比，通过共享一组参数的方法可以大大降低参数量，从而大大节约内存资源。同时，还有利于提升模型的泛化能力，这种方法在卷积神经网络、循环神经网络中经常使用，实践证明这种正则化方法效果很好。

实现共享参数的具体内容，可参考第 14 章、第 15 章，这里不再赘述。

## 7.1.6  Dropout

Dropout 是 Srivastava 等人在 2014 年的一篇论文中，提出了一种针对神经网络模型的正则化方法 Dropout（A Simple Way to Prevent Neural Networks from Overfitting）。

Dropout 在训练模型中是如何实现的呢？它的做法是在训练过程中按一定比例（比例参数可设置）随机忽略或屏蔽一些神经元。这些神经元被随机"抛弃"，也就是说它们在正向传播过程中对于下游神经元的贡献效果暂时消失了，反向传播时该神经元也不会有任何权重的更新。所以通过传播过程，dropout 将产生和 L2 范数相同的收缩权重的效果。

随着神经网络模型不断学习，神经元的权值会与整个网络的上下文相匹配。神经元的权重针对某些特征进行调优，会产生一些特殊化。周围的神经元则会依赖于这种特殊化，如果过于特殊化，模型会因为对训练数据过拟合而变得脆弱不堪。神经元在训练过程中的这种依赖于上下文的现象被称为复杂的协同适应（complex co-adaptation）。

加入了 Dropout 以后，输入的特征都是有可能会被随机清除的，所以该神经元不会再特别依赖于任何一个输入特征，也就是说不会给任何一个输入设置太大的权重。网络模型对神经元特定的权重不那么敏感。这反过来又提升了模型的泛化能力，不容易对训练数据过拟合。

Dropout 训练的集成包括所有从基础网络除去非输出单元形成的子网络，如图 7-10 所示。

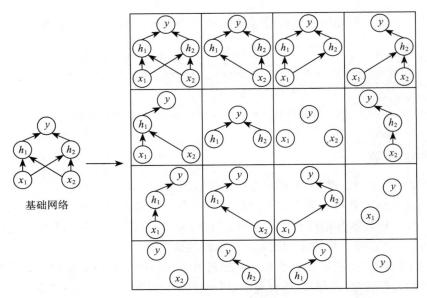

图 7-10 基础网络 Dropout 为多个子网络

Dropout 训练所有子网络组成的集合，其中子网络是从基本网络中删除非输出单元构建的。我们从具有两个可见单元和两个隐藏单元的基本网络开始，这四个单元有十六个可能的子集。图 7-10 展示了从原始网络中丢弃不同的单元子集而形成的所有十六个子网络。在这个例子中，所得到的大部分网络没有输入单元或没有从输入连接到输出的路径。当层较宽时，丢弃所有从输入到输出的可能路径的概率变小，所以这个问题对于层较宽的网络不是很重要。

较先进的神经网络基于一系列仿射变换和非线性变换，我们可以将一些单元的输出乘零就能有效地删除一些单元。这个过程需要对模型进行一些修改，如径向基函数网络，单元的状态和参考值之间存在一定区别。为了简单起见，我们在这里提出乘零的简单 Dropout 算法，但是被简单地修改后，可以与从网络中移除单元的其他操作一起工作。

如何或何时使用 Dropout 呢？以下是使用的一般原则：

1）通常丢弃率控制在 20% ～ 50% 比较好，可以从 20% 开始尝试。如果比例太低则起不到效果，比例太高则会导致模型的欠学习。

2）在大的网络模型上应用。当 Dropout 用在较大的网络模型时，更有可能得到效果的提升，模型有更多的机会学习到多种独立的表征。

3）在输入层和隐藏层都使用 Dropout。对于不同的层，设置的 keep_prob 也不同，一般来说，神经元较少的层，会设 keep_prob 为 1.0 或接近于 1.0 的数；神经元多的层，则会将 keep_prob 设置的较小，如 0.5 或更小。

4）增加学习速率和冲量。把学习速率扩大 10 ～ 100 倍，冲量值调高到 0.9 ～ 0.99。

5）限制网络模型的权重。大的学习速率往往导致大的权重值。对网络的权重值做最大范数的正则化，可以提升模型性能。

如何用 TensorFlow 来实现 Dropout 呢？以下为实现 Dropout 的部分代码：

```
# 第一个卷积层 + 池化
W_conv1 = weight_variable([5,5,1,32])
b_conv1 = bias_variable([32])
h_conv1 = tf.nn.relu(conv2d(x_image, W_conv1) + b_conv1)
h_pool1 = max_pool_2x2(h_conv1)

# 第二个卷积层 + 池化
W_conv2 = weight_variable([5,5,32,64])
b_conv2 = bias_variable([64])
h_conv2 = tf.nn.relu(conv2d(h_pool1, W_conv2) + b_conv2)
h_pool2 = max_pool_2x2(h_conv2)

# 连一个全连接层
W_fc1 = weight_variable([7*7*64, 1024])
b_fc1 = bias_variable([1024])
h_pool2_flat = tf.reshape(h_pool2, [-1, 7*7*64])
h_fc1 = tf.nn.relu(tf.matmul(h_pool2_flat, W_fc1) + b_fc1)

# Dropout 层
keep_prob = tf.placeholder(tf.float32)
h_fc1_drop = tf.nn.dropout(h_fc1, keep_prob)

# Softmax 层
W_fc2 = weight_variable([1024, 10])
b_fc2 = bias_variable([10])
y_conv = tf.nn.softmax(tf.matmul(h_fc1_drop, W_fc2) + b_fc2)

# Adam 优化器 + cross entropy + 小学习速率
cross_entropy =tf.reduce_mean(-tf.reduce_sum(y_*tf.log(y_conv), reduction_
indices=[1]))
    train_step = tf.train.AdamOptimizer(1e-4).minimize(cross_entropy)
```

## 7.2 预处理

在深度学习中，预处理非常重要。因为在深度学习的架构中，网络层一般比较多，这就对初始值的质量要求比较高，否则很容易导致"差之毫厘，谬以千里"。预处理的方法很多，这里我们介绍几种常用的方法，如初始化输入数据、归一化数据等。

### 7.2.1  初始化

深度学习为何要初始化？传统机器学习算法中很多不是采用迭代式优化，因此需要初始化的内容不多。但深度学习的算法一般采用迭代方法，而且参数多、层数也多，所以很多算法不同程度地受到初始化的影响。

初始化对训练有哪些影响？初始化能决定算法是否收敛，如果初始化不适当，初始值过大可能会在前向传播或反向传播中产生爆炸的值；如果太小将导致丢失信息。对收敛算法进行适当初始化能加快收敛速度。初始值的选择将影响模型是收敛局部最小值还是全局最小值，如图 7-11 所示，因初始值的不同，导致模型收敛到不同的极值点。另外，初始化也可以影响模型的泛化。

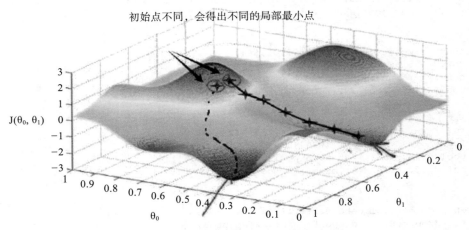

图 7-11　初始点的选择影响算法是否陷入局部最小点

如何对权重、偏移量进行初始化？初始化这些参数是否有一般性原则？常见的参数初始化有零值初始化、随机初始化、均匀分布初始、正态分布初始和正交分布初始等。一般采用正态分布或均匀分布的初始值，实践表明正态分布、正交分布、均值分布的初始值能带来更好的效果。

### 7.2.2  归一化

归一化在一般机器学习中经常使用。归一化方法比较多，常用的有 min-max 标准化、Z-score 标准化方法。归一化有哪些作用呢？通过归一化可加快梯度下降的收敛速度，如图 7-12 所示，左图数据未归一化，数据参差不齐，特征 A 数据很大，特征 B 数据较小，目标函数等高线狭长，导致收敛振幅较大而且缓慢；右图中数据经过归一化，数据都在 [0,1] 之间，目标函数的等高线均匀，所以收敛步数较少。此外归一化还可能提高精度。

何时进行归一化？或应该在哪些场景进行归一化呢？使用归一化的一般场景有：

1）需要使用距离来度量相似性。

2）数据不符合正态分布或均匀分布时。比如在图像处理中，对像素在 [0, 255] 范围的值进行归一化处理。

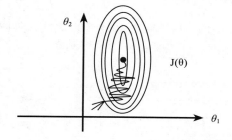

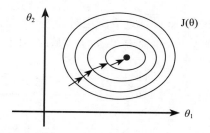

图 7-12　归一化可加速收敛速度

## 7.3　批量化

深度学习中除数据量大之外，高维、层数多也是其重要特征。这些因素决定了训练深度学习算法时，不宜用全量去训练或处理。下面介绍两种批量化方法，在训练模型时采集随机梯度（即 mini-batch 梯度）下降法，对不同层的数据进行批标准化（Batch Normalization，NB）处理。

### 7.3.1　随机梯度下降法

在 6.3 节我们介绍了随机梯度下降法的一些优缺点，如果数据量不很大，一般采用 Batch gradient descent 进行训练，Batch gradient descent 会比较平稳地接近全局最小值。但因使用了所有样本，样本比较大时，每次前进的速度将会很慢。虽然使用 Stachastic gradient descent 每次前进速度很快，但是路线曲折，有较大的振荡，最终会在最小值附近来回波动，难以真正达到最小值处（如图 7-13 右上方曲线），而且在数值处理上也不能使用向量化的方法来提高运算速度。因此，在实际使用中，一般采用两者的折衷方案，即 mini-batch 梯度下降法。它相当于结合了 Batch gradient descent 和 Stachastic gradient descent 各自的优点，既能使用向量化、矩阵化优化算法，又能较快速地找到最小值。mini-batch gradient descent 的梯度下降曲线（如图 7-13 绿色或右方这条线所示），每次前进速度较快，且振荡较小，基本能接近全局最小值。

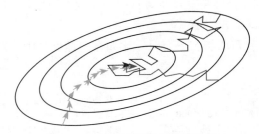

图 7-13　梯度下降法的迭代过程

使用 mini-batch 梯度下降法时，这个小批量 m 的取值一般在 10 至 500 之间，具体根据实际输入数据的大小而定。图 7-14 是取不同 m 值时，训练时间的一个参考图。

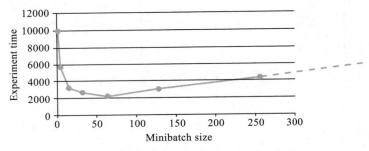

图 7-14　批次大小与迭代时间的对应关系

### 7.3.2　批标准化

在 7.2 节，我们介绍了数据归一化，这个一般是针对输入数据而言的。但在实际训练过程中，经常出现隐含层因数据分布不均，导致梯度消失或不起作用的情况。如采用 sigmoid 函数或 tanh 函数为激活函数时，如果数据分布在两侧，这些激活函数的导数就接近于 0，这样一来，BP 算法得到的梯度也就消失了。那么该如何解决这个问题呢？

Sergey Ioffe 和 Christian Szegedy 两位学者提出了批标准化（Batch Normalization，BN）方法。批标准化不仅可以有效解决梯度消失问题，也可以让调试超参数更加简单，在提高训练模型效率的同时，还可以让神经网络模型更加"健壮"。批标准化是如何做到这些的呢？首先，我们介绍一下 BN 的算法流程：

输入：微批次（mini-batch）数据：$B=\{x_1, x_2, \cdots, x_m\}$

学习参数：$\gamma$、$\beta$ 类似于权重参数，可以通过梯度下降等算法求得。

其中 $x_i$ 并不是网络的训练样本，而是指原网络中任意一个隐藏层激活函数的输入，这些输入是训练样本在网络中前向传播得来的。

输出：$\{y_i = \mathrm{NB}_{\gamma, \beta}(x_i)\}$

\# 求微批次样本均值：

$$\mu_B \leftarrow \frac{1}{m}\sum_{i=1}^{m} x_i \tag{7.9}$$

\# 求微批次样本方差：

$$\sigma_B^2 \leftarrow \frac{1}{m}\sum_{i=1}^{m}(x_i - \mu_B)^2 \tag{7.10}$$

\# 对 $x_i$ 进行标准化处理：

$$\widehat{X_1} \leftarrow \frac{x_i - \mu_B}{\sqrt{\sigma_B^2 + \in}} \tag{7.11}$$

\# 反标准化操作：

$$y_i = \gamma\widehat{x_1} + \beta \equiv \mathrm{NB}_{\gamma, \beta}(x_i) \tag{7.12}$$

BN 是对隐藏层的标准化处理，它与输入的标准化处理（Normalizing inputs）是有区别的。Normalizing inputs 使所有输入的均值为 0，方差为 1。而 BN 可使各隐藏层输入的均值和方差为任意值。实际上，从激活函数的角度来说，如果各隐藏层的输入均值在靠近 0 的区域，即处于激活函数的线性区域，这样不利于训练好的非线性神经网络，而且得到的模型效果也不会太好。式（7.12）就起这个作用，当然它还有将归一化后的 x 还原的功能。BN 一般用在哪里呢？ BN 应作用在非线性映射前，即对 $x = Wu + b$ 做规范化时，应用在每一个全连接和激励函数之间。

何时使用 BN 呢？一般在神经网络训练中遇到收敛速度很慢，或梯度爆炸等无法训练的状况时，可以尝试用 BN 来解决。另外，在一般情况下，也可以加入 BN 来加快训练速度，提高模型精度，这样可以大大提高我们训练模型的效率。BN 的具体功能有：

1）可以选择比较大的初始学习率，让你的训练速度飙涨。以前我们需要慢慢调整学习率，甚至在网络训练到一半的时候，还需要想着学习率进一步调小的比例选择多少比较合适，现在则可以采用初始很大的学习率，这样学习率的衰减速度也很大，因为这个算法收敛很快。当然，在这个算法中即使你选择了较小的学习率，也比以前的收敛速度快，因为它具有快速训练收敛的特性。

2）不用再去理会过拟合中 drop out、L2 正则项参数的选择问题，采用 BN 算法后，你可以移除这两项参数，或者可以选择更小的 L2 正则约束参数，因为 BN 具有提高网络泛化能力的特性。

3）再也不需要使用局部响应归一化层了。

4）可以把训练数据彻底打乱。

BN 如何用 TensorFlow 来实现呢？以下是具体实现代码：

```
scale = tf.Variable(tf.ones([1]))      # 对应式 (7.12) 的
shift = tf.Variable(tf.zeros([1]))     # 对应式 (7.12) 的
epsilon = 0.001                        # 对应式 (7.11) 的，防止分母为 0
xs = tf.nn.batch_normalization(xs, fc_mean, fc_var, shift, scale, epsilon)
```

## 7.4　并行化

多层神经网络模型参数多，计算量大，训练数据的规模也更大，需要消耗很多计算资源，这些因素将导致训练时间长。此时，让训练加速无疑是非常必要的。本节我们就来谈谈深层模型的训练加速方法。硬件我们可以利用 GPU 加速，架构可以利用同步模式或异步模式加速，深度学习开源工具可以利用 TensorFlow、Keras、Theano、Caffe、PyTorch 等，这里我们主要介绍 TensorFlow，目前它在 GitHub 的各项指标已遥遥领先其他工具。

### 7.4.1　TensorFlow 利用 GPU 加速

为何使用 GPU？深度学习涉及很多向量或多矩阵运算，如矩阵相乘、矩阵相加、矩阵 – 向量乘法等。深层模型的算法，如 BP、Auto-Encoder、CNN 等，都可以写成矩阵运算的形式，无须写成循环运算。然而，在单核 CPU 上执行时，矩阵运算会被展开成循环的形式，本质上还是串行执行。GPU（Graphic Process Units，图形处理器）的众核体系结构包含几千个流处理器，可将矩阵运算并行化执行，大幅缩短计算时间。随着 NVIDIA、AMD 等公司不断推进其 GPU 的大规模并行架构，面向通用计算的 GPU 已成为加速可并行应用程序的重要手段。得益于 GPU 众核（many-core）体系结构，程序在 GPU 系统上的运行速度相较于单核 CPU 往往提升几十倍乃至上千倍。

目前，GPU 已经发展到了较为成熟的阶段。利用 GPU 来训练深度神经网络，可以充分发挥其数以千计计算核心的能力，在使用海量训练数据的场景下，所耗费的时间大幅缩短，占用的服务器也更少。如果对适当的深度神经网络进行合理优化，一块 GPU 卡相当于数十台甚至上百台 CPU 服务器的计算能力，因此 GPU 已经成为业界在深度学习模型训练方面的首选解决方案。

如何使用 GPU？现在很多深度学习工具都支持 GPU 运算，使用时只要简单配置即可。TensorFlow 支持 GPU，可以通过 tf.device 函数来指定每个操作使用的 GPU，如果有多个 GPU 还可以定位到哪个或哪些 GPU。在配置好 GPU 环境的 TensorFlow 中，如果没有明确指定使用 GPU，TensorFlow 也会优先选择 GPU 来运算，不过此时默认使用 /gpu:0。以下代码为 TensorFlow 使用 GPU 样例。

```
device_name="/gpu:0"
shape=(int(10000),int(10000))

with tf.device(device_name):
```

```
# 形状为 shape，元素服从 minval 和 maxval 之间的均匀分布
random_matrix = tf.random_uniform(shape=shape, minval=0, maxval=1)
dot_operation = tf.matmul(random_matrix, tf.transpose(random_matrix))
sum_operation = tf.reduce_sum(dot_operation)
```

　　如果需要使用多个 GPU，这就涉及并行处理问题。并行模式大致分为同步模式和异步模式，具体内容在下节介绍。

## 7.4.2　深度学习并行模式

　　在并行处理之前，我们先简单回顾一下深度学习模型的训练过程。图 7-15 展示了深度学习模型的训练流程图。

　　深度学习模型的训练是一个迭代的过程。在每一轮迭代中，前向传播算法会根据当前参数的取值，计算出在一小批量训练数据上的预测值并构建代价函数，然后反向传播算法会根据代价函数，计算参数的梯度并更新参数。TensorFlow 可以很容易地利用单个 GPU 加速深度学习模型的训练过程。但要利用更多的 GPU 或者机器时，需要考虑并行处理机制。

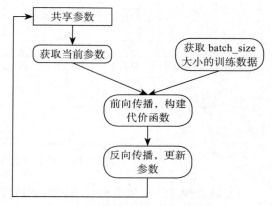

图 7-15　深度学习模型训练流程图

　　并行处理的目的就是提高训练模型的效率。假如共有 1000 份样本，而每次随机获取 batch_size 为 100，那么就可把原数据分成 10 份，然后把这 10 份数据复制到 10 个模型上同时运行。

　　因这 10 个模型计算速度可能不一样，更新参数的时间也不一样，就可能导致一些冲突。如何解决这个冲突？这就需要引入同步更新或异步更新机制。常用的并行机制有两种，分别是同步模式和异步模式。本节将介绍这两种模式的工作方式及其优劣。在并行化地训练深度学习模型时，不同设备（GPU 或 CPU）可以在不同训练数据上运行这个迭代的过程，而不同并行模式的区别在于参数更新方式。

　　深度学习模型如果同时存在于多个 GPU 或多台 GPU 服务器上，如何协同高效并行运行？并行运行分为两种模型，我们首先看异步处理模型，图 7-16 展示了异步模式的训练流程图。

　　从图 7-16 中可以看出，在每一轮迭代时，不同设备会读取参数最新的取值。但因为不同设备读取参数取值的时间不一样，得到的参数值也可能不一样。根据当前参数的取值和随机获取的一小部分训练数据，不同设备会各自运行反向传播的过程并独立更新参数，而无须执行协调和等待操作。因此，性能比较好，但因每个设备独立更新参数，这就可能导

致无法达到较优的训练结果。为了避免更新不同步的问题，可以使用同步模式。

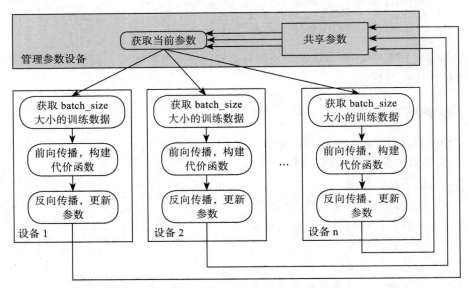

图 7-16 异步模式深度学习模型训练流程图

在同步模式下，所有的设备同时读取参数的取值，并且当反向传播算法完成之后同步更新参数的取值。单个设备不会单独对参数进行更新，而会等待所有设备完成反向传播之后再统一更新参数。图 7-17 展示了同步模式的训练过程。

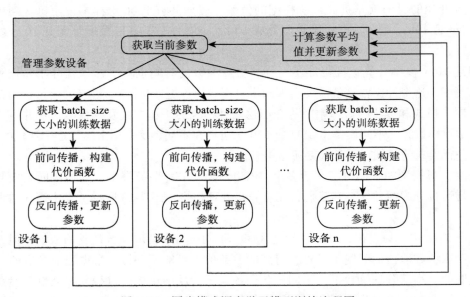

图 7-17 同步模式深度学习模型训练流程图

从图 7-17 中可以看到，在每一轮迭代时，不同设备首先统一读取当前参数的取值，并随机获取一小部分数据。然后在不同设备上运行反向传播过程，得到各自训练数据上参数的梯度。注意，虽然所有设备使用的参数是一致的，但是因为训练数据不同，所以得到参数的梯度就可能不一样。当所有设备完成反向传播的计算之后，需要计算出不同设备上参数梯度的平均值，最后再根据平均值对参数进行更新。

同步模式解决了异步模式中存在的参数更新问题。然而同步模式的效率却低于异步模式。异步模式和同步模式各有优缺点，我们该如何选择呢？数据量小，各设备计算能力相当，推荐使用同步模式；数据量大，各设备计算能力不均衡，推荐使用异步模式。具体还需要看实验结果，一般数据量大的情况下异步更新效果更好。

## 7.5 选择合适的激活函数

激活函数在神经网络中的作用有很多，主要作用是给神经网络提供非线性建模能力。如果没有激活函数，那么再多层的神经网络也只能处理线性可分问题。常用的激活函数有 sigmoid、tanh、relu、softmax 等。它们的图形、表达式、导数等信息如表 7-1 所示。

表 7-1　激活函数各种属性

| 名称 | 表达式 | 导数 | 图形 |
|---|---|---|---|
| sigmoid | $f(x)=\dfrac{1}{1+e^{-x}}$ | $f'(x)=f(x)(1-f(x))$ | |
| tanh | $f(x)=\dfrac{1-e^{-2x}}{1+e^{-2x}}$ | $f'(x)=1-(f(x))^2$ | |
| relu | $f(x)=\max(0,x)$ | $f'(x)=\begin{cases}1 & x>0 \\ 0 & x\leqslant 0\end{cases}$ | |
| softmax | $\sigma_i(z)=\dfrac{e^{z_i}}{\sum_{j=1}^{m}e^{z_j}}$ | | |

在搭建神经网络时，如何选择激活函数？如果搭建的神经网络层数不多，选择 sigmoid、tanh、relu、softmax 都可以；如果搭建的网络层次比较多，那就需要小心，选择不当就可导致梯度消失问题。此时一般不宜选择 sigmoid、tanh 激活函数，因它们的导数都小于 1，尤其是 sigmoid 的导数在 [0,1/4] 之间，多层叠加后，根据微积分链式法则，随着层数增多，导数或偏导将指数级变小。所以层数较多的激活函数需要考虑其导数不宜小于 1，

当然导数也不能大于 1，大于 1 将导致梯度爆炸，导数为 1 最好，激活函数 relu 正好满足这个条件。所以，搭建比较深的神经网络时，一般使用 relu 激活函数，虽然一般神经网络也可使用。此外，激活函数 softmax 由于 $\sum \sigma_i(z) = 1$，常用于多分类神经网络输出层。

这些激活函数在 TensorFlow 中分别为：tf.nn.sigmoid、tf.nn.tanh、tf.nn.relu、tf.nn.softmax，激活函数输入维度与输出维度是一样的。

## 7.6   选择合适代价函数

代价函数（或损失函数，Loss Function）在机器学习中非常重要，因为训练模型的过程实际就是优化代价函数的过程。代价函数对每个参数的偏导数就是梯度下降中提到的梯度，防止过拟合时添加的正则化项也是加在代价函数后面。代价函数用来衡量模型的好坏，代价函数越小说明模型和参数越符合训练样本。任何能够衡量模型预测值与真实值之间的差异的函数都可以叫作代价函数。在机器学习中常用的代价函数有两种，即交叉熵（Cross Entropy）和均方误差（Mean Squared Error，MSE），分别对应机器学习中的分类问题和回归问题。

分类问题的代价函数一般采用交叉熵，交叉熵反映两个概率分布的距离（不是欧氏距离）。分类问题进一步又可分为多目标分类（如一次要判断 100 张图中是否包含 10 种动物）或单目标分类。

回归问题预测的不是类别，而是一个任意实数。在神经网络中一般只有一个输出节点，该输出值就是预测值。预测值与实际值之间距离可以用欧氏距离来表示，所以对这类问题我们通常使用均方差作为代价函数，均方差的定义如下：

$$MSE = \frac{\sum\limits_{i=1}^{n}(y_i - y_i')^2}{n} \tag{7.13}$$

TensorFlow 中已集成多种交叉熵，常用的有以下几种。

1）tf.nn.softmax_cross_entropy_with_logits。具体格式为：

```
tf.nn.softmax_cross_entropy_with_logits(_sentinel=None, labels=None,
logits=None, dim=-1, name=None)
#Computes softmax cross entropy between logits and labels
```

2）tf.nn.sparse_softmax_cross_entropy_with_logits。这个交叉熵与（1）相似，唯一的区别在于 labels 的 shape，该函数的 labels 要求是排他性的，即只有一个正确的类别。

3）对于多目标分类可以使用：

```
tf.nn.sigmoid_cross_entropy_with_logits
```

4）均方差代价函数可表示为：

```
tf.reduce_mean(tf.square(y_ - y))
```

使用 TensorFlow 中的交叉熵操作时，需注意以下几点：

❑ TenosrFlow 中集成的交叉熵操作是施加在未经过 Softmax 或 sigmoid 处理的 logits 上，这个操作的输入 logits 是未经缩放的，该操作内部会对 logits 使用 Softmax 或 sigmoid 操作。

❑ 交叉熵中参数 labels（标签数据）和 ligits（预测数据）必须有相同的 shape（如：[batch_size, num_classes]）和相同的数据类型。

下列 TensorFlow 代码中使用了交叉熵，在这个代码中说明了使用交叉熵及其注意事项。

```
import tensorflow as tf

# 神经网络的输出
logits=tf.constant([[1.0,2.0,3.0],[1.0,2.0,3.0],[1.0,2.0,3.0]])
# 使用 softmax 的输出
y=tf.nn.softmax(logits)
# 正确的标签只要一个 1
y_=tf.constant([[0.0,0.0,1.0],[1.0,0.0,0.0],[1.0,0.0,0.0]])
# 计算交叉熵
cross_entropy = -tf.reduce_sum(y_*tf.log(tf.clip_by_value(y, 1e-10, 1.0)))
# 使用 tf.nn.softmax_cross_entropy_with_logits() 函数直接计算神经网络的输出结果的交叉熵。
# 记得使用 tf.reduce_sum()
cross_entropy2 = tf.reduce_sum(tf.nn.softmax_cross_entropy_with_logits(labels=y_,logits=logits))

with tf.Session() as sess:
    softmax=sess.run(y)
    ce = sess.run(cross_entropy)
    ce2 = sess.run(cross_entropy2)
    print("softmax result=", softmax)
    print("cross_entropy result=", ce)
    print("softmax_cross_entropy_with_logits result=", ce2)
```

打印结果：

```
softmax result= [[ 0.09003057  0.24472848  0.66524094]
[ 0.09003057  0.24472848  0.66524094]
[ 0.09003057  0.24472848  0.66524094]]
cross_entropy result= 5.22282
softmax_cross_entropy_with_logits result= 5.22282
```

## 7.7 选择合适的优化算法

前文介绍了深度学习的正则化方法，它是深度学习核心之一；优化算法也是深度学习的核心之一。优化算法很多，如随机梯度下降法、自适应优化算法等，在具体使用时该如何选择呢？

RMSprop、Adadelta 和 Adam 被认为是自适应优化算法，因为它们会自动更新学习率。而使用 SGD 时，必须手动选择学习率和动量参数，通常会随着时间的推移而降低学习率。

有时可以考虑综合使用这些优化算法，如采用先用 Adam，然后用 SGD 优化方法，这个想法，实际上由于在训练的早期阶段 SGD 对参数调整和初始化而非常敏感。因此，我们可以通过先使用 Adam 优化算法进行训练，这将大大节省训练时间，且不必担心初始化和参数调整，一旦用 Adam 训练获得较好的参数后，我们可以切换到 SGD + 动量优化，以达到最佳性能。采用这种方法有时能达到很好的效果，如图 7-18 所示，迭代次数超过 150后，用 SGD 效果好于 Adam。

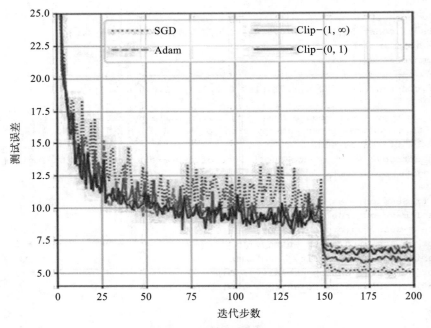

图 7-18　迭代次数与测试误差间的对应关系

## 7.8　小结

深度学习中遇到的挑战很多，这些挑战有些在传统机器学习中也存在，不过在深度学习中，这些挑战更复杂。有时用一个策略不一定有效，往往需要综合施策。如对较深卷积神经网络，往往需要同时采用正则化、批量化、初始化、并行化等方法，对循环神经网络同样如此。除了这些方法外，有时还要考虑不同算法或模型，后续在介绍卷积神经网络、循环神经网络时，会介绍这些模型的各种改进版或变种。

第 8 章

# 安装 TensorFlow

前面我们介绍了机器学习、深度学习的一些算法或模型，要利用这些算法解决实际问题，就需要借助一些开发工具或架构。深度学习的架构有很多，如 TensorFlow、Keras、Caffe2、MXNet、Pytorch 等，在这些架构中，TensorFlow 是由 Google 主导的一个大数据框架，目前在 GitHub 的各项指标遥遥领先其他大数据架构。自从 2015 年 11 月开源以来，其发展迅速，目前已更新到 1.6 版本。

TensorFlow 支持多种环境，如 Linux、Windows、Mac 等，本章主要介绍基于 Linux 的 TensorFlow 安装。TensorFlow 的安装又分为 CPU 版和 GPU 版，安装 CPU 版相对简单，因为无须安装显卡驱动 CUDA 和基于 CUDA 的加速库 cuDNN 等；基于 GPU 的安装步骤更多一些，需要安装 CUDA、cuDNN 等。不过，无论哪种安装，我们都推荐使用 Anaconda 作为 Python 环境，因为这样可以避免大量的兼容性和依赖性问题，而且使用其中的 conda 进行后续更新维护也非常方便。本书采用 Python3.6，TensorFlow1.6。除了安装内容外，还包括测试代码，具体内容包括：

❏ TensorFlow CPU 版安装
❏ TensorFlow GPU 版安装
❏ 配置 Jupyter Notebook
❏ 比较 CPU 与 GPU 性能
❏ 单 GPU 与多 GPU

## 8.1 TensorFlow CPU 版的安装

TensorFlow 的 CPU 版安装比较简单，可以利用编译好的版本或使用源码安装，推荐使用编译好的版本进行安装，如果用户环境比较特殊，如 gcc 高于 6 版本或不支持编译好的版本，我们才推荐采用源码安装。采用编译好的版本进行安装，具体步骤如下。

1）从 Anaconda 的官网（https://www.anaconda.com/）下载 Anaconda3 的最新版本，如

Anaconda3-5.0.1-Linux-x86_64.sh，建议使用 3 系列，3 系列代表未来发展。另外，下载时根据自己的环境选择操作系统与对应版本的 64 位版本。

2）在 Anaconda 所在目录，执行如下命令：

```
bashAnaconda3-5.0.1-Linux-x86_64.sh
```

3）根据安装提示，直接按回车即可。这里会提示选择安装路径，如果没有特殊要求，可以按回车使用默认路径（~/ anaconda3），然后就开始安装。

4）安装完成后，程序会提示我们是否把 anaconda3 的 binary 路径加入当前用户的 .bashrc 配置文件中，建议添加。添加以后，就可以自动使用 Anaconda3 的 Python3.6 环境。

5）使用 conda 进行安装：

```
conda  install  tensorflow
```

6）验证安装是否成功：

```
import tensorflow as tf

hello = tf.constant('Hello, TensorFlow!')
sess = tf.Session()
print(sess.run(hello))
```

## 8.2  TensorFlow GPU 版的安装

TensorFlow 的 GPU 版本安装步骤相对多一些，这里采用一种比较简洁的方法。目前 TensorFlow 对 CUDA 支持比较好，所以要安装 GPU 版本时首先需要一块或多块 GPU 显卡，显卡一般采用 NVIDIA 显卡，AMD 的显卡只能使用实验性支持的 OpenCL，效果不是很好。

接下来我们需要安装：

❑ 显卡驱动

❑ CUDA

❑ cuDNN

其中，CUDA（Compute Unified Device Architecture）是英伟达公司推出的一种基于新的并行编程模型和指令集架构的通用计算架构，它能利用英伟达 GPU 的并行计算引擎，可以比 CPU 更高效地解决许多复杂计算任务。NVIDIA cuDNN 用于深度神经网络的 GPU 加速库，它强调性能、易用性和低内存开销。NVIDIA cuDNN 可以集成到更高级别的机器学习框架中，其插入式设计可以让开发人员专注于设计和实现神经网络模型，而不是调整性能。同时，还可以在 GPU 上实现高性能并行计算。目前大部分深度学习框架使用 cuDNN

来驱动 GPU 计算。以下为在 ubuntu16.04 版本上安装 TensorFlow1.6 版本的具体步骤。

1）首先安装显卡驱动，查看显卡信息。

```
lspci | grep -i vga
```

2）查看是否已安装驱动：

```
lsmod|grep -i nvidia
```

3）更新 apt-get：

```
sudo apt-get update
```

4）安装一些依赖库：

```
sudo apt-get install openjdk-8-jdk git python-dev python3-dev python-numpy
python3-numpy build-essential python-pip python3-pip python-virtualenv swig python-
wheel libcurl3-dev
```

5）安装 nvidia 驱动：

```
curl -O http://developer.download.nvidia.com/compute/cuda/repos/ubuntu1604/
x86_64/cuda-repo-ubuntu1604_8.0.61-1_amd64.deb
    sudo dpkg -i ./cuda-repo-ubuntu1604_8.0.61-1_amd64.deb
    sudo apt-get update
    sudo apt-get install cuda -y
```

6）检查驱动安装是否成功：

```
nvidia-smi
```

运行结果如图 8-1 所示。

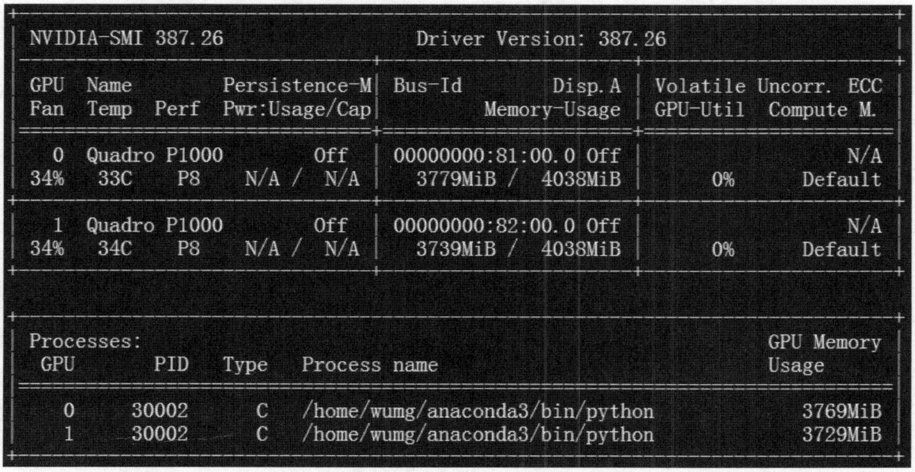

```
+-----------------------------------------------------------------------------+
| NVIDIA-SMI 387.26                 Driver Version: 387.26                     |
|-------------------------------+----------------------+----------------------+
| GPU  Name        Persistence-M| Bus-Id        Disp.A | Volatile Uncorr. ECC |
| Fan  Temp  Perf  Pwr:Usage/Cap|         Memory-Usage | GPU-Util  Compute M. |
|===============================+======================+======================|
|   0  Quadro P1000         Off | 00000000:81:00.0 Off |                  N/A |
| 34%   33C    P8    N/A /  N/A |   3779MiB /  4038MiB |      0%      Default |
+-------------------------------+----------------------+----------------------+
|   1  Quadro P1000         Off | 00000000:82:00.0 Off |                  N/A |
| 34%   34C    P8    N/A /  N/A |   3739MiB /  4038MiB |      0%      Default |
+-------------------------------+----------------------+----------------------+

+-----------------------------------------------------------------------------+
| Processes:                                                       GPU Memory |
|  GPU       PID   Type   Process name                             Usage      |
|=============================================================================|
|    0     30002      C   /home/wumg/anaconda3/bin/python              3769MiB |
|    1     30002      C   /home/wumg/anaconda3/bin/python              3729MiB |
+-----------------------------------------------------------------------------+
```

图 8-1 安装驱动

出现上图结果，说明驱动安装成功。

7）安装 cuda toolkit（在提示是否安装驱动时，选择 n，即不安装）：

```
wget https://s3.amazonaws.com/personal-waf/cuda_8.0.61_375.26_linux.run
sudo sh cuda_8.0.61_375.26_linux.run   # press and hold s to skip agreement

# Do you accept the previously read EULA?
# accept

# Install NVIDIA Accelerated Graphics Driver for Linux-x86_64 361.62?
# 这步非常重要，一定要选中 n，即不再安装驱动，因前面已安装驱动！
# n

# Install the CUDA 8.0 Toolkit?
# y

# Enter Toolkit Location
# press enter


# Do you want to install a symbolic link at /usr/local/cuda?
# y

# Install the CUDA 8.0 Samples?
# y

# Enter CUDA Samples Location
# press enter

# now this prints:
# Installing the CUDA Toolkit in /usr/local/cuda-8.0 …
# Installing the CUDA Samples in /home/liping …
# Copying samples to /home/liping/NVIDIA_CUDA-8.0_Samples now…
# Finished copying samples.
```

8）安装 cudnn：

```
wget https://s3.amazonaws.com/open-source-william-falcon/cudnn-8.0-linux-x64-v6.0.tgz
sudo tar -xzvf cudnn-8.0-linux-x64-v6.0.tgz
sudo cp cuda/include/cudnn.h /usr/local/cuda/include
sudo cp cuda/lib64/libcudnn* /usr/local/cuda/lib64
sudo chmod a+r /usr/local/cuda/include/cudnn.h /usr/local/cuda/lib64/libcudnn*
```

9）把以下内容添加到 ~/.bashrc：

```
export LD_LIBRARY_PATH="$LD_LIBRARY_PATH:/usr/local/cuda/lib64:/usr/local/cuda/extras/CUPTI/lib64"
export CUDA_HOME=/usr/local/cuda
```

10）使环境变量立即生效：

```
source ~/.bashrc
```

1）生成配置文件：

```
jupyter notebook --generate-config
```

将在当前用户目录下生成文件：.jupyter/jupyter_notebook_config.py。

2）生成当前用户登录 jupyter 密码。打开 ipython，创建一个密文密码：

```
In [1]: from notebook.auth import passwd
In [2]: passwd()
Enter password:
Verify password:
```

3）修改配置文件：

```
vim ~/.jupyter/jupyter_notebook_config.py
```

进行如下修改：

```
c.NotebookApp.ip='*' # 设置所有 ip 皆可访问
c.NotebookApp.password = u'sha:ce... 刚才复制的那个密文 '
c.NotebookApp.open_browser = False # 禁止自动打开浏览器
c.NotebookApp.port =8888 # 这是缺省端口，也可指定其他端口
```

4）启动 jupyter notebook：

```
# 后台启动 jupyter: 不记日志：
nohup jupyter notebook >/dev/null 2>&1 &
```

然在浏览器上，输入 IP:port, 即可看到如图 8-3 所示的类似界面。

图 8-3 jupyter notebook 界面

然后，我们就可以在浏览器中进行开发调试 Python 或 Tensorflow 程序。

## 8.4 实例：CPU 与 GPU 性能比较

1）把设备设为 GPU，代码如下：

```
import sys
```

```
import numpy as np
import tensorflow as tf
from datetime import datetime

device_name="/gpu:0"

shape=(int(10000),int(10000))

with tf.device(device_name):
    # 形状为 shap, 元素服从 minval 和 maxval 之间的均匀分布
    random_matrix = tf.random_uniform(shape=shape, minval=0, maxval=1)
    dot_operation = tf.matmul(random_matrix, tf.transpose(random_matrix))
    sum_operation = tf.reduce_sum(dot_operation)

startTime = datetime.now()
with tf.Session(config=tf.ConfigProto(log_device_placement=True)) as session:
        result = session.run(sum_operation)
        print(result)

print("\n" * 2)
print("Shape:", shape, "Device:", device_name)
print("Time taken:", datetime.now() - startTime)
```

结果如下：

```
2.50004e+11

Shape: (10000, 10000) Device: /gpu:0
Time taken: 0:00:02.605461
```

2）把设备改为 CPU。运行以上代码，其结果如下：

```
2.50199e+11

Shape: (10000, 10000) Device: /cpu:0
Time taken: 0:00:07.232871
```

这个实例运算较简单，但即使如此，GPU 性能也是 CPU 的近 3 倍。

## 8.5  实例：单 GPU 与多 GPU 性能比较

这里将比较使用一个 GPU 与使用多个（如两个）GPU 的性能。

```
'''
"/cpu:0": 表示 CPU
"/gpu:0": 表示第 1 块 GPU
"/gpu:1": 表示第 2 块 GPU
'''

import numpy as np
```

```
import tensorflow as tf
import datetime

# 处理单元日志
log_device_placement = True

# 设置执行乘法次数
n = 10
'''
```

在两个 GPU 上执行 A^n + B^n：

```
'''
# 创建随机矩阵
A = np.random.rand(10000, 10000).astype('float32')
B = np.random.rand(10000, 10000).astype('float32')

# 创建两个变量
c1 = []
c2 = []

def matpow(M, n):
    if n < 1:
        return M
    else:
        return tf.matmul(M, matpow(M, n-1))
'''
```

使用单个 GPU 计算：

```
'''
with tf.device('/gpu:0'):
    a = tf.placeholder(tf.float32, [10000, 10000])
    b = tf.placeholder(tf.float32, [10000, 10000])
    # 计算 A^n and B^n 并把结果存储在 c1 中
    c1.append(matpow(a, n))
    c1.append(matpow(b, n))

with tf.device('/cpu:0'):
    sum = tf.add_n(c1) #Addition of all elements in c1, i.e. A^n + B^n

t1_1 = datetime.datetime.now()
with tf.Session(config=tf.ConfigProto(log_device_placement=log_device_
placement)) as sess:
    # Run the op.
    sess.run(sum, {a:A, b:B})
t2_1 = datetime.datetime.now()

'''
```

使用多个 GPU 进行计算：

```
'''
```

```
# 在 GPU:0 上计算 A^n
with tf.device('/gpu:0'):
    # 计算 A^n 并把结果存储在 c2
    a = tf.placeholder(tf.float32, [10000, 10000])
    c2.append(matpow(a, n))

# GPU:1 computes B^n
with tf.device('/gpu:1'):
    # 计算 B^n 并把结果存储在 c2
    b = tf.placeholder(tf.float32, [10000, 10000])
    c2.append(matpow(b, n))

with tf.device('/cpu:0'):
    sum = tf.add_n(c2) # 对 c2 中的元素进行累加，如 A^n + B^n

t1_2 = datetime.datetime.now()
with tf.Session(config=tf.ConfigProto(log_device_placement=log_device_
placement)) as sess:
    # Run the op.
    sess.run(sum, {a:A, b:B})
t2_2 = datetime.datetime.now()

print("Single GPU computation time: " + str(t2_1-t1_1))
print("Multi GPU computation time: " + str(t2_2-t1_2))
```

运行结果：

```
Single GPU computation time: 0:00:23.821055
Multi GPU computation time: 0:00:12.078067
```

由此可见，使用多 GPU 计算比使用单 GPU 计算的速度快近一倍。上面的数据不大，如果数据比较大，差别会更明显。

## 8.6 小结

本章主要介绍安装 Python 和 TensorFlow 的方法，采用 Anaconda 安装 Python 是非常方便的，使用 pip 或 Docker 等也是不错选择。安装 GPU 版 TensorFlow 稍微复杂一点，需要安装显卡驱动及神经网络加速包等。安装时要注意版本兼容问题，建议到 NVIDIA 或 TensorFlow 官网查看各软件兼容版本。

安装好 TensorFlow 后，接下来就可以着手开发了。开发涉及很多 TensorFlow 的基础知识，下一章我们将详细介绍。

# 第 9 章

# TensorFlow 基础

在上一章安装好 TensorFlow 之后，接下来我们就开始 TensorFlow 的使用了。实际上 TensorFlow 在很多地方与 Theano 相似，二者都属于符号式编程，而且都采用计算图（graph）方式把各种符号表达式组合在一起。如果你已经看了第 2 章，再看本章内容，将看到很多似曾相识的地方，第 2 章可看作是本章的一个铺垫。

我们先介绍 TensorFlow 的系统架构和数据流图，以便大家对 TensorFlow 运行的架构、运行机制等有比较全面的了解。然后引出 TensorFlow 的一些基本概念，包括张量（Tensor）、算子（Operation）、变量（Variables）、占位符（Place Holder）、图（Graph）等。最后将介绍如何实现可视化数据流图及 TensorFlow 的分布式运行。具体包括：

- ❏ TensorFlow 系统架构
- ❏ 数据流图
- ❏ TensorFlow 基本概念
- ❏ TensorFlow 实例
- ❏ TensorFlow 可视化
- ❏ TensorFlow 分布式

## 9.1　TensorFlow 系统架构

TensorFlow 的系统架构如图 9-1 所示，中间部分是 C 的 API 接口，上面是可编程的客户端，下面是后端执行系统。客户端系统提供多语言支持的编程模型，负责构造计算图。后端执行系统是 TensorFlow 的运行时系统，主要负责计算图的执行过程，包括计算图的剪枝、设备分配、子图计算等，如图 9-1 所示。

TensorFlow 系统架构的核心组件介绍如下：

- ❏ Client 是前端系统的主要组成部分，它是一个支持多语言的编程环境。它提供基于计算图的编程模型，方便用户构造各种复杂的计算图，实现各种形式的模型设计。
- ❏ Distributed Master 从计算图中反向遍历，找到所依赖的最小子图，再把最小子图分割成子图片段派发给 Worker Service。随后 Worker Service 启动子图片段的执行过程。

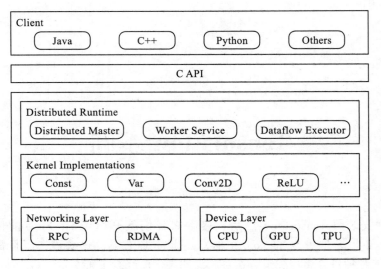

图 9-1 TensorFlow 系统架构

- ❑ Worker Service 可以管理多个设备。Worker Service 将按照从 Distributed Master 接收的子图在设备上调用的 Kernel 实现完成运算，并发送结果给其他 Work Service，以及接收其他 Worker Service 的运算结果。
- ❑ Kernel 是 Operation 在不同硬件设备的运行和实现，它负责执行具体的运算。

如图 9-2 所示，客户端启动 Session 并把定义号的数据流图传给执行层，Distributed-Master 进程拆解最小子图分发给 WorkerService，WorkerService 调用跨设备的 Kernel 的 Operation，利用各个资源完成运算。

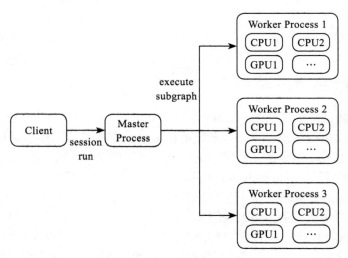

图 9-2 TensorFlow 运行机制

## 9.2　数据流图

TensorFlow 使用符号计算图，这与 Theano 相似（有关 Theano 的内容大家可参考第 2 章），不过与 Theano 相比，TensorFlow 更简洁。TensorFlow 的名字本身描述了它自身的执行原理：Tensor（张量）意味着 N 维数组，Flow（流）意味着基于数据流图的计算。数据流图中的图就是我们所说的有向图，在图这种数据结构中包含两种基本元素：节点和边。这两种元素在数据流图中有自己各自的作用，其中节点代表对数据所做的运算或某种算子（Operation）。另外，任何一种运算都有输入 / 输出，因此它也可以表示数据输入的起点或输出的终点。而边表示节点与节点之间的输入 / 输出关系，一种特殊类型的数据沿着这些边传递。这种特殊类型的数据在 TensorFlow 中被称为 Tensor，即张量，所谓的张量通俗点说就是多维数组。

当我们向这种图中输入张量后，节点代表的操作就会被分配到计算设备完成计算，图 9-3 就是一个简单的数据流图。

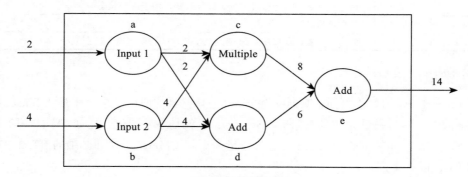

图 9-3　数据流图

在图 9-3 中，数据流图由节点 a、b、c、d、e 和相应的边组成，有两个输入和一个输出，其运算可通过以下代码实现：

```
a=Input1;
b=Input2
c=a*b;
d=a+b
e=c+d
```

当时 a＝2，b＝4，就可以完成计算 e＝2×4+（2+4）＝14。

如果我们把数据流图视为一个构件，那么其他的数据流图也可以成为它的输入或输出，在可视化的时候可以把每个数据流图内部的运算隐藏起来，从而更好地展示其运算的结构链路。

## 9.3　TensorFlow 基本概念

TensorFlow 数据流图一般包括张量（Tensor）、算子（Operation）、会话（Session）、变量（Variables）、占位符（Place Holder）和图（Graph）等，这些概念是 TensorFlow 的基础，为了方便大家理解 TensorFlow 中相关的概念，我们把这些概念汇总到表 9-1 中，然后进行详细介绍。

表 9-1　TensorFlow 基本概念

| 类型 | 描述 | 用途 |
|---|---|---|
| Tensor | 张量 | 数据类型之一，代表多维数组 |
| op | 算子 | 图中的节点被称之为 op，一个 op 获得 0 或者多个 Tensor，执行计算，产生 0 或者多个 Tensor |
| Graph | 计算图 | 必须在 Session 中启动 |
| Session | 会话 | 图必须在称之为"会话"的上下文中执行。会话将图的 op 分发到诸如 CPU 或者 GPU 上计算 |
| Variable | 变量 | 数据类型之一，运行过程中可以被改变，用于维护状态 |
| Constant | 常量 | 数据类型之一，不可变 |
| placeholder | 占位符 | 先占个位置，以后用 feed 的方式来把这些数据"填"进去 |

### 9.3.1　张量

从 TensorFlow 的名称可知，Tensor 和 Flow 是其重要的两个概念。张量（Tensor）可理解为多维数组。零阶张量为纯量或标量（Scalar），也就是一个数值，比如 [1]；一阶张量为向量（Vector），比如一维的 [1, 2, 3]；二阶张量为矩阵（Matrix）比如二维的 [[1, 2, 3],[4, 5, 6],[7, 8, 9]]，以此类推。

张量对象用形状（Shape）属性来定义结构，Python 中的元组和列表都可以定义张量的形状。张量每一维可以是固定长度，也可以用 None 表示为可变长度。

```
# 指定 0 阶张量的形状，可以是任意整数，如 1、3、5、7 等
t_list=[]
t_tuple=()
# 指定一个长度为 2 的向量，例如 [2,3]
t_1=[2]
# 指定一个 2×3 矩阵的形状
# 例如 [[1,2,3],
[4,5,6]]
t_2=(2, 3)
### 表示任意长度的向量
t_3=[None]
### 表示行数任意列数为 2 的矩阵的形状
t_4=(None, 2)
### 表示第一维长度为 3，第二维长度为 2，第三维长度任意的 3 阶张量
t_5=[3, 2, None]
```

张量的维度与 shape 之间的对应关系，可参考表 9-2。

表 9-2　张量维度（rank）与 shape 的对应关系

| Rank | Shape | Dim | Example |
|------|-------|-----|---------|
| 0 | [ ] | 0-D | 一个 0 维张量 . 一个纯量 |
| 1 | [D0] | 1-D | 一个 1 维张量的形式 [5] |
| 2 | [D0, D1] | 2-D | 一个 2 维张量的形式 [3, 4] |
| 3 | [D0, D1, D2] | 3-D | 一个 3 维张量的形式 [1, 4, 3] |
| n | [D0, D1, ... Dn] | n-D | 一个 n 维张量的形式 [D0, D1, ... Dn] |
| | None | | 表示可以为任何长度或任何形状 |
| | −1 | | 表示根据已知维度自动推出剩余维的长度 |

TensorFlow 和 NumPy 有很好的兼容性，TensorFlow 的数据类型是基于 NumPy 的数据类型。TensorFlow 支持的数据类型如表 9-3 所示。

表 9-3　TensorFlow 常用数据类型

| 数据类型 | 描述 | 数据类型 | 描述 |
|---------|------|---------|------|
| tf.float32 | 32 位浮点数 | tf.uint8 | 8 位无符号整型 |
| tf.float64 | 64 位浮点数 | tf.string | 可变长度的字节数组 . 每一个张量元素都是一个字节数组 |
| tf.int64 | 64 位有符号整型 | tf.bool | 布尔型 |
| tf.int32 | 32 位有符号整型 | tf.qint32 | 用于量化 Ops 的 32 位有符号整型 |
| tf.int16 | 16 位有符号整型 | tf.qint8 | 用于量化 Ops 的 8 位有符号整型 |
| tf.int8 | 8 位有符号整型 | tf.quint8 | 用于量化 Ops 的 8 位无符号整型 |

## 9.3.2　算子

对张量进行计算叫算子（operation，简称 op），它是对张量执行运算的节点。节点运算完成后，将返回 0 个或多个张量。创建 op 的方法就是调用 Python 或 TensorFlow 的运算方法（如 tf.add()、tf.sub() 等，具体可参考表 9-4）。调用这些 op 需要传入所需参数，如 tf.add(a,b)，也可以添加一些附加信息，如名称之类（如 tf.add(a,b，name=" add_op"))。当然有些 op 节点既没有输入也没有输出，如对一些变量进行初始化的 op，这部分内容后面将介绍。TensorFlow 的运行时包括数值计算、多维数组操作、控制流、状态管理等。

表 9-4　TensorFlow 算子类型

| 算子类别 | 示例 |
|---------|------|
| 数值计算 | add,sub,multiply,div,exp,log,greater,less,equal |
| 多维数组运算 | concat,slice,split,constant,rank,shape,shuffle |
| 矩阵运算 | matmul,matrixinverse,matrixdeterminant |
| 状态管理 | variable,assign,assignadd |
| 神经网络 | softmax,sigmoid,relu,convolution2d,maxpool |

（续）

| 算子类别 | 示例 |
|---|---|
| 检查点 | save,restore |
| 队列和同步 | enqueue,dequeue,mutexacquire,mutexrelease |
| 控制张量流动 | merge,switch,enter,leave,nextiteration |

### 9.3.3 计算图

Tensorflow 通过计算图把张量和算子等组合在一起，而在很多 TensorFlow 程序中，看不到 Graph，这是为何？这是因为 TensorFlow 有个缺省的 graph（即 Graph.as_default()），我们添加的 tensor 和 op 等都会自动添加到这个缺省计算图中，如果没有特别要求，使用这个缺省的 Graph 即可。当然，如果需要一些更复杂的计算，比如需要创建两个相互之间没有交互的模型，就需要自定义计算图。

如果要使用 Graph，首先是创建 Graph，然后用 with 语句，通知 TensorFlow 我们需要把一些 op 添加到指定的 Graph 中。如：

```
import tensorflow as tf
# 创建一个新的数据流图
graph=tf.Graph()
# 使用 with 指定其后的一些 op 添加到这个 Graph 中
with graph.as_default():
    a=tf.add(2,4)
    b=tf.multiply(2,4)
```

如果有多个 Graph 时，建议不使用缺省的 Graph 或者为其分配一个句柄，否则容易导致混乱。一般采用如下方法：

```
import tensorflow as tf

graph1=tf.Graph()
graph2=tf.Graph()   # 或 graph2=tf.get_default_graph()

with graph1.as_default():
    # 定义 graph1 的 op、tensor 等

with graph2.as_default():
    # 定义 graph1 的 op、tensor 等
```

### 9.3.4 会话

Graph 仅仅定义了所有 op 与 tensor 流向，没有进行任何计算。而 session 根据 graph 的定义分配资源，计算 op，得出结果。构造 session 的方法为 tf.Session()，它有三个可选参数，如 tf.Session(target='', graph=None, config=None)。

❏ target 参数一般为空字符串，它指定要使用的执行引擎。在分布式设置中使用

Session 对象时，该参数用于连接不同 tf.train.Server 实例。

- graph 参数指定将要在 Session 中加载的 Graph 对象，默认值为 None，表示使用当前默认数据流图。
- config 参数允许用户选择 Session 的配置，例如限制 CPU 或者是 GPU 的使用数量，设置图中的优化参数、日志选项。

在典型的 tensorflow 程序中，Session 对象的创建不用任何参数。如：

```
import tensorflow as tf

# 创建 Session 对象
sess=tf.Session()
```

创建完成 Session 对象以后，需要用其主要方法 run() 来运行或计算所期望的张量对象。Session.run() 接收一个必选参数 fetches，三个可选参数：feed_dict、options 和 run_metadata。

其中 options 和 run_metadata 很少使用。其语法格式为：

```
sess.run(fetches, feed_dict=None, options=None, run_metadata=None)
```

### 1. fetches 参数

fetches 可以接图中用户想要执行的元素（tensor 或 op 对象）。假如对象为一个 tensor，那么 run() 输出的结果将会是一个 numpy 数组（array）。如果所需的对象为 op，那么输出的结果是 None（如用在初始化参数时，后续将介绍）。如：

```
import tensorflow as tf

a=tf.add(2,4)
b=tf.multiply(a,5)

sess=tf.Session()
sess.run(b)
```

fetches 可以接收单个元素，也可以接收元素的列表，run() 的输出也是一个与请求元素对应的值的列表，并按元素在列表中顺利计算，如：

```
sess.run([a,b])   # 先计算 a，然后计算 b，输入 a 和 b 对应结果 [6,30]
```

### 2. feed_dict 参数

feed_dict 参数可以用于覆盖图中的 Tensor 值，这需要一个 Python 字典对象作为输入。字典的 key 是引用的 tensor 对象，可以被覆盖，key 可以是数字、字符串、列表以及 numpy 数组等。字典中的 value 必须与 key 同类型（或者是可以转化为统一类型），示例如下：

```
import tensorflow as tf

a=tf.add(2,4)
```

```
b=tf.multiply(a,5)

sess=tf.Session()
# 定义一个字典，将 a 的值替换为 100
dict={a:100}
sess.run(b,feed_dict=dict)   # 返回值为 500，而不是 30
```

Session 对象用完以后，记得及时关闭，以便释放资源，关闭方法为：

```
sess.close()
```

## 9.3.5　常量

Python 中 的 常 量 表 示 比 较 简 单， 如 a=10，b="python" 等。TensorFlow 表 示 常 量
（constant）的方法稍微复杂一点，带有一些参数，具体格式为：

```
tf.constant(value, dtype=None, shape=None, name='Const', verify_shape=False)
```

其中各参数说明如下：

❑ value：一个 dtype 类型（如果指定了）的常量值（列表）。要注意的是，若 value 是
　　一个列表，那么列表的长度不能够超过形状参数指定的大小（如果指定了）。如果列
　　表长度小于指定的大小，那么多余的空间由列表的最后一个元素来填充。

❑ dtype：返回 tensor 的类型。

❑ shape：返回的 tensor 形状。

❑ name：tensor 的名字。

❑ verify_shape：布尔值，用于验证值的形状。

示例如下：

```
import tensorflow as tf

# 构建计算图
a=tf.constant(1.,name="a")
b=tf.constant(3.,shape=[2,2],name="b")

# 创建会话
sess=tf.Session()

# 执行会话
result_a=sess.run([a,b])
print("result_a:",result_a[0])

print("result_b:",result_a[1])
```

打印结果：

```
result_a: 1.0
```

```
result_b: [[ 3.  3.]
   [ 3.  3.]]
```

## 9.3.6　变量

变量是 TensorFlow 的一个核心概念，这里我们从变量简介、共享模型变量等方面进行详细介绍。

### 1. 变量简介

变量（Variable）是一个非常重要的概念，所以我们将详细说明变量的使用及它与常量、占位符等的异同。TensorFlow 中的变量在使用前需要被初始化，在模型训练中或训练完成后可以保存或恢复这些变量值。下面介绍如何创建变量、初始化变量、保存变量、恢复变量以及共享变量。当训练模型时，需要使用 Variables 保存与更新参数。Variables 会保存在内存中，所有 tensor 一旦拥有 Variables 的指向就不会在 session 中丢失。变量必须明确的初始化，而且可以通过 Saver 保存到磁盘上，其具体格式为：

```
tf.Variable(initial_value=None, trainable=True, collections=None, validate_
shape=True, caching_device=None, name=None, variable_def=None, dtype=None, expected_
shape=None, import_scope=None, constraint=None)
```

主要参数说明如下。

❑ initial_value：一个 Tensor 类型或者是能够转化为 Tensor 的 python 对象类型。它是这个变量的初始值。这个初始值必须指定形状信息，不然后面的参数 validate_shape 需要设置为 false。当然，也能够传入一个无参数可调用并且返回指定初始值的对象，在这种情况下，dtype 必须指定。

❑ trainable：如果设置为 True（默认也为 True），这个变量可以被优化器类（optimizer）自动修改 Variable 的值；如果设置为 False，则说明 Variable 只能手工修改，不允许使用优化器类自动修改。

❑ collections：图的 collection 键列表，新的变量被添加到这些 collection 中。默认是 [GraphKeys.GLOBAL_VARIABLES]。

❑ validate_shape：如果是 False 的话，就允许变量能够被一个形状未知的值初始化，默认是 True，表示必须知道形状。

❑ caching_device：可选，描述设备的字符串，表示哪个设备用来为读取缓存。默认是变量的 device。

❑ name：可选，变量的名称。

❑ dtype：如果被设置，初始化的值就会按照这里的类型来定。

如何创建、初始化、保存及恢复变量？以下我们通过一些实例来详细说明：

（1）创建模型的权重及偏置

```
import tensorflow as tf

weights = tf.Variable(tf.random_normal([784, 200], stddev=0.35), name="weights")
biases = tf.Variable(tf.zeros([200]), name="biases")
```

（2）初始化变量

实际上，在变量初始化过程中做了很多的操作，比如初始化空间、赋初值（等价于 tf.assign），并把 Variable 添加到 graph 中等。注意，在计算前需要初始化所有的 Variable，一般会在定义 graph 时定义 global_variables_initializer，它会在 session 运算时初始化所有变量。

直接调用 global_variables_initializer 会初始化所有的 Variable，如果仅想初始化部分 Variable，可以调用 tf.variables_initializer。

```
init_op = tf.global_variables_initializer()
sess=tf.Session()
sess.run(init_op)
```

（3）保存模型变量

保存模型由三个文件组成 model.data、model.index 和 model.meta。

```
saver = tf.train.Saver()
saver.save(sess, './tmp/model/',global_step=100)
```

运行结果：

```
'./tmp/model/-100'
```

（4）恢复模型变量

```
# 先加载 meta graph 并恢复权重变量
saver = tf.train.import_meta_graph('./tmp/model/-100.meta')
saver.restore(sess,tf.train.latest_checkpoint('./tmp/model/'))
```

（5）查看恢复后的变量

```
print(sess.run('biases:0'))
```

运行结果：

```
[ 0.  0.  0.  0.  0.  0.  0.  0.  0.  0.................  0.]
```

**2. 共享模型变量**

在复杂的深度学习模型中，存在大量的模型变量，一般需要一次性地初始化这些变量。TensorFlow 提供了 tf.variable_scope 和 tf.get_variable 两个 API，实现了共享模型变量。tf.get_variable（<name>, <shape>, <initializer>）：表示创建或返回指定名称的模型变量，其中 name 表示变量名称，shape 表示变量的维度信息，initializer 表示变量的初始化方法。tf.variable_scope（<scope_name>）：表示变量所在的命名空间，其中 scope_name 表示命名空间的名称。共享模型变量使用示例如下：

```
# 定义卷积神经网络运算规则，其中 weights 和 biases 为共享变量

def conv_relu(input, kernel_shape, bias_shape):
    # 创建变量 "weights"
    weights = tf.get_variable("weights", kernel_shape, initializer=tf.random_
            normal_initializer())

    # 创建变量 "biases"
    biases = tf.get_variable("biases", bias_shape, initializer=tf.constant_
            initializer(0.0))
    conv = tf.nn.conv2d(input, weights, strides=[1, 1, 1, 1], padding='SAME')
    return tf.nn.relu(conv + biases)

# 定义卷积层，conv1 和 conv2 为变量命名空间
with tf.variable_scope("conv1"):
    # 创建变量 "conv1/weights", "conv1/biases".
    relu1 = conv_relu(input_images, [5, 5, 32, 32], [32])
with tf.variable_scope("conv2"):
    # 创建变量 "conv2/weights", "conv2/biases".
    relu1 = conv_relu(relu1, [5, 5, 32, 32], [32])
```

### 3. Variables 与 Constant 的区别

Constant 一般是常量，可以被赋值给 Variables，Constant 保存在 graph 中，如果 graph 重复载入，那么 Constant 也会重复载入，这样非常浪费资源。如非必要，尽量不使用其保存大量数据。而 Variables 在每个 session 中都是单独保存的，甚至可以单独存在一个参数服务器上。通过以下代码可以看到 Constant 实际是保存在 graph 中，具体代码如下。

```
const  = tf.constant(1.0,name="constant")
print(tf.get_default_graph().as_graph_def())
```

运行结果：

```
node {
    name: "Const"
    op: "Const"
    attr {
        key: "dtype"
        value {
            type: DT_FLOAT
        }
    }
    attr {
        key: "value"
        value {
            tensor {
                dtype: DT_FLOAT
                tensor_shape {
```

```
                }
                float_val: 1.0
            }
        }
    }
}
```

### 4. variables 与 get_variables 的区别

variables 与 get_variables 的区别主要从以下几方面进行说明。

（1）语法格式

tf.Variable 的参数列表如下，返回一个由 initial_value 创建的变量。

tf.Variable(name=None, initial_value, validate_shape=True, trainable=True, collections=None)

tf.get_variable 的参数列表如下，如果已存在参数定义相同的变量，就返回已存在的变量，否则创建由参数定义的新变量。

tf.get_variable(name, shape=None, initializer=None, dtype=tf.float32, trainable=True, collections=None)

（2）检测到命名冲突的处理

使用 tf.Variable 时，如果检测到命名冲突，系统会自己处理。

```
import tensorflow as tf
w_1 = tf.Variable(3,name="w_1")
w_2 = tf.Variable(1,name="w_1")
print( w_1.name)
print( w_2.name)
```

输出：

```
w_1:0
w_1_1:0
```

使用 tf.get_variable() 时，系统不会处理冲突，而会报错。

```
import tensorflow as tf

w_1 = tf.get_variable(name="w_1",initializer=1)
w_2 = tf.get_variable(name="w_1",initializer=2)
```

报错：

```
alueError Traceback (most recent call last)
<ipython-input-2-4ad8806618f8> in <module>()
      2
      3 w_1 = tf.get_variable(name="w_1",initializer=1)
----> 4 w_2 = tf.get_variable(name="w_1",initializer=2)
```

（3）两者的本质区别

tf.get_variabl 创建变量时，会进行变量检查，当设置为共享变量时（通过 scope.reuse_variables() 或 tf.get_variable_scope().reuse_variables()），如果检查到第二个拥有相同名字的变量，就返回已创建的相同的变量；如果没有设置共享变量，则会报 [ValueError: Variable varx already exists, disallowed.] 错误。而 tf.Variable() 创建变量时，name 属性值允许重复，检查到相同名字的变量时，将使用自动别名机制创建不同的变量。

```python
import tensorflow as tf

tf.reset_default_graph()

with tf.variable_scope("scope1"):
    w1 = tf.get_variable("w1", shape=[])
    w2 = tf.Variable(0.0, name="w2")
with tf.variable_scope("scope1", reuse=True):
    w1_p = tf.get_variable("w1", shape=[])
    w2_p = tf.Variable(1.0, name="w2")

print(w1 is w1_p, w2 is w2_p)
print(w1_p,w2_p)
```

打印结果：

```
True False
<tf.Variable 'scope1/w1:0' shape=() dtype=float32_ref><tf.Variable 'scope1_1/
w2:0' shape=() dtype=float32_ref>
```

由此，不难看出官网上说的参数复用的含义了。由于 tf.Variable() 每次都在创建新对象，所以 reuse=True 和它并没有什么关系。对于 get_variable() 来说，如果已经创建变量对象，则把那个对象返回；如果没有创建变量对象的话，就创建一个新的对象。

注意：另外一个值得注意的地方是，尽量保证每一个变量都有明确的命名，这样易于管理命令空间，而且在导入模型的时候，不会造成不同模型之间的命名冲突，从而可以在一张 graph 中容纳很多个模型。

Variables 支持很多数学运算，具体可参考表 9-4，这里不再赘述。

## 9.3.7 占位符

占位符（placeholder）的作用可以理解为先占个位置，此时并不知道这里将会是什么值，但知道类型和形状等信息，先把这些信息填进去占个位置，后续再用 feed 的方式来把这些数据"填"进去，返回一个 tensor。feed 在 session 的 run() 方法中，通过 feed_dict 这个参数来实现，这个参数的内容就是把值"喂"给那个 placeholder。

占位符是 TensorFlow 中又一保存数据的利器，在 session 运行阶段，需要给 placeholder 提供数据，利用 feed_dict 的字典结构给 placeholdr 变量"喂数据"，其一般格式：

```
tf.placeholder(dtype, shape=None, name=None)
```

参数说明如下。

- ❑ dtype：将要被 feed 的元素类型。
- ❑ shape：（可选）将要被 feed 的 tensor 的形状，如果不指定，可以 feed 进任何形状的
  tensor。
- ❑ name：（可选）这个操作的名字。

示例代码如下：

```
x = tf.placeholder(tf.float32, shape=(2, 3))
y=tf.reshape(x,[3,2])
z= tf.matmul(x, y)
print(z)

with tf.Session() as sess:
    #print(sess.run(y))   # 不注释将报错，因没有给 y 输入具体数据 .
    rand_array_x = np.random.rand(2, 3)
    rand_array_y = np.random.rand(3, 2)
    print(sess.run(z, feed_dict={x: rand_array_x,y: rand_array_y}))   # 这句成功
```

运行结果：

```
Tensor("MatMul_9:0", shape=(2, 2), dtype=float32)
[[ 0.2707203   0.68843865]
 [ 0.42275223  0.73435611]]
```

## 9.3.8　实例：比较 constant、variable 和 placeholder

1）利用 constant 表示输入：

```
import tensorflow as tf

a=tf.constant(5,name="input_a")
b=tf.constant(3,name="input_b")
c=tf.multiply(a,b,name="mul_c")
d=tf.add(a,b,name="add_d")
e=tf.add(c,d,name="add_e")
sess=tf.Session()
#with tf.Session() as sess:
output=sess.run(e)     ## 输出结果为 23
print(" 输出结果 :", output)

writer=tf.summary.FileWriter('home/feigu/tmp',sess.graph)
writer.close()
sess.close()
```

2）使用 variable 表示输入：

```
import tensorflow as tf
```

```
a=tf.Variable(5,name="input_a")
b=tf.Variable(3,name="input_b")
c=tf.multiply(a,b,name="mul_c")
d=tf.add(a,b,name="add_d")
e=tf.add(c,d,name="add_e")
init=tf.global_variables_initializer()
sess=tf.Session()
#with tf.Session() as sess:
#init variable
sess.run(init)
output=sess.run(e)      ## 输出结果为 23
print(" 输出结果 :", output)
```

3）输入用向量表示：

```
import tensorflow as tf

a=tf.Variable([3,5],name="input_a")
#b=tf.Variable(3,name="input_b")
c=tf.reduce_prod(a,name="mul_c")
d=tf.reduce_sum(a,name="add_d")
e=tf.reduce_sum([c,d],name="add_e")
init=tf.global_variables_initializer()
sess=tf.Session()
#with tf.Session() as sess:
#init variable
sess.run(init)
output=sess.run(e)      ## 输出结果为 23
print(" 输出结果 :", output)

writer=tf.summary.FileWriter('home/feigu/tmp',sess.graph)
writer.close()
sess.close()
```

4）用 placeholder 表示输入：

```
import tensorflow as tf

a=tf.placeholder(tf.int8,shape=[None],name="input_a")
#b=tf.Variable(3,name="input_b")
c=tf.reduce_prod(a,name="mul_c")
d=tf.reduce_sum(a,name="add_d")
e=tf.reduce_sum([c,d],name="add_e")
init=tf.global_variables_initializer()
sess=tf.Session()
#with tf.Session() as sess:
#init variable
#sess.run(init)
output=sess.run(e,feed_dict={a:[3,5]})      ## 输出结果为 23
print(" 输出结果 :", output)

writer=tf.summary.FileWriter('home/feigu/tmp',sess.graph)
```

```
writer.close()
sess.close()
```

## 9.4    TensorFlow 实现数据流图

如果把边当作张量，把节点当作算子，那么数据流图就是把张量、算子等元素链接在一起的函数运算。以下代码就是用 TensorFlow 定义图 9-3 的数据流图完成了对应的运算。算子的 name 属性可以帮助标识。

```
# 引入 TensorFlow
import tensorFlow as tf
# 定义算子
a=tf.constant(2)
b=tf.constant(4)
c=tf.multiply(a,b)
d=tf.add(a,b)
e=tf.add(c,d)
# 定义会话
sess=tf.Session()
# 会话调用运算
output=sess.run(e)
# 打印运算结果
print(output)
# 关闭会话
sess.close()
```

以上代码运行结果为：14。

## 9.5    可视化数据流图

会话会默认初始化一个图对象，也可以引用 tf.get_default_graph() 函数，或自定义新的 Graph（tf.Graph()）。如果给算子定义名称，并把生成的数据流图对象写入 log 文件，那么最终 Tensorboard Sever 可以将数据流图以可视化的形式展现出来。以上节的实例为基础，代码稍作修改，就可以实现数据流图的可视化。

```
# 引入 TensorFlow
import tensorFlow as tf
# 定义算子及算子名称
a=tf.constant(2,name="input_a")
b=tf.constant(4,name="input_b")
c=tf.multiply(a,b,name="mul_c")
d=tf.add(a,b,name="add_d")
e=tf.add(c,d,name="add_e")
sess=tf.Session()
output=sess.run(e)
```

```
print(output)
# 将数据流图写入 log 文件
writer=tf.summary.FileWriter('home/feigu/tmp',sess.graph)
writer.close()
sess.close()
```

在执行完以上代码后，还需要在客户端启动 TensorboardServer 来查看数据流图。启动命令为：tensorboard --logdir="/home/feigu/tmp"。

然后打开浏览器，输入 http://localhost:6006，单击进入 GRAPHS 就可以看到可视化的数据流图，如图 9-4 所示。

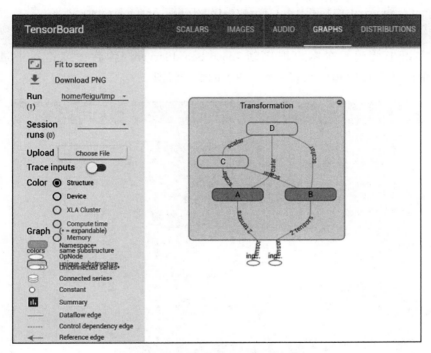

图 9-4　数据流图可视化效果图

现实中的模型运算会更复杂，需要对图中的运算进行封装来获得更好的可视化，TensorFlow 采用作用域（name space）来组织运算的封装。

```
import tensorFlow as tf
graph=tf.Graph()
with graph.as_default():
    in_1=tf.placeholder(tf.float32, shape=[], name="input_a")
    in_2=tf.placeholder(tf.float32, shape=[], name="input_b")
    const=tf.constant(3, dtype=tf.float32, name="static_value")
    with tf.name_scope("Transformation"):
        with tf.name_scope("A"):
```

```
        A_mul=tf.multiply(in_1, const)
        A_out=tf.subtract(A_mul, in_1)
    with tf.name_scope("B"):
        B_mul=tf.multiply(in_2, const)
        B_out=tf.subtract(B_mul, in_2)
    with tf.name_scope("C"):
        C_div=tf.div(A_out, B_out)
        C_out=tf.add(C_div, const)
    with tf.name_scope("D"):
        D_div=tf.div(B_out, A_out)
        D_out=tf.add(D_div, const)
        out=tf.maximum(C_out, D_out)
writer=tf.summary.FileWriter('home/feigu/tmp', graph=graph)
writer.close()
```

执行完以上代码，在客户端启动 TensorboardServer，然后在浏览器中进入 http://IP:6006，单击进入 GRAPHS 可以看到图 9-5 的数据流图。

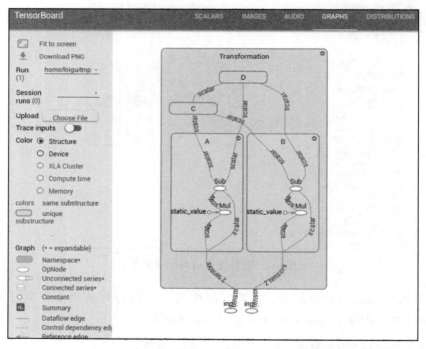

图 9-5　数据流图作用域实例可视化效果图

## 9.6　TensorFlow 分布式

当数据量不大或模型不是很复杂时，我们使用单机训练性能还可以接收。一旦数据量很大或需要训练一个比较深或宽的神经网络时，运行时间就可能成为瓶颈。如何有效缩短时间？批量处理是一个方法，但这种方法不能治本。要想大幅度提升性能，分布式并行处理是重要选项。

使用 TensorFlow 来实现分布式并行运算还是比较方便的，这里我们先介绍一下利用 TensorFlow 进行分布式并行处理的主要思想。

TensorFlow 的分布式有几种模型，具体有 In-graph replication、Between-graph replication 这两种模型。In-graph 的含义是在图内，可理解为一个计算图。此时如何实现分布式并行运算呢？基本思路就是：把一个图内的不同操作（不同运算节点）放在不同设备上（GPU 或服务器）。而 Between-graph 的含义是图间，可理解为在相同计算图之间。此时如何实现分布并行呢？基本思路就是在每个设备使用相同计算图，但计算不同的 batch 数据。前面我们介绍训练神经网络时，一般采用 mini-batch 梯度下降方法，即把输入数据分为多份数据，如随机分成 100 份，假设你有 10 台服务器，那么每台服务器只需要运行其中 10 份数据，这样效率自然就比一台服务器运行 100 份数据高多了。

这是个大致思路，其实 In-graph replication 与 Between-graph replication 这两种模型在如何更新参数方式上又可细分为同步更新和异步更新，这两种更新各有优缺点。

### 1. 同步更新

同步更新的时候，每次梯度更新，都要等所有分发出去的数据计算完成，返回结果，把梯度累加计算均值之后，再更新参数。这样的好处是代价函数的下降比较稳定，但是这里有个木桶效应，处理的速度取决于最慢的那个设备的性能。其原理架构图形，可参考图 7-17。

### 2. 异步更新

在异步更新的时候，所有的计算节点，自己算自己的，更新参数也是自己更新自己计算的结果。这样的优点就是计算速度快，设备间的耦合度不高，计算资源能得到充分利用，但是，缺点是代价函数的下降不稳定，抖动大。其原理架构图形，可参考图 7-16。

两种更新方法各有优缺点，在实际使用中该如何选择呢？一般而言，在数据量小，各个节点的计算能力比较均衡的情况下，推荐使用同步模式；在数据量很大，各个机器的计算性能参差不齐的情况下，推荐使用异步的方式。

如何用 TensorFlow 代码实现？以下是利用一机多卡进行异步更新参数的实例，实例目的是利用 TensorFlow 的并行机制，模拟一个线性函数：y=0.2x+0.3。如果你想进一步了解 TensorFlow 如何实现分布式并行运算的，可参考官网 TensorFlow 的实例：https://github.com/tensorflow/models/blob/master/tutorials/image/cifar10/cifar10_multi_gpu_train.py。

```
# 这里单机有 CPU 及两个 GPU 卡：
# 一般把参数存储及简单操作定义在 CPU 上，比较复杂操作定义在各自的 GPU 上
import tensorflow as tf
import numpy as np
```

```
# 生成输入数据
N_GPU=2
train_X = np.random.rand(100).astype(np.float32)
train_Y = train_X * 0.2 + 0.3
# 参数存储及简单操作放在 CPU 上
with tf.device('/cpu:0'):
    X = tf.placeholder(tf.float32)
    Y = tf.placeholder(tf.float32)
    w = tf.Variable(0.0, name="weight")
    b = tf.Variable(0.0, name="reminder")
# 优化操作放在 GPU 上操作，采用异步更新参数
    # 因只有两个 GPU 卡，所以只循环 2 次
    for i in range(2):
        with tf.device('/gpu:%d' %i):
            y = w * X + b
            loss = tf.reduce_mean(tf.square(y - Y))
            init_op = tf.global_variables_initializer()
            train_op = tf.train.GradientDescentOptimizer(0.01).minimize(loss)
# 创建会话，训练模型
    with tf.Session() as sess:
        # 初始化参数
        sess.run(init_op)
        for i in range(1000):
            sess.run(train_op, feed_dict={X: train_Y, Y: train_Y})

            if i % 100 == 0:
                print( i, sess.run(w), sess.run(b))

        print(sess.run(w))
        print(sess.run(b))
```

打印结果：

```
0 0.00328489 0.00803332
100 0.130879 0.312496
200 0.146903 0.339949
300 0.152278 0.341016
400 0.156618 0.339576
500 0.160841 0.337905
600 0.165033 0.336219
700 0.169204 0.33454
800 0.173354 0.332869
900 0.177483 0.331207
0.18155
0.329569
```

# 9.7 小结

TensorFlow 是深度学习最火的一个框架，虽然它开源比很多其他框架晚，但自从 2015

年开源后，在 Google 的大力推动和成千上万志愿者的努力下，发展非常迅猛。TensorFlow 很多风格继承于 Theano，但又胜于它。Google 内部的很多项目都在使用 TensorFlow，所以它一出来就带着生产性、实战性的基因。本章介绍了 TensorFlow 的基本框架、基本概念，尤其对基本概念做了比较详细的说明，这些概念是 TensorFlow 的基石，是继续学习的重要基础。为加深大家对 TensorFlow 的理解，本章又介绍了一些实例，同时从可视化、分布式等方面进行了拓展。

# 第 10 章

# TensorFlow 图像处理

在深度学习中，像图像、视频类的数据占比很高，但生活或生产中的图像、视频等数据，一般存在不规范、不清晰、不完整等问题，这些问题将直接影响数据质量，从而影响模型质量，因此对图像数据进行预处理就非常重要。

TensorFlow 为深度学习框架，当然包括对输入数据进行预处理的功能，可以说在设计之初就考虑到了图像处理的场景，所以 TensorFlow 支持 JPG 和 PNG 等格式数据。TensorFlow1.3 版本又推出 Dataset API，利用它对数据处理和读取就更方便了，这也是官方推荐使用的 API。本章主要介绍如何处理图像数据，具体包括以下内容：

- ❑ 加载图像
- ❑ 图像格式
- ❑ 把图像转换为 TFRecord 格式
- ❑ 读取 TFRecord 文件
- ❑ 图像处理实例
- ❑ 全新的数据读取方式 Dataset API

## 10.1 加载图像

TensorFlow 对图像文件的加载和对二进制文件的加载相同，只是图像的内容需要解码。加载方式比较多。这里介绍两种常用方式：第一种，把图片看作是一个图片直接读进来，获取图片的原始数据，再进行解码。如使用 tf.gfile.FastGFile() 读取图像文件，然后，利用 tf.image.decode_jpeg() 或 tf.image.decode_pgn() 进行解码。示例代码如下。

```
import matplotlib.pyplot as plt
import tensorflow as tf

%matplotlib inline

image_raw_data_jpg = tf.gfile.FastGFile('./image/cat/cat.jpg', 'rb').read()
```

```
with tf.Session() as sess:
    img_data = tf.image.decode_jpeg(image_raw_data_jpg) # 图像解码

    plt.figure(1) # 图像显示
    print(sess.run(img_data))# 显示图像矩阵
    plt.imshow(img_data.eval()) # 显示图像
```

　　第一种方法不太适合读取批量数据，批量读取可以采用另一种方法，这种方法把图像看成一个文件，用队列的方式读取。在 TensorFlow 中，队列不仅是一种数据结构，更提供了多线程机制。首先，使用 tf.train.string_input_producer 找到所需文件，并将其加载到一个队列中，然后，使用 tf.WholeFileReader() 把完整的文件加载到内存中，用 read 从队列中读取图像文件，最后，用 tf.image.decode_jpeg() 或 tf.image.decode_pgn() 进行解码。以下为代码示例。

```
import tensorflow as tf

path = './image/cat/cat.jpg'
file_queue = tf.train.string_input_producer([path]) # 创建输入队列
image_reader = tf.WholeFileReader()
_, image = image_reader.read(file_queue)
image = tf.image.decode_jpeg(image)

with tf.Session() as sess:
    coord = tf.train.Coordinator() # 协同启动的线程
    threads = tf.train.start_queue_runners(sess=sess, coord=coord) # 启动线程运行
队列

    print(sess.run(image))
    coord.request_stop() # 停止所有的线程
    coord.join(threads)
```

## 10.2　图像格式

　　图像中的重要信息通过某种恰当的文件格式存储。在使用图像时，不同的格式可用于解决不同的问题。TensorFlow 支持多种图像格式，常用的包括 JPEG、PNG、TFRecord 图像格式。

### 1. JPEG 与 PNG

　　TensorFlow 支持 JPEG、PNG 两种图像格式，这里以这两种为代表，是因为将其他格式转换为这两种格式非常容易。JPEG 格式图像使用 tf.image.decode_jpeg 解码，PNG 格式图像使用 tf.image.decode_png 解码。这两种图像格式，各有优缺点。

　　PNG 图像会存储任何 alpha（透明度）通道的信息，如果在训练模型时需要利用 alpha 信息，则这一点非常重要。一种应用场景是当用户手工移除图像的一些区域，如把图像中一些多余部分切除时，如果将这些区域置为黑色，则会使它们与该图像中的其他黑色区域相混

涾；如果将所切除部分对应的区域的 alpha 值设为 0，则有助于标识该区域是被移除的区域。

使用 JPEG 图像时，不宜做过多操作，因为这样会留下一些伪影（artifact）。

如果涉及一些必要操作，可以使用 PNG 图像。PNG 格式采用的是无损压缩，因此它会保留原始文件（除非被缩放或降采样）中的全部信息。但 PNG 格式的缺点在于文件体积比 JPEG 大。

### 2. TFRecord

对于大量的图像数据，TensorFlow 采用 TFRecord 格式，将图像数据和图像的标签数据以二进制形式无压缩方式存储在 TFRecord 文件中，这样其可以被快速载入内存，方便移动、复制和处理。TFReocrd 文件中的数据都是通过 tf.train.Example Protocol Buffer 的格式存储的。

```
message Example{
    Features features = 1;
};
message Features{
    map<string,Feature> feature = 1;
};
message Feature{
    oneof kind{
        BytesList bytes_list = 1;
        FloatList float_list = 2;
        Int64List int64_list = 3;
    }
};
```

tf.train.Example 中包含了一个从属性名称到取值的字典。其中属性名称为一个字符串，属性的取值可以为字符串（BytesList）、实数列表（FloatList）或者整数列表（Int64List）。BytesList 存放图像数据，Int64List 存放图像的标签对应的整数。

## 10.3 把图像转换为 TFRecord 文件

把图像转换成 TFRecord 格式的文件就是把图像数据和图像标签的数据按 tf.train. Example 数据结构存储成二进制文件的过程。假设我们已经按图像标签把若干张猫的图像和若干张狗的图片分别存在了以下目录：'./data/image/cat/' 和 './data/image/dog/'，以下代码可以把这些图片转换成 TFRecord 文件 cat_dog.tfrecord，存放在 './data/image' 目录下。把图像转换为 TFRecord 文件的流程如图 10-1 所示。

以下为具体实现代码。

```
# -*- coding: utf-8 -*-
import os
import TensorFlow as tf
from PIL import Image # 处理图像的包
```

图 10-1　TensorFlow 转换读取 TFRecord 数据的流程图

```
import numpy as np


folder='home/hodoop/data/image/'
# 设定图像类别标签，标签名称和对应子目录名相同
label={'cat','dog'}
# 要生成的文件
writer= tf.python_io.TFRecordWriter(folder+'cat_dog.tfrecords')
# 记录图像的个数
count=0
for index,name in enumerate(label):
    folder_path=folder+name+'/'
    for img_name in os.listdir(folder_path):
        img_path=folder_path+img_name # 每一个图片的完整访问路径
        img=Image.open(img_path)
        img= img.resize((128,128))
        img_raw=img.tobytes()# 将图片转化为二进制格式
        example = tf.train.Example(features=tf.train.Features(feature={
            "label": tf.train.Feature(int64_list=tf.train.Int64List(value=
[index])),
            'img_raw': tf.train.Feature(bytes_list=tf.train.BytesList(value=
[img_raw]))
        })) #example 对象对 label 和 image 数据进行封装
        writer.write(example.SerializeToString())   # 序列化为字符串
        count=count+1
writer.close()
```

## 10.4　读取 TFRecord 文件

10.1 节介绍了 TensorFlow 如何读取 JPG 和 PGN 文件，本节将介绍如何读取 TFRecord 文件。读取 TFRecord 文件首先采用输入生成器（tf.train.string_input_producer）将其加载到一个队列，然后读出（tf.TFRecordReader）并将（tf.parse_single_example）Example 对象拆解为图像数据和标签数据，最后对图像数据解码并保持成 JPG 文件，其流程如图 10-2 所示。

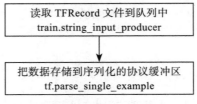

图 10-2　读取 TFRecord 文件的流程

以下为实例代码，是上一小节代码的延续。

```
# 定义数据流队列
filename_queue = tf.train.string_input_producer([folder+'cat_dog.tfrecords'])
reader = tf.TFRecordReader()
_, serialized_example = reader.read(filename_queue)  # 返回文件名和文件
features = tf.parse_single_example(serialized_example,
                                   features={
                                       'label': tf.FixedLenFeature([],
tf.int64),
                                       'img_raw' : tf.FixedLenFeature([],
tf.string),
})# 取出包含 image 和 label 的 feature 对象
image = tf.decode_raw(features['img_raw'], tf.uint8)
image = tf.reshape(image, [128, 128, 3])
label = tf.cast(features['label'], tf.int32)
with tf.Session() as sess: # 开始一个会话
    init_op = tf.initialize_all_variables()
    sess.run(init_op)
    coord=tf.train.Coordinator()
    # 线程协调器
    threads= tf.train.start_queue_runners(coord=coord)
    # 以多线程的方式启动对队列的处理
    for i in range(count):
        example, l = sess.run([image,label])# 在会话中取出 image 和 label
        img=Image.fromarray(example, 'RGB')# 是 from PIL import Image 的引用
        img.save(folder +str(i)+'_Label_'+str(l)+'.jpg')# 存下图片
        print(example, l)
    coord.request_stop()# 请求停止线程
    coord.join(threads)      # 等待所有进程结束
```

## 10.5　图像处理实例

前几节介绍了如何读取图像数据，以及如何转换图像数据的方法。本节我们通过一个实例进一步说明如何处理图像数据。本节图像处理主要利用 tf.image API，该 API 包含了很多图像处理的函数。下面的例子给出了一些常见图像处理方法，包括调整大小、剪裁和填充、色彩调整等。代码基于一个 600×600 大小的猫的图像，如图 10-3 所示。

图 10-3　600×600 JPG 猫图像

```
# 调整图像大小
# -*- coding: utf-8 -*-
Import matplotlib
import matplotlib.pyplot as plt
import TensorFlow as tf
import numpy as np
import os

os.getcwd()
image_raw_data = tf.gfile.FastGFile('/home/hadoop/data/cat.jpeg','rb').read()
img_data = tf.image.decode_jpeg(image_raw_data)

with tf.Session() as sess:
    resized = tf.image.resize_images(img_data, [300, 300], method=0)
    cat = np.asarray(resized.eval(), dtype='uint8')
    plt.imshow(cat)
    plt.show()
```

调整后的图像如图 10-4 所示。

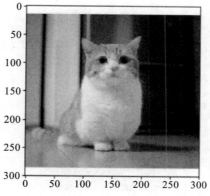

图 10-4　调整大小后 300×300 猫图像

```
# 裁剪和填充图像
with tf.Session() as sess:
    croped = tf.image.resize_image_with_crop_or_pad(img_data, 300, 300)
    padded = tf.image.resize_image_with_crop_or_pad(img_data, 3000, 3000)
    plt.imshow(croped.eval())
    plt.show()
    plt.imshow(padded.eval())
    plt.show()
```

剪裁后的效果如图 10-5 所示，填充后的效果如图 10-6 所示。

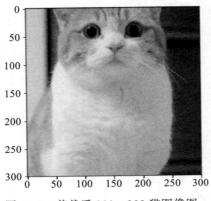

图 10-5　剪裁后 300×300 猫图像图

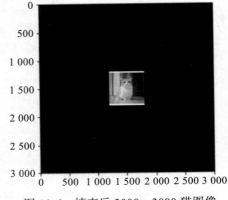

图 10-6　填充后 3000×3000 猫图像

```
# 对角线翻转图像
with tf.Session() as sess:
    transposed = tf.image.transpose_image(img_data)
    plt.imshow(transposed.eval())
    plt.show()
```

对角线翻转后的效果如图 10-7 所示。

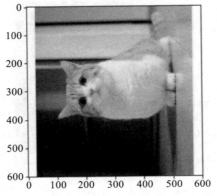

图 10-7　对角线翻转后 600×600 猫图像

```
# 图像色彩调整
with tf.Session() as sess:
    # 在 [-max_delta, max_delta) 的范围随机调整图片的亮度。
    adjusted = tf.image.random_brightness(img_data, max_delta=0.5)
    plt.imshow(adjusted.eval())
    plt.show()
```

色彩调整后的效果如图 10-8 所示。

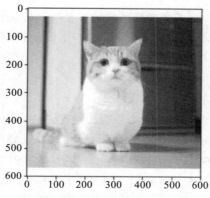

图 10-8　色彩调整后 600×600 猫图像

```
# 调整图像色调饱和度
with tf.Session() as sess:
adjusted = tf.image.adjust_hue(img_data, 0.1)
plt.imshow(adjusted.eval())
    plt.show()
```

调整色调饱和度的效果如图 10-9 所示。

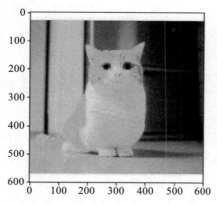

图 10-9　调整色调饱和度后 600×600 猫图像

## 10.6 全新的数据读取方式——Dataset API

Dataset API 是 TensorFlow1.3 版新加入的一种全新数据读取方式，它可以用简单复用的方式构建复杂的 Input Pipeline。例如：一个图片模型的 Pipeline 可能会聚合在一个分布式文件系统的多个文件中，对每个图片进行随机扰动（random perturbations），接着将随机选中的图片合并到一个 training batch 中。一个文本模型的 Pipeline 可能涉及：从原始文本数据中抽取特征，并通过一个转换（Transformation）将不同的长度序列 batch 在一起。Dataset API 可以很方便地以不同的数据格式处理大量数据及复杂的转换。

Dataset API 主要用于数据读取，构建输入数据的 pipeline 等。在此之前，在 Tensor-Flow 中读取数据一般有两种方法：

❑ 使用 placeholder 读内存中的数据

❑ 使用 queue 读硬盘中的数据

Dataset API 同时支持从内存和硬盘的读取，相比之前的两种方法在语法上更加简洁易懂。此外，如果想要使用 TensorFlow 新出的 Eager 模式，就必须要使用 Dataset API 来读取数据。Dataset API 的导入，在 TensorFlow 1.3 中，Dataset API 是放在 contrib 包中的：

tf.contrib.data.Dataset，而在 TensorFlow 1.4 中，Dataset API 已经从 contrib 包中移除，变成了核心 API 的一员：tf.data.Dataset。接下来我们详细介绍 Dataset API。

### 10.6.1 Dataset API 架构

图 10-10 为 Google 官方给出的 Dataset API 中的类图，其中有两个最重要的基础类：Dataset 和 Iterator。Dataset 可以看作是相同类型"元素"的有序列表。在实际使用时，单个"元素"可以是向量，也可以是字符串、图片，甚至是 tuple 或者 dict。

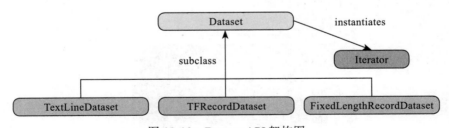

图 10-10　Dataset API 架构图

如何将这个 dataset 中的元素取出呢？方法是从 Dataset 中实例化一个 Iterator，然后对 Iterator 进行迭代。Dataset 和 Iterator 之间的关系可参考图 10-10。

下面我们对 Dataset API 中的两个基础类做进一步说明。

**1. tf.data.Dataset**

tf.data.Dataset 表示一串元素（elements），其中每个元素包含了一个或多个 Tensor 对象。例如：在一个图片 Pipeline 中，一个元素可以是单个训练样本，该样本带有一个表示图片数据的 tensors 和一个 label 组成的数据对。有两种不同的方式创建一个 dataset：

1）创建一个 source（例如：Dataset.from_tensor_slices()），从一个或多个 tf.Tensor 对象中构建一个 dataset。为了从内存的张量中构建 Dataset，可以使用 tf.data.Dataset.from_tensors() 或者 tf.data.Dataset.from_tensor_slices()。如果数据在硬盘上以 TFRecord 格式存储，可以构建一个 tf.data.TFRecordDataset。

2）拥有 Dataset 对象以后，应用一个 transformation，可以将它们转化为新的 Dataset。例如 Dataset.map()、Dataset.batch() 等。

最常使用 Dataset 的方式是使用一个迭代器（例如 Dataset.make_one_shot_iterator()）。

### 2. tf.data.Iterator

它提供的主要方式是从一个 dataset 中抽取元素。通过 Iterator.get_next() 返回该操作会 yields 出 Datasets 中的下一个元素，作为输入 Pipeline 和模型间的接口使用。最简单的 iterator 是一个 "one-shot iterator"，它与一个指定的 Dataset 相关联，通过它来进行迭代。对于更复杂的使用，Iterator.initializer 操作可以使用不同的 datasets 重新初始化（reinitialize）和用 Iterator.get_next() 返回下一个元素的 tf.Tensor 对象。

## 10.6.2　构建 Dataset

构建 Dataset 方法很多，常用的几种方法如下。

### 1. tf.data.Dataset.from_tensor_slices()

利用 tf.data.Dataset.from_tensor_slices() 从一个或多个 tf.Tensor 对象中构建一个 dataset，其 tf.Tensor 对象中包括数组、矩阵、字典、元组等，具体实例如下：

```
import tensorflow as tf
import numpy as np

arry1=np.array([1.0, 2.0, 3.0, 4.0, 5.0])
dataset = tf.data.Dataset.from_tensor_slices(arry1)
# 生成实例
iterator = dataset.make_one_shot_iterator()
# 从 iterator 里取出一个元素
one_element = iterator.get_next()
with tf.Session() as sess:
    for i in range(len(arry1)):
        print(sess.run(one_element))
```

运行结果为：1,2,3,4,5。

### 2. Dataset 的转换（transformations）

datasets 支持任何结构，当使用 Dataset.map()，Dataset.flat_map()，以及 Dataset.filter() 进行转换时，它们会对每个元素应用一个函数，元素结构决定了函数的参数。

Dataset 支持一类特殊的操作：Transformation。一个 Dataset 通过 Transformation 变成一个新的 Dataset。通常我们可以通过 Transformation 完成数据变换或预处理，常用的 Transformation 有：map()、flat_map()、filter()、filter()、shuffle()、repeat()、tf.py_func() 等。以下是一些简单示例。

（1）使用 map()

```python
import tensorflow as tf
import numpy as np

a1=np.array([1.0, 2.0, 3.0, 4.0, 5.0])
dataset = tf.data.Dataset.from_tensor_slices(a1)
dataset = dataset.map(lambda x: x * 2) # 2.0, 3.0, 4.0, 5.0, 6.0
iterator = dataset.make_one_shot_iterator()
# 从 iterator 里取出一个元素
one_element = iterator.get_next()
with tf.Session() as sess:
    for i in range(len(a1)):
        print(sess.run(one_element))
```

（2）使用 flat_map()、filter() 等

```python
# 使用 `Dataset.flat_map ( )` 将每个文件转换为一个单独的嵌套数据集
# 然后将它们的内容顺序连接成一个单一的 " 扁平 " 数据集
# 跳过第一行 ( 标题行 )
# 过滤以 " # " 开头的行
filenames = ["/var/data/file1.txt", "/var/data/file2.txt"]

dataset = tf.data.Dataset.from_tensor_slices(filenames)

dataset = dataset.flat_map(
    lambda filename: (
        tf.data.TextLineDataset(filename)
        .skip(1)
        .filter(lambda line: tf.not_equal(tf.substr(line, 0, 1), "#"))))
```

（3）batch()、shuffle()、repeat()

```python
filenames = ["/var/data/file1.tfrecord", "/var/data/file2.tfrecord"]
dataset = tf.data.TFRecordDataset(filenames)
dataset = dataset.shuffle(buffer_size=10000)
dataset = dataset.batch(32)
dataset = dataset.repeat(4)
```

### 3. tf.data.TextLineDataset()

很多数据集是一个或多个文本文件，tf.data.TextLineDataset 提供了一种简单的方式来提取这些文件的每一行。给定一个或多个文件名，TextLineDataset 会对这些文件的每行生成一个值为字符串的元素。TextLineDataset 也可以接收 tf.Tensor 作为 filenames。这个函数的输入是一个文件的列表，输出是一个 Dataset。Dataset 中的每一个元素就对应了文件中的

一行。可以使用这个函数来读入 CSV 文件，示例代码如下：

```
filenames = ["/var/data/file1.txt", "/var/data/file2.txt"]
dataset = tf.data.TextLineDataset(filenames)
```

默认情况下，TextLineDataset 生成每个文件中的某一行，可能不是我们需要的，例如文件中有标题行，或包含注释。可以使用 Dataset.skip() 和 Dataset.filter() 来剔除这些行。为了对每个文件都各自应用这些变换，使用 Dataset.flat_map() 来对每个文件创建一个嵌套的 Dataset，示例代码如下：

```
filenames = ["/var/data/file1.txt", "/var/data/file2.txt"]
dataset = tf.data.Dataset.from_tensor_slices(filenames)
# 使用 Dataset.flat_map() 把文件转换为一个 dataset,
# 连接各文件并转换为一个 "flat" dataset.
# 跳过第一行.
# 过滤以 "#" 开头的行，即注释行.
dataset = dataset.flat_map(
    lambda filename: (
        tf.data.TextLineDataset(filename)
        .skip(1)
        .filter(lambda line: tf.not_equal(tf.substr(line, 0, 1), "#"))))
```

### 4. tf.data.FixedLengthRecordDataset()

这个函数的输入是一个文件的列表和一个 record_bytes。该函数通常用来读取以二进制形式保存的文件，如 CIFAR10 数据集就是这种形式。

### 5. tf.data.TFRecordDataset()

TFRecord 是一种面向记录的二进制文件，很多 TensorFlow 应用使用它作为训练数据。tf.contrib.data.TFRecordDataset 能够使 TFRecord 文件作为输入管道的输入流。

```
filenames = ["/var/data/file1.tfrecord", "/var/data/file2.tfrecord"]
dataset = tf.data.TFRecordDataset(filenames)
```

传递给 TFRecordDataset 的参数 filenames 可以是字符串、字符串列表或 tf.Tensor 类型的字符串。因此，如果有两组文件分别作为训练和验证，可以使用 tf.placeholder(tf.string) 来表示文件名，使用适当的文件名来初始化一个迭代器。

```
filenames = tf.placeholder(tf.string, shape=[None])
dataset = tf.data.TFRecordDataset(filenames)
iterator = dataset.make_initializable_iterator()

training_filenames = ["/var/data/file1.tfrecord", "/var/data/file2.tfrecord"]
with tf.Session() as sess:
    sess.run(iterator.initializer, feed_dict={filenames: training_filenames})
    # Initialize `iterator` with validation data.
    validation_filenames = ["/var/data/validation1.tfrecord", ...]
    sess.run(iterator.initializer, feed_dict={filenames: validation_filenames})
```

### 10.6.3 创建迭代器

有了表示输入数据的 Dataset 后，下一步是创建可以获取其中元素的迭代器，随着复杂程度的提高，tf.data API 提供以下迭代器：

- ❑ one-shot
- ❑ initializable
- ❑ reinitializable
- ❑ feedable

其中 one-shot 是最简单的迭代器，不需要明确的初始化，迭代一次，但不支持参数化：

```
dataset = tf.data.Dataset.range(100)
iterator = dataset.make_one_shot_iterator()
next_element = iterator.get_next()
sess=tf.Session()
for i in range(100):
    value = sess.run(next_element)
    assert i == value
```

initializable 迭代器需要在使用前进行 iterator.initializer 的操作，虽然不方便，但支持参数化，可以使用一个或多个 tf.placeholder() 在初始化迭代器时占位：

```
max_value = tf.placeholder(tf.int64, shape=[])
dataset = tf.data.Dataset.range(max_value)
iterator = dataset.make_initializable_iterator()
next_element = iterator.get_next()
```

### 10.6.4 从迭代器中获取数据

从迭代器中获取数据可以使用 Iterator.get_next() 方法。当迭代器到达 dataset 尾部时，运行 Iterator.get_next() 会 raise 一个 tf.errors.OutOfRangeError。这个迭代器就处于不可用状态，必须重新初始化才可以使用。

```
result = tf.add(next_element, next_element)

sess.run(iterator.initializer)
print(sess.run(result))  # ==> "0"
print(sess.run(result))  # ==> "2"
print(sess.run(result))  # ==> "4"
print(sess.run(result))  # ==> "6"
print(sess.run(result))  # ==> "8"
try:
    sess.run(result)
except tf.errors.OutOfRangeError:
    print("End of dataset")  # ==> "End of dataset"
```

## 10.6.5　读入输入数据

tf.data API 支持多种数据格式，可以使用 tf.data.Dataset.from_tensor_slices 读取 NumPy 数组；使用 tf.data.TFRecordDataset 读取 TFRecord 数据；使用 tf.data.TextLineDataset 读取文本数据。

以下为读取 NumPy 数组示例。用 tf.placeholder() 张量来定义 Dataset，并在迭代器初始化时，把 NumPy 数组 feed 进去。

```
# 假设特征和标签在同一行.
assert features.shape[0] == labels.shape[0]

features_placeholder = tf.placeholder(features.dtype, features.shape)
labels_placeholder = tf.placeholder(labels.dtype, labels.shape)

dataset = tf.data.Dataset.from_tensor_slices((features_placeholder, labels_
        placeholder))
iterator = dataset.make_initializable_iterator()
sess.run(iterator.initializer, feed_dict={features_placeholder: features,
                                 labels_placeholder: labels})
```

## 10.6.6　预处理数据

可以使用 Dataset.map(f)，对 Dataset 上的每一个元素进行所给函数 f 的操作，从而产生一个新数据集。函数 f 接收一个元素（tf.Tensor 对象）的输入，然后返回一个元素（tf.Tensor 对象）成为新数据集。其中函数 f 可以是自定义函数，也可以调用 Python 中的库，此时可以在 Dataset.map() 上用 tf.py_func() 操作调用。以下是使用多种函数的示例：

```
import cv2
# 使用自定义的 OpenCV 函数读取图像,
# 而不是标准的 TensorFlow`tf.read_file()`操作.
def _read_py_function(filename, label):
    image_decoded = cv2.imread(filename.decode(), cv2.IMREAD_GRAYSCALE)
    return image_decoded, label

# 使用标准的 TensorFlow 操作将图像调整为固定形状.
def _resize_function(image_decoded, label):
    image_decoded.set_shape([None, None, None])
    image_resized = tf.image.resize_images(image_decoded, [28, 28])
    return image_resized, label

filenames = ["/var/data/image1.jpg", "/var/data/image2.jpg", ...]
labels = [0, 37, 29, 1, ...]

dataset = tf.data.Dataset.from_tensor_slices((filenames, labels))
dataset = dataset.map(
        lambda filename, label: tuple(tf.py_func(
            _read_py_function, [filename, label], [tf.uint8, label.dtype])))
dataset = dataset.map(_resize_function)
```

### 10.6.7 批处理数据集元素

#### 1. 简单批处理

最简单的批处理是将 n 个连续的元素堆栈进一个元素中。Dataset.batch() 就是如此，它与 tf.stack() 操作具有相同的限制，在元素的每个组件上应用操作：例如对于每个组件 i，所有的元素都必须有相同大小的张量。

#### 2. 使用填充法批处理张量

简单批处理的方法适用于相同大小的张量。然而很多模型的输入数据大小不同，Dataset.padded_batch() 操作可以通过指定填充它们的一个或多个尺寸来批量处理不同形状的张量。示例代码如下：

```
dataset = tf.data.Dataset.range(100)
dataset = dataset.map(lambda x: tf.fill([tf.cast(x, tf.int32)], x))
dataset = dataset.padded_batch(4, padded_shapes=[None])

iterator = dataset.make_one_shot_iterator()
next_element = iterator.get_next()

print(sess.run(next_element))
print(sess.run(next_element))
```

打印结果：

```
[[0 0 0]
 [1 0 0]
 [2 2 0]
 [3 3 3]]
[[4 4 4 4 0 0 0]
 [5 5 5 5 5 0 0]
 [6 6 6 6 6 6 0]
 [7 7 7 7 7 7 7]]
```

#### 3. 随机切割输入数据

Dataset.shuffle() 转换采取与 tf.RandomShuffleQueue 相似的算法来随机切割输入数据，它维护一个固定大小的缓冲区，并从该缓冲区随机选择下一个元素。

```
filenames = ["/var/data/file1.tfrecord", "/var/data/file2.tfrecord"]
dataset = tf.data.TFRecordDataset(filenames)
dataset = dataset.map(...)
dataset = dataset.shuffle(buffer_size=10000)
dataset = dataset.batch(32)
dataset = dataset.repeat()
```

### 10.6.8 使用高级 API

tf.train.MonitoredTrainingSession API 简化了在分布式环境中运行 TensorFlow 的许多方

法。它使用 tf.errors.OutOfRangeError 来表示训练已经完成，因此若要将其与 tf.data API 结合使用，推荐使用 Dataset.make_one_shot_iterator()。

要在 tf.estimator.Estimator 的 input_fn 函数中使用 Dataset，同样推荐使用 Dataset. make_one_shot_iterator()。具体实现代码为：

```
def dataset_input_fn():
    filenames = ["/var/data/file1.tfrecord", "/var/data/file2.tfrecord"]
    dataset = tf.data.TFRecordDataset(filenames)

    # 使用 tf.parse_single_example() 从 tf.Example 中抽取数据
    # protocol buffer, and perform any additional per-record preprocessing.
    def parser(record):
        keys_to_features = {
            "image_data": tf.FixedLenFeature((), tf.string, default_value=""),
            "date_time": tf.FixedLenFeature((), tf.int64, default_value=""),
            "label": tf.FixedLenFeature((), tf.int64,
                                    default_value=tf.zeros([], dtype=tf.
int64)),
        }
        parsed = tf.parse_single_example(record, keys_to_features)

        # 执行预处理.
        image = tf.image.decode_jpeg(parsed["image_data"])
        image = tf.reshape(image, [299, 299, 1])
        label = tf.cast(parsed["label"], tf.int32)

        return {"image_data": image, "date_time": parsed["date_time"]}, label

    # 使用 Dataset.map() 构建一个包含特征及标签的数据字典
    dataset = dataset.map(parser)
    dataset = dataset.shuffle(buffer_size=10000)
    dataset = dataset.batch(32)
    dataset = dataset.repeat(num_epochs)
    iterator = dataset.make_one_shot_iterator()

    features, labels = iterator.get_next()
    return features, labels
```

## 10.7　小结

图像、视频是大数据的重要组成部分，如何有效处理图像，一直是人们关注的问题。尤其是在企业实际项目中，对图像处理需要占用很大一部分资源。本章介绍了如何用 TensorFlow 这个深度学习架构来处理图像数据，包括如何加载、转换、读取等环节，并通过一个实例把这些内容贯穿起来，第 14 章还有一个使用 Dataset API 的完整实例。本章还介绍了 1.3 版推出的 Dataset API，它采用流水线的方式，大大改进了数据处理、转换的效率，是 TensorFlow 推荐的一种读取数据、处理数据的 API。

第 11 章

# TensorFlow 神经元函数

前文在介绍神经网络时，实际上已涉及了神经元函数，本章将系统地总结神经网络中的多种元函数。神经元函数有很多，本章重点介绍激活函数和代价函数。这些函数在后续卷积神经网络、循环神经网络将会用到，所以本章也可算是对前文的总结和拓展，以及对后续章节的一个铺垫。卷积函数等大家可参考第 14 章的具体内容，本章主要内容包括：

- ❏ 激活函数
- ❏ 代价函数

## 11.1 激活函数

激活函数（Activation Function）就是对神经网络中某一部分神经元的非线性运算，使得神经网络可以任意逼近任何非线性函数，这样神经网络就可以应用到众多的非线性模型中。激活函数一般要求可微，且不会改变输入数据的维度，如图 11-1 所示，最右边的神经元采用了阶跃激活函数。

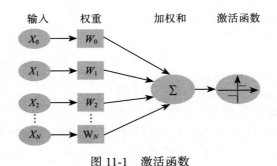

图 11-1　激活函数

在 TensorFlow 中常用的激活函数包括：
- ❏ tf.sigmoid(features, name=None)

❑ tf.tanh(features, name=None)

❑ tf.nn.relu(features, name=None)

❑ tf.nn.softplus(features, name=None)

❑ tf.nn.dropout(x, keep_prob, noise_shape=None, seed=None, name=None) 等

输入为张量，返回值也为张量。

## 11.1.1 sigmoid 函数

sigmoid 函数是传统神经网络常用的一种激活函数，如图 11-2 所示，优点在于输出映射在（0，1）内，单调连续，适合用作输出层，求导容易；缺点是具有软饱和性，一旦输入数据落入饱和区，一阶导数变得接近 0，就可能产生梯度消失问题。

$$f(x) = \frac{1}{1 + e^{-x}}$$ （11.1）

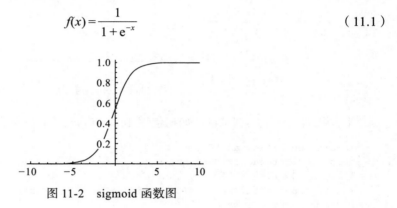

图 11-2　sigmoid 函数图

## 11.1.2 tanh 函数

tanh 激活函数同样具有软饱和性，输出以 0 为中心，收敛速度比 sigmoid 快，但是也存在梯度消失问题，如图 11-3 所示。

$$f(x) = \frac{e^x - e^{-x}}{e^x + e^{-x}}$$ （11.2）

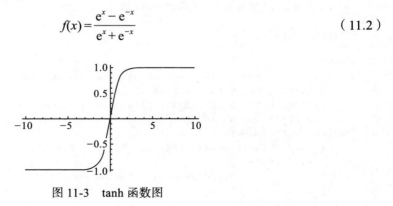

图 11-3　tanh 函数图

### 11.1.3 relu 函数

relu 函数是目前最受欢迎的激活函数，在 $x < 0$ 时，硬饱和，$x > 0$ 时，导数为 1，所以在 $x > 0$ 时保持梯度不衰减，从而可以缓解梯度消失问题，能更快收敛，并提供神经网络的稀疏表达能力。但随着训练的进行，部分输入会落入硬饱和区，导致对应的权重无法更新，称为"神经元死亡"，如图 11-4 所示。

$$f(x)=\begin{cases}0, & x < 0 \\ x, & x \geqslant 0\end{cases} \tag{11.3}$$

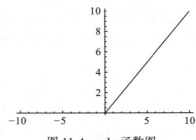

图 11-4 relu 函数图

下面我们用一个实例来说明如何使用 TensorFlow 的 relu 函数。

```
import tensorflow as tf
sess = tf.InteractiveSession()
# 产生一个 4×4 的矩阵，满足均值为 0，标准差为 1 的正态分布
matrix_input = tf.Variable(tf.random_normal([4,4],mean=0.0, stddev=1.0))
# 对变量初始化，这里对 a 进行初始化
tf.global_variables_initializer().run()
# 输出原始矩阵的值
print(" 原始矩阵 :\n",matrix_input.eval())
# 对原始矩阵用 Relu 函数进行激活处理
matrix_output = tf.nn.relu(matrix_input)
# 输出处理后的矩阵的值
print("Relu 函数激活后的矩阵 :\n",matrix_output.eval())
```

打印结果如下：

```
原始矩阵:
    [[ 0.37276283  0.72931081  2.09951901  0.88166559]
     [ 0.17285426 -0.84701222 -0.41728339 -1.8065275 ]
     [-0.49180427  0.28490838  0.42461604 -0.45847833]
     [-0.24351855 -0.2150051  -1.25710368 -0.92249513]]
Relu 函数激活后的矩阵:
    [[ 0.37276283  0.72931081  2.09951901  0.88166559]
     [ 0.17285426  0.          0.          0.         ]
     [ 0.          0.28490838  0.42461604  0.         ]
     [ 0.          0.          0.          0.         ]]
```

### 11.1.4　softplus 函数

softplus 对 relu 函数做了平滑处理，如图 11-5 所示。

$$f(x) = \log\left(1 + e^x\right) \tag{11.4}$$

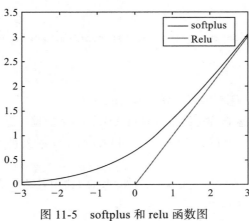

图 11-5　softplus 和 relu 函数图

### 11.1.5　dropout 函数

一个神经元以概率 keep_prob 决定是否被抑制。如果被抑制，神经元的输出为 0；如果不被抑制，该神经元的输出将被放大到原来的 1/keep_prob 倍。默认情况下，每个神经元是否被抑制是相互独立的。dropout 激活函数格式为：

```
tf.nn.dropout(x, keep_prob, noise_shape=None, seed=None, name=None)
```

激活函数在神经网络中起着非常重要的作用，理论上添加激活函数的神经网络可以收敛于任意一个函数。因激活函数各有特色，所以具体使用时，应根据具体情况进行选择，一般规则为：

- ❑ 当输入数据特征相差明显时用，用 tanh 效果很好。
- ❑ 当特征相差不明显的时候，用 sigmoid 效果比较好。
- ❑ sigmoid 和 tanh 作为激活函数需要对输入进行规范化，否则激活后的值全部进入平坦区，而 relu 不会出现这种情况，有时也不需要输入规范化，因此 85% ～ 90% 的神经网络会采用 relu 函数。

## 11.2　代价函数

代价函数是神经网络模型的效果评估及优化的目标函数，常用于监督学习中关于分类模型和回归模型中的迭代优化。分类问题中常用交叉熵（cross_entropy）算法，本节做详细介绍。回归问题常用误差评估（mean squared error）算法，此处不做介绍。

## 11.2.1　sigmoid_cross_entropy_with_logits 函数

在深度学习中，分类问题的代价函数一般采用交叉熵函数。基于 sigmoid 函数的交叉熵函数一般格式为：

```
tf.nn.sigmoid_cross_entropy_with_logits(_sentinel=None,labels=None, logits=None,
name=None)
```

主要参数说明：

❑ _sentinel：本质上是不用的参数，不用填。

❑ logits：神经网络运算分类结果的张量表示，一个数据类型 float32 或 float64。

❑ labels：实际标签值的张量表示，和 logits 具有相关的数据类型和 shape[batch_size,num_classes]。

注意，此函数支持（多标签）分类，例如判断图片中是否包含 5 种事物中的一种或几种，标签值可以包含多个 1 或 0 个 1。

❑ name：操作的名字，可填可不填。

本函数对 logits 先通过 sigmoid 函数计算，再计算它们的交叉熵，但是它对交叉熵的计算方式进行了优化，使得结果不至于溢出。

返回值为一个 batch 中每个样本的 loss，shape 为 [batch_size,num_classes]，所以一般配合 tf.reduce_mean(loss) 使用

$$y = \text{labels} \tag{11.5}$$

$$p_{ij} = \text{sigmoid}(\text{logits}_{ij}) = \frac{1}{1 + e^{-\text{logits}_{ij}}} \tag{11.6}$$

$$\text{loss}_{ij} = -[y_{ij} \cdot \ln p_{ij} + (1 - y_{ij}) \ln(1 - p_{ij})] \tag{11.7}$$

以下通过一个实例代码说明该函数的具体使用方式：

```
import tensorflow as tf
import numpy as np
def sigmoid(x):
return 1.0/(1+np.exp(-x))
# 定义一个 5 个样本 3 种分类的问题，且每个样本可以属于多种分类
y = np.array([[1,0,0],[0,1,0],[0,0,1],[1,1,0],[0,1,1]])
logits = np.array([[10,3.8,2],[8,10.9,1],[1,2,7.4],[4.8,6.5,1.2],[3.3,8.8,1.9]])

# 按自定义计算公式计算的结果
y_pred = sigmoid(logits)
output1 = -y*np.log(y_pred)-(1-y)*np.log(1-y_pred)
print('Self_Define_output1 : ', output1)
with tf.Session() as sess:
    y = np.array(y).astype(np.float64) # labels 是 float64 的数据类型
```

```
# 按 TensorFlow 函数计算结果，与自定义计算公式计算结果相同
output2 = sess.run(tf.nn.sigmoid_cross_entropy_with_logits(labels=y,logits=
logits))
    print('sigmoid_cross_entropy_with_logits : ', output2)
    # 调用 tf.reduce_mean（）运算结果的平均值
    reduce_mean = sess.run(tf.reduce_mean(output2))
    print('reduce_mean : ',reduce_mean)
```

打印结果：

```
Self_Define_output1 :  [[  4.53988992e-05   3.82212422e+00   2.12692801e+00]
    [  8.00033541e+00   1.84580636e-05   1.31326169e+00]
    [  1.31326169e+00   2.12692801e+00   6.11066022e-04]
    [  8.19606734e-03   1.50231016e-03   1.46328247e+00]
    [  3.33621926e+00   1.50721716e-04   1.39386758e-01]]
 sigmoid_cross_entropy_with_logits :  [[  4.53988992e-05      3.82212422e+00
2.12692801e+00]
    [  8.00033541e+00   1.84580636e-05   1.31326169e+00]
    [  1.31326169e+00   2.12692801e+00   6.11066022e-04]
    [  8.19606734e-03   1.50231016e-03   1.46328247e+00]
    [  3.33621926e+00   1.50721716e-04   1.39386758e-01]]
reduce_mean :  1.57681676844
```

## 11.2.2　softmax_cross_entropy_with_logits 函数

基于 softmax 的交叉熵函数，其格式为：

```
tf.nn.softmax_cross_entropy_with_logits(_sentinel=None,labels=None, logits=None,
dim=-1, name=None)
```

其中，dim 为类别维度，默认设置为最后一个类别。其他参数请参考 sigmoid_cross_entropy_with_logits 函数。

本函数对 logits 先通过 softmax 函数计算，再计算它们的交叉熵，也对交叉熵的计算方式进行了优化，使得结果不至于溢出。

它适用于每个类别相互独立且排斥的情况，例如判断的图片只能属于一个种类，而不能同时包含多个种类。

返回值为一个 batch 中每个样本的 loss，shape 为 [batch_size,num_classes]，所以一般配合 tf.reduce_mea(loss) 使用。

$$y = \text{labels} \tag{11.8}$$

$$p_i = \text{softmax}\left(\log\text{its}_i\right) = \frac{e^{\log\text{its}_{ij}}}{\sum_{j=0}^{\text{numclass}-1} e^{\log\text{its}_{ij}}} \tag{11.9}$$

$$\text{loss}_i = -\sum_{j=0}^{\text{numclass}-1} y_{ij} \cdot \ln p_{ij} \tag{11.10}$$

### 11.2.3 sparse_softmax_cross_entropy_with_logits 函数

这也基于 softmax 函数的交叉熵函数，不过多了一个 sparse 前缀，其一般格式为：

```
tf.nn.sparse_softmax_cross_entropy_with_logits(_sentinel=None,labels=None,
logits=None, name=None)
```

该函数与 tf.nn.softmax_cross_entropy_with_logits(_sentinel=None,labels=None, logits= None, dim=−1, name=None) 十分相似，唯一的区别在于 labels，该函数的标签 labels 要求是排他性的即只有一个正确类别，labels 的形状要求是 [batch_size] 而值必须是从 0 开始编码的 int32 或 int64，而且值范围是 [0, num_class)。其他使用注意事项参见 tf.nn.softmax_cross_entropy_with_logits 的说明。

代码实例：

```
import tensorflow as tf
labels = [0,2]
logits = [[2,0.5,1],
          [0.1,1,3]]

logits_scaled = tf.nn.softmax(logits)
result1 = tf.nn.sparse_softmax_cross_entropy_with_logits(labels=labels,
logits=logits)
with tf.Session() as sess:
    print(sess.run(result1))
```

打印结果：

```
[ 0.46436879  0.17425454]
```

### 11.2.4 weighted_cross_entropy_with_logits 函数

该代价函数是 sigmoid_cross_entropy_with_logits 的拓展版，计算方式基本与 tf_nn_sigmoid_cross_entropy_with_logits 相似，但是加上了权重的功能，是计算具有权重的 sigmoid 交叉熵函数，其一般格式为：

```
tf.nn.weighted_cross_entropy_with_logits (targets, logits, pos_weight,
name=None)
```

主要参数说明：

❏ targets：一个和 logits 具有相同的数据类型（type）和尺寸形状（shape）的张量（tensor）。

❏ shape：[batch_size,num_classes]，单样本是 [num_classes]。

❏ logits：一个数据类型（type）是 float32 或 float64 的张量。

❏ pos_weight：正样本的一个系数。

❑ name：操作的名字，可填可不填。

其中 pos_weight 参数，在传统基于 sigmoid 的交叉熵算法上，正样本算出的值乘以某个系数。

$$y = \text{labels} \tag{11.11}$$

$$p_{ij} = \text{sigmoid}(\text{logits}_{ij}) = \frac{1}{1 + e^{-\text{logits}_{ij}}} \tag{11.12}$$

$$\text{loss}_{ij} = -[\text{post}_{\text{weight}} \bullet y_{ij} \bullet \ln p_{ij} + (1 - y_{ij}) \ln(1 - p_{ij})] \tag{11.13}$$

实例代码：

```python
import numpy as np
import tensorflow as tf

input_data = tf.Variable(np.random.rand(3, 3), dtype=tf.float32)
# np.random.rand() 传入一个 shape, 返回一个在 [0,1] 区间符合均匀分布的 array
output = tf.nn.weighted_cross_entropy_with_logits(logits=input_data,
                                                  targets=[[1.0, 0.0, 0.0],
[0.0, 0.0, 1.0], [0.0, 0.0, 1.0]],
                                                  pos_weight=2.0)

with tf.Session() as sess:
    init = tf.global_variables_initializer()
    sess.run(init)
    print(sess.run(output))
```

打印结果：

```
[[ 1.07967401  0.70704097  0.86377501]
 [ 1.2301141   1.25049961  1.27024436]
 [ 0.7354911   0.96188879  0.78923416]]
```

## 11.3　小结

神经元函数前文很多地方都提到，这章对神经元函数做了比较系统的介绍，尤其是如何用 TensorFlow 来实现这些神经元函数。本章介绍了多种代价函数，不同模型需要选择不同的代价函数，代价函数是 BP 算法的重要组成部分。神经元函数还有卷积神经元等内容，可参考本书第 14 章。

# 第 12 章

# TensorFlow 自编码器

自编码器（Autoencoder，简称为 AE）是一种无监督的神经网络，顾名思义，它可以使用自身的高阶特征编码自己。它的输入和输出是一致的，但不是简单复制自己，而是使用一些高阶特征重新组合来构建自己。其核心功能是能够学习到输入数据的深层或更高级的表示。具体来说，它可用于一些较难训练的神经网络权重初始化，使其权重值位于一个比较好的位置，有助于防止梯度消失问题的解决。不过，目前深度学习对一些较难训练的神经网络，一般采用其他算法或模型，如 BN、深度残差神经网络等。自编码器可用于特征的抽取或降维等，其应用非常广泛。

本章先简单介绍自编码的一般原理，然后用 TensorFlow 实现一个编码器，最后介绍利用自编码器预测信用卡欺诈，具体内容包括：

❑ 自编码器简介
❑ 降噪自编码
❑ 实例：用 TensorFlow 实现自编码器
❑ 实例：用自编码预测信用卡欺诈

## 12.1  自编码简介

为给大家一个直观印象，我们从图 12-1 开始介绍。图 12-1 是典型的自编码器结构图，共三层：第一层为输入层，第二层为隐含层（神经元个数一般不等于输入元个数，隐含到输出层间权重可以取输入与隐含层间的权重的转置）；第三层为输出层。

如果不考虑具体参数，AE 模型可抽象成如图 12-2 所示的结构。

在图 12-2 自编码器中，假设：

❑ $W \in R^{m*n}$ 表示输入层与隐含层间权重矩阵；
❑ $w* \in R^{m*n}$ 表示隐含层与输出层间权重矩阵；
❑ $f$ 和 $g$ 分别表示编码函数和解码函数：

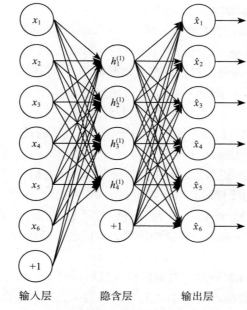

图 12-1　自编码器的结构图

输入层　　　　　隐含层　　　　　输出层

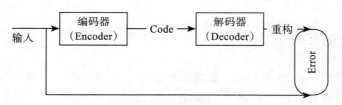

图 12-2　自编码器原理

$$h(x) = f(w^T \cdot x + b) \tag{12.1}$$

$$\hat{x} = g(((w^*)^T \cdot h(x) + c) \tag{12.2}$$

（其中，如果 $w^*$ 的取值满足 $w^* = w^T$，则称为 tied weights。）

$f$ 函数为编码器的激活函数，通常取 sigmoid 函数：

$$f(x) = \frac{1}{1 + e^{-x}} \tag{12.3}$$

$g$ 为解码器的激活函数，通常取 sigmoid 函数或恒等函数，即 $g = z$。

为简便起见，这里我们取 $w^* = w^T$，这样，整个模型要确定的参数为 $w$、$b$、$c$（$b$，$c$ 为偏移值）。

为求得 $x$ 与 $\hat{x}$ 的接近程度，可以通过重构一个误差函数来处理：$L(x, \hat{x})$。根据 $g$ 函数的选择，$L$ 函数通常有两种取法：

1）当 $g$ 取恒等函数时，取 $L(x, \hat{x}) = \|x - \hat{x}\|^2$。

2）当 $g$ 取 sigmoid 函数时，$L$ 取交叉熵（cross-entropy）函数：

$$L(x, \hat{x}) = -\sum_{i=1}^{n} [x_i \log(\hat{x}_i) + (1 - x_i) \log(1 - \hat{x}_i)]。 \tag{12.4}$$

设：$\theta = (w, b, c)$，有了误差函数，在整个数据集 $S$ 上，我们便可设计一个代价函数，然后通过代价函数的最小化即可求得参数 $\theta$。代价函数定义为：

$$J_{AE}(\theta) = \sum_{x \in S} L(x, g(f(x))) \tag{12.5}$$

从上面的分析可知，隐含层是自编码器的核心，隐含层的设计一般有如下两种方式：

1）当输入层神经元个数 $n$ 大于隐含层神经元个数 $m$，称为欠完备（undercomplete）。隐含层设计使得输入层到隐含层的变换本质上就是一种降维的作用，从而达到压缩输入层的效果，尤其当激活函数为线性函数时，则得到的 $h(x)$ 就相当于对 $x$ 做主从分析（PCA）。

2）当输入层神经元个数 $n$ 不大于隐含层神经元个数 $m$ 时，称为过完备（overcomplete）。该隐含层一般用于稀疏编码器，可以获得稀疏的特征表示，即隐含层中有大量的 0。

这里我们介绍基本的自编码器，根据对隐含层的设计及代价函数的不同处理，自编码器又可衍生出其他类型的自编码器，如稀疏自编码器、正则自编码器、降噪自编码器、栈式自编码器等，接下来我们重点介绍降噪自编码，降噪自编码有利于提升模型的拟合能力，它是如何做到这点呢？请看下节内容。

## 12.2　降噪自编码

提升模型的鲁棒性有很多方法，如增加数据量、实现正则化、减少数据中的噪声数量等。但有时可能需要反其道而行之，dropout 方法就是其中一种。这里我们介绍另一种类似的方法，降噪自编码（Denoising Autoencoder）。

降噪自动编码器就是在 Autoencoder 的基础之上，为防止过拟合问题而对输入的数据（网络的输入层）加入噪声，使学习得到的编码器具有较强的鲁棒性，从而增强模型的泛化能力。Denoising Autoencoder 是 Bengio 在 2008 年提出的。其基本思想就是：随机屏蔽输入层的一些节点，从而得到含有噪声的模型输入。这和 dropout 很类似，不同的是 dropout 是随机屏蔽隐含层中的一些神经元。

降噪自编码器为防止过拟合通过给数据中增加噪声来实现，看似与之前的结论矛盾，其实也是增强模型鲁棒性的一种有效方式。

## 12.3　实例：TensorFlow 实现自编码

前面几节我们简单介绍了自编码器的原理及主要功能，其核心功能就是学习输入数据分布的能力。如何衡量这种能力呢？如果编码后的数据能够较为容易地通过解码恢复成原始数据，说明这个自编码器较好地保留了输入数据信息，即它有较好的学习能力。如何用代码来实现呢？这节我们通过一个实例来说明。为便于大家更好地了解实现思路，这里我们采用 Keras 来实现。从 TensorFlow1.4 版本后，Keras 已成为 TensorFlow 的核心模块，有关 Keras 的内容大家可参考本书第 16 章。

我们实现一个只有一个隐含层的自编码器，以 MNIST 为输入数据，采用 Keras 函数式模型，具体代码如下：

```
import os
import struct
import numpy as np
import matplotlib.pyplot as plt
from tensorflow.python.keras.layers import Input,Dense
from tensorflow.python.keras.models import Model
from tensorflow.examples.tutorials.mnist import input_data
%matplotlib inline


# 为避免网络问题，这里我们定义处理本地数据集 MNIST 的加载函数
def load_mnist(path, kind='train'):
    """Load MNIST data from `path`"""
    labels_path = os.path.join(path,'%s-labels-idx1-ubyte' % kind)
    images_path = os.path.join(path,'%s-images-idx3-ubyte' % kind)

    with open(labels_path, 'rb') as lbpath:
        magic, n = struct.unpack('>II',lbpath.read(8))
        labels = np.fromfile(lbpath, dtype=np.uint8)

    with open(images_path, 'rb') as imgpath:
        magic, num, rows, cols = struct.unpack(">IIII",imgpath.read(16))
        images = np.fromfile(imgpath,dtype=np.uint8).reshape(len(labels), 784)

    return images, labels

# 读取本地训练数据和测试数据

x_train, y_train = load_mnist('./MNIST_data/', kind='train')
x_test, y_test = load_mnist('./MNIST_data/', kind='t10k')

x_train = x_train.reshape(-1, 28, 28,1).astype('float32')
x_test = x_test.reshape(-1,28, 28,1).astype('float32')

# 归一化数据，使之在 [0,1] 之间
x_train = x_train.astype('float32') / 255.
x_test = x_test.astype('float32') / 255.

# 对 x_train 展平为：-1*784
x_train = x_train.reshape((len(x_train), np.prod(x_train.shape[1:])))
x_test = x_test.reshape((len(x_test), np.prod(x_test.shape[1:])))

# 定义输入层节点、隐含层节点数
```

```python
input_img = Input(shape=(784,))
encoding_dim = 32

# 利用 keras 函数式模型
encoded = Dense(encoding_dim, activation='relu')(input_img)
decoded = Dense(784, activation='sigmoid')(encoded)

# 创建自编码模型
autoencoder = Model(inputs=input_img, outputs=decoded)

# 创建编码器模型
encoder = Model(inputs=input_img, outputs=encoded)

encoded_input = Input(shape=(encoding_dim,))
decoder_layer = autoencoder.layers[-1]

# 创建解码器模型
decoder = Model(inputs=encoded_input, outputs=decoder_layer(encoded_input))

# 编译自编码器模型
autoencoder.compile(optimizer='adam', loss='binary_crossentropy')
# 训练该模型
autoencoder.fit(x_train, x_train, epochs=50, batch_size=256,
                shuffle=True, validation_data=(x_test, x_test))
# 输出预测值
encoded_imgs = encoder.predict(x_test)
decoded_imgs = decoder.predict(encoded_imgs)

# 显示 10 个数字
n = 10
plt.figure(figsize=(20, 4))
for i in range(n):
    # 可视化输入数据
    ax = plt.subplot(2, n, i + 1)
    plt.imshow(x_test[i].reshape(28, 28))
    plt.gray()
    ax.get_xaxis().set_visible(False)
    ax.get_yaxis().set_visible(False)
    # 可视化自编码器学习的结果
    ax = plt.subplot(2, n, i + 1 + n)
    plt.imshow(decoded_imgs[i].reshape(28, 28))
    plt.gray()
    ax.get_xaxis().set_visible(False)
    ax.get_yaxis().set_visible(False)
plt.show()
```

最后一次迭代的结果为：

```
Epoch 50/50
60000/60000 [=======]60000/60000 [=====] - 2s 26us/step - loss: 0.0927 - val_
loss: 0.0917
```

可视化比较结果如图 12-3 所示。

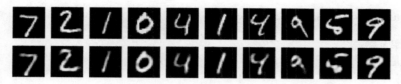

图 12-3    自编码器解析手写数字

由此可以看出，这个自编码器的学习能力还是很强的。这里只用了一个隐含层，如果使用更多隐含层，其效果应该更好。下节我们将介绍 3 个隐含层的自编码器，并用它来实现预测功能。

## 12.4    实例：用自编码预测信用卡欺诈

本节根据信用卡数据，使用自动编码器进行异常检测，并根据模型进行欺诈预测。欺诈异常检测的基本思路为：

1）在 X_train 上训练一个自动编码器，进行正规化预处理。

2）对验证集 X_val 进行评估，并可视化结果。

3）选择一个阈值，该阈值确定一个值是否为异常值（异常值）。

4）自编码的网络结构图。

使用自编码预测信用卡欺诈网络结构图如图 12-4 所示。

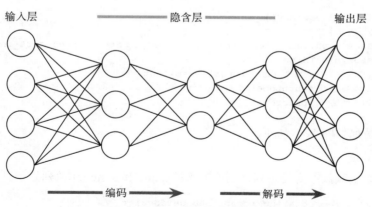

图 12-4    使用自编码预测信用卡欺诈网络结构图

这里使用的数据源包含两天的 284807 笔交易记录，其中有 492 笔交易标注为欺诈。影响欺诈因素包含有 28 个数值型自变量 v1 to v28，这份不是原始数据，而是经过 PCA 主成分分析后产生的 28 个主成分变量。另外，有两个变量没有改变——交易 Time 和交易金额

Amount，其中 Time 是表示该笔交易与前一笔交易的间隔时间（秒），最后一列为标签 class，共 31 列。

以下代码使用环境：Python3.6，TensorFlow1.6。

### 1. 导入库及数据

具体代码如下：

```python
import numpy as np
import pandas as pd
import tensorflow as tf
# 为显示中文，导入中文字符集
import matplotlib.font_manager as fm
myfont = fm.FontProperties(fname='/home/wumg/anaconda3/lib/python3.6/site-
        packages/matplotlib/mpl-data/fonts/ttf/simhei.ttf')

import matplotlib.pyplot as plt
%matplotlib inline
# 定义文件路径，检查路径是否正确，然后查看前 5 行数据。
try:
    data = pd.read_csv("./creditcard/creditcard.csv")
except Exception as e:
    data = pd.read_csv("creditcard.csv")
```

### 2. 查看数据分布

具体代码如下：

```python
# 查看数据集 data 的大小
data.shape
# 查看是否有空值的情况
data.isnull().values.any()
# 查看标签数据的分布情况
count_classes = pd.value_counts(data['Class'], sort = True).sort_index()
count_classes.plot(kind = 'bar')
plt.title(" 欺诈类直方图 ",fontproperties=myfont)
plt.xlabel(" 类别 ",fontproperties=myfont)
plt.ylabel(" 频度 ",fontproperties=myfont)
```

数据分布情况如图 12-5 所示。

### 3. 数据预处理

正规化交易金额数据为另一列，删除原来的 Time 和 Amount 两列。

```python
from sklearn.preprocessing import StandardScaler

data['normAmount'] = StandardScaler().fit_transform(data['Amount'].reshape(-1,
1))
data = data.drop(['Time','Amount'],axis=1)
data.head()
```

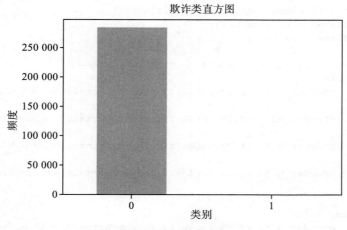

图 12-5 数据直方分布图

效果如图 12-6 所示。

| V9 | V10 | ... | V21 | V22 | V23 | V24 | V25 | V26 | V27 | V28 | Class | normAmount |
|---|---|---|---|---|---|---|---|---|---|---|---|---|
| .363787 | 0.090794 | ... | -0.018307 | 0.277838 | -0.110474 | 0.066928 | 0.128539 | -0.189115 | 0.133558 | -0.021053 | 0 | 0.244964 |
| .255425 | -0.166974 | ... | -0.225775 | -0.638672 | 0.101288 | -0.339846 | 0.167170 | 0.125895 | -0.008983 | 0.014724 | 0 | -0.342475 |
| .514654 | 0.207643 | ... | 0.247998 | 0.771679 | 0.909412 | -0.689281 | -0.327642 | -0.139097 | -0.055353 | -0.059752 | 0 | 1.160686 |
| .387024 | -0.054952 | ... | -0.108300 | 0.005274 | -0.190321 | -1.175575 | 0.647376 | -0.221929 | 0.062723 | 0.061458 | 0 | 0.140534 |
| .817739 | 0.753074 | ... | -0.009431 | 0.798278 | -0.137458 | 0.141267 | -0.206010 | 0.502292 | 0.219422 | 0.215153 | 0 | -0.073403 |

图 12-6 数据预处理

## 4. 定义自动编码类

具体代码如下：

```
class Autoencoder(object):

    def __init__(self, n_hidden_1, n_hidden_2, n_input, learning_rate):
        self.n_hidden_1 = n_hidden_1
        self.n_hidden_2 = n_hidden_2
        self.n_input = n_input

        self.learning_rate = learning_rate

        self.weights, self.biases = self._initialize_weights()

        self.x = tf.placeholder("float", [None, self.n_input])

        self.encoder_op = self.encoder(self.x)
        self.decoder_op = self.decoder(self.encoder_op)

        self.cost = tf.reduce_mean(tf.pow(self.x - self.decoder_op, 2))
        self.optimizer = tf.train.RMSPropOptimizer(self.learning_rate).\
                    minimize(self.cost)
```

```
            init = tf.global_variables_initializer()
            self.sess = tf.Session()
            self.sess.run(init)

        def _initialize_weights(self):
            weights = {
                'encoder_h1': tf.Variable(tf.random_normal([self.n_input, self.n_
hidden_1])),
                'encoder_h2': tf.Variable(tf.random_normal([self.n_hidden_1, self.n_
hidden_2])),
                'decoder_h1': tf.Variable(tf.random_normal([self.n_hidden_2, self.n_
hidden_1])),
                'decoder_h2': tf.Variable(tf.random_normal([self.n_hidden_1, self.n_
input])),
            }
            biases = {
                'encoder_b1': tf.Variable(tf.random_normal([self.n_hidden_1])),
                'encoder_b2': tf.Variable(tf.random_normal([self.n_hidden_2])),
                'decoder_b1': tf.Variable(tf.random_normal([self.n_hidden_1])),
                'decoder_b2': tf.Variable(tf.random_normal([self.n_input])),
            }

            return weights, biases

        def encoder(self, X):
            layer_1 = tf.nn.sigmoid(tf.add(tf.matmul(X, self.weights['encoder_h1']),
                                    self.biases['encoder_b1']))
            layer_2 = tf.nn.sigmoid(tf.add(tf.matmul(layer_1, self.weights
['encoder_h2']),
                                    self.biases['encoder_b2']))
            return layer_2

        def decoder(self, X):
            layer_1 = tf.nn.sigmoid(tf.add(tf.matmul(X, self.weights['decoder_h1']),
                                    self.biases['decoder_b1']))
            layer_2 = tf.nn.sigmoid(tf.add(tf.matmul(layer_1, self.weights
['decoder_h2']),
                                    self.biases['decoder_b2']))
            return layer_2

        def calc_total_cost(self, X):
            return self.sess.run(self.cost, feed_dict={self.x: X})

        def partial_fit(self, X):
            cost, opt = self.sess.run((self.cost, self.optimizer), feed_dict={self.x:
X})
            return cost

        def transform(self, X):
            return self.sess.run(self.encoder_op, feed_dict={self.x: X})

        def reconstruct(self, X):
            return self.sess.run(self.decoder_op, feed_dict={self.x: X})
```

## 5. 把数据集划分为训练集和测试集

具体代码如下：

```
# 把标签类型转换为数字型
from sklearn.model_selection import train_test_split
good_data = data[data['Class'] == 0]
bad_data = data[data['Class'] == 1]

# 把数据集划分为训练集与测试集（分别为 80% 和 20%）
X_train, X_test = train_test_split(data, test_size=0.2, random_state=42)

X_train = X_train[X_train['Class']==0]
X_train = X_train.drop(['Class'], axis=1)

y_test = X_test['Class']
X_test = X_test.drop(['Class'], axis=1)

X_train = X_train.values
X_test = X_test.values

# 定义标签
X_good = good_data.loc[:, good_data.columns != 'Class']
y_good = good_data.loc[:, good_data.columns == 'Class']

X_bad = bad_data.loc[:, bad_data.columns != 'Class']
y_bad = bad_data.loc[:, bad_data.columns == 'Class']
```

## 6. 训练模型

具体代码如下：

```
# 创建模型
model = Autoencoder(n_hidden_1=15, n_hidden_2=3, n_input=X_train.shape[1],
learning_rate = 0.01)

# 定义训练步数、批量大小等超参数
training_epochs = 100
batch_size = 256
display_step = 20
record_step = 10

# 训练模型
total_batch = int(X_train.shape[0]/batch_size)

cost_summary = []

for epoch in range(training_epochs):
    cost = None
    for i in range(total_batch):
        batch_start = i * batch_size
        batch_end = (i + 1) * batch_size
        batch = X_train[batch_start:batch_end, :]
```

```
        cost = model.partial_fit(batch)

    if epoch % display_step == 0 or epoch % record_step == 0:
        total_cost = model.calc_total_cost(X_train)

        if epoch % record_step == 0:
            cost_summary.append({'epoch': epoch+1, 'cost': total_cost})

        if epoch % display_step == 0:
            print("Epoch:{}, cost={:.9f}".format(epoch+1, total_cost))
```

打印结果：

```
Epoch:1, cost=0.916644812
Epoch:21, cost=0.877950072
Epoch:41, cost=0.874071598
Epoch:61, cost=0.873247623
Epoch:81, cost=0.873801231
```

### 7. 查看迭代步数与损失值的关系

具体代码如下：

```
f, ax1 = plt.subplots(1, 1, figsize=(10,4))

ax1.plot(list(map(lambda x: x['epoch'], cost_summary)), list(map(lambda x:
x['cost'], cost_summary)))
ax1.set_title(' 损失值 ',fontproperties=myfont)

plt.xlabel(' 迭代次数 ',fontproperties=myfont)
plt.show()
```

对应关系如图 12-7 所示。

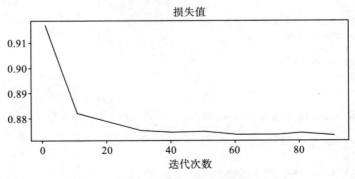

图 12-7　迭代次数与损失值的对应关系图

### 8. 测试模型

具体代码如下：

```python
# 测试模型
encode_decode = None
total_batch = int(X_test.shape[0]/batch_size) + 1
for i in range(total_batch):
    batch_start = i * batch_size
    batch_end = (i + 1) * batch_size
    batch = X_test[batch_start:batch_end, :]
    batch_res = model.reconstruct(batch)
    if encode_decode is None:
        encode_decode = batch_res
    else:
        encode_decode = np.vstack((encode_decode, batch_res))
# 获取性能指标
def get_df(orig, ed, _y):
    rmse = np.mean(np.power(orig - ed, 2), axis=1)
    return pd.DataFrame({'rmse': rmse, 'target': _y})

df = get_df(X_test, encode_decode, y_test)
# 查看指标的统计信息
df.describe()
```

测试结果如下：

| | rmse | target |
|---|---|---|
| count | 56962.000000 | 56962.000000 |
| mean | 0.894084 | 0.001720 |
| std | 3.736342 | 0.041443 |
| min | 0.044769 | 0.000000 |
| 25% | 0.280713 | 0.000000 |
| 50% | 0.473579 | 0.000000 |
| 75% | 0.763927 | 0.000000 |
| max | 261.915347 | 1.000000 |

从结果来看，预测指标还不错。

## 12.5 小结

自编码器当初用来特征提取、数据预处理，成为深度网络的重要组成部分。目前，这些功能淡化了，现在深度学习网络能自动提取特征。不过，作为深度学习网络的基础，它在很多方面还在发挥积极的作用。本章首先介绍自编码器的一般结构，然后说明它的一个重要分类——降噪自编码，最后通过两个实例，进一步说明如何用 TensorFlow 实现自编码器，如何应用自编码器进行预测等。

# 第 13 章

# TensorFlow 实现 Word2Vec

在自然语言处理（NLP）中，要想让机器识别语言，就需要将自然语言抽象成可被机器理解的数字。在自然语言处理中，最细粒度是字或词，由字、词组成句子，再由句子组成段落、篇章、文档等。所以处理 NLP 的问题，首先就要解决字或词的数字表示。如何实现这点呢？把字词转换为向量是常用方法，将单词或词汇映射到一个新的空间中，并以多维的连续实数向量进行表示叫作词表示（Word Represention）或词嵌入（Word Embedding）。其实图像、语音、音频等为了能被机器识别，也需要把它们转换成向量或矩阵。

21 世纪以来，人们逐渐从原始的词向量稀疏表示法过渡到现在的低维空间中的密集表示。用稀疏表示法在解决实际问题时经常会遇到维数灾难，并且语义信息无法表示，无法揭示词汇之间的潜在联系。而采用低维空间表示法，不但解决了维数灾难问题，并且挖掘了词汇之间的关联属性，从而提高了向量语义上的准确度。本章将介绍词向量稀疏表示与底空间表示的具体内容，以及各自的优缺点，并通过一个 TensorFlow 实例说明如何使用 Word2Vec。

## 13.1 词向量及其表达

在自然语言处理（NLP）任务中，我们将自然语言交给机器学习算法来处理，但机器无法直接理解人类的语言，因此首先要做的就是将语言数字化。如何对自然语言进行数字化呢？词向量提供了一种很好的方式。何为词向量？简单来说就是，对字典 D 中的任意词 $w$，指定一个固定长度的实值向量：$v(w) \in R^m$，$v(w)$ 就称为 $w$ 的词向量，$m$ 为词量的长度。

把字或词转换为词向量的方式有很多，目前比较典型的词向量表示法有独热表示（one-hot representation）和分布式表示（Distributional Representation）两种。

### 1. 独热表示

最初人们把字词转换成离散的单独数字，就像我们开始电报的表示方法，比如将"中国"转换为 5178，将"北京"转换 3987，诸如此类。后来，人们认为这种表示方法不够方便灵活，所以把这种方式转换为独热表示方法，独热表示的向量长度为词典的大小，向量的分量只有一个 1，其他全为 0，1 的位置对应该词在词典中的位置。例如

"汽车"表示为 [0 0 0 1 0 0 0 0 0 0 0 0 0 0 0 ...]

"启动"表示为 [0 0 0 0 0 0 0 0 1 0 0 0 0 0 0 ...]

对字或词转换为独热向量，而整篇文章则转换为一个稀疏矩阵。对于文本分类问题，我们一般使用词袋模型（Bag of words），最后把文章对应的稀疏矩阵合并为一个向量，然后统计每个词出现的频率。这种表示方法的优点是：存储简洁，实现时就可以用序列号 0,1,2,3…来表示词语，如"汽车"就为 3，"启动"为 8。但其缺点也很明显：

❑ 容易受维数灾难的困扰，尤其是将其用于深度学习算法时。

❑ 任何两个词都是孤立的，存在语义鸿沟词（任意两个词之间都是孤立的，不能体现词和词之间的关系）。为了克服此不足，人们提出了另一种表示方法，即分布式表示。

### 2. 分布式表示

分布式表示最早是 Hinton 于 1986 年提出的，可以克服独热表示的缺点。解决词汇与位置无关问题，可以通过计算向量之间的距离（欧式距离、余弦距离等）来体现词与词的相似性。其基本想法是直接用一个普通的向量表示一个词，此向量为：[0.792, −0.177, −0.107, 0.109, −0.542, ...]，常见维度 50 或 100。用这种方式表示的向量，"麦克"和"话筒"的距离会远远小于"麦克"和"天气"的距离。

词向量的分布式表示的优点是解决了词汇与位置无关的问题，不足是学习过程相对复杂且受训练语料的影响很大。训练这种向量表示的方法较多，常见的有 LSA、PLSA、LDA、Word2Vec 等，其中 Word2Vec 是 Google 在 2013 年开源的一个工具，Word2Vec 是一款用于词向量计算的工具，同时也是一套生成词向量的算法方案。Word2Vec 算法的背后是一个浅层神经网络，其网络深度仅为 3 层，所以严格说 Word2Vec 并非深度学习范畴。但其生成的词向量在很多任务中都可以作为深度学习算法的输入，因此在一定程度上可以说 Word2Vec 技术是深度学习在 NLP 领域的基础。Word2Vec 模型有两种模式：

❑ CBOW(Continuous Bag-Of-Words)

❑ Skip-Gram

下节我们将介绍 Word2Vec 的两种模式（Word2Vec 原理）。

## 13.2　Word2Vec 原理

在介绍 Word2Vec 原理之前，我们先看对一句话的两种预测方式：

假设有这样一句话：今天 下午 2 点钟 搜索 引擎 组 开 组会。

### 方法 1（根据上下文预测目标值）

对于每一个词汇（word），使用该词汇周围的词汇来预测当前词汇生成的概率。假设目

标值为"2点钟",我们可以使用"2点钟"的上文"今天、下午"和"2点钟"的下文"搜索、引擎、组"来生成或预测。

**方法2(由目标值预测上下文)**

对于每一个词汇,使用该词汇本身来预测生成其他词汇的概率。如使用"2点钟"来预测其上下文"今天、下午、搜索、引擎、组"中的每个词。

这两个方法共同的限制条件是:对于相同的输入,输出每个词汇的概率之和为1。

两个方法分别对应Word2Vec模型的两种模式,即CBOW模型和Skip-Gram模型。根据上下文生成目标值(即方法1)使用CBOW模型,根据目标值生成上下文(即方法2)采用Skim-gram模型。

### 13.2.1  CBOW 模型

CBOW模型包含三层:输入层、映射层和输出层。其架构如图13-1所示。CBOW模型中的$w(t)$为目标词,在已知它的上下文$w(t-2)$、$w(t-1)$、$w(t+1)$、$w(t+2)$的前提下预测词$w(t)$出现的概率,即:$p(w/\text{context}(w))$。目标函数为:

$$\mathcal{L} = \sum_{w \in c} \log p\big(w \,|\, \text{Context}\,(w)\big) \tag{13.1}$$

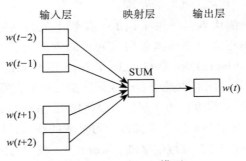

图 13-1    CBOW 模型

CBOW模型训练其实就是根据某个词前后若干词来预测该词,这其实可以看成是多分类。最朴素的想法就是直接使用softmax来分别计算每个词对应的归一化的概率。但对于动辄十几万词汇量的场景中使用softmax计算量太大,于是需要用一种二分类组合形式的hierarchical softmax,即输出层为一棵二叉树。

### 13.2.2  Skim-gram 模型

Skim-gram模型同样包含三层:输入层、映射层和输出层。其架构如图13-2所示。Skip-Gram模型中的$w(t)$为输入词,在已知词$w(t)$的前提下预测词$w(t)$的上下文$w(t-2)$、$w(t-1)$、$w(t+1)$、$w(t+2)$,条件概率写为:$p(\text{context}(w)/w)$。目标函数为:

$$\mathcal{L} = \sum_{w \in c} \log p\big(\text{Context}(w)\,|\,w\big) \tag{13.2}$$

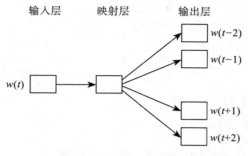

图 13-2　Skim-gram 模型

Skip-Gram 的基本思想，我们通过一个简单例子来说明。假设我们有个句子：

```
the quick brown fox jumped over the lazy dog
```

接下来，我们根据 Skip-Gram 算法的基本思想，把这个语句生成由系列（输入，输出）构成的数据集，详细结果如表 13-1 所示。如何构成这样一个数据集呢？我们首先对一些单词以及它们的上下文环境建立一个数据集。我们可以以任何合理的方式定义"上下文"，这里我们把目标单词的左右单词视作一个上下文，使用大小为 1 的窗口（即 window_size=1），也就是说我们仅选输入词前后各 1 个词和输入词进行组合，就得到这样一个由（上下文，目标单词）组成的数据集：

表 13-1　由 Skip-Gram 算法构成的训练数据集

| 输入单词 | 左边单词<br>（上文） | 右边单词<br>（下文） | （上下文，目标单词） | （输入，输出）<br>skip-gram 根据目标单词预测上下文 |
|---|---|---|---|---|
| quick | the | brown | ([the, brown], quick) | (quick, the)<br>(quick, brown) |
| brown | quick | fox | ([quick, fox], brown) | (brown, quick)<br>(brown, fox) |
| fox | brown | jumped | ([brown, jumped], fox) | (fox, brown)<br>(fox, jumped) |
| ... | ... | ... | ... | ... |
| lazy | the | dog | ([the, dog], lazy) | (lazy, the)<br>(lazy, dog) |

## 13.3　实例：TensorFlow 实现 Word2Vec

前几节我们介绍了实现 Word2Vec 的两种模型，以及这两种模型的主要思想。为了让大家更好地理解 Word2Vec，本节我们用 TensorFlow 来具体实现 Skip-Gram 模型。这里的运行环境为 Python3.6，TensorFlow1.6。

（1）导入需要的库

```
%matplotlib inline
from __future__ import print_function
import collections
import math
import numpy as np
import os
import random
import tensorflow as tf
import zipfile
from matplotlib import pylab
from six.moves import range
from six.moves.urllib.request import urlretrieve
from sklearn.manifold import TSNE
```

（2）读取本地数据

```
def read_data(filename):
    """ 将包含在 zip 文件中的第一个文件解压缩为单词列表 """
    with zipfile.ZipFile(filename) as f:
        data = tf.compat.as_str(f.read(f.namelist()[0])).split()
    return data

words = read_data("text8.zip")
print('Data size %d' % len(words))
```

打印结果：

```
Data size 17005207
```

（3）构建数据集

```
vocabulary_size = 50000

def build_dataset(words):
    count = [['UNK', -1]]
    count.extend(collections.Counter(words).most_common(vocabulary_size - 1))
    dictionary = dict()
    for word, _ in count:
        dictionary[word] = len(dictionary)
    data = list()
    unk_count = 0
    for word in words:
        if word in dictionary:
            index = dictionary[word]
        else:
            index = 0  # dictionary['UNK']
            unk_count = unk_count + 1
        data.append(index)
    count[0][1] = unk_count
    reverse_dictionary = dict(zip(dictionary.values(), dictionary.keys()))
    return data, count, dictionary, reverse_dictionary
```

```
data, count, dictionary, reverse_dictionary = build_dataset(words)
print('Most common words (+UNK)', count[:5])
print('Sample data', data[:10])
del words  # Hint to reduce memory.
```

（4）生成批量数据

```
data_index = 0

def generate_batch(batch_size, num_skips, skip_window):
    global data_index
    assert batch_size % num_skips == 0
    assert num_skips <= 2 * skip_window
    batch = np.ndarray(shape=(batch_size), dtype=np.int32)
    labels = np.ndarray(shape=(batch_size, 1), dtype=np.int32)
    span = 2 * skip_window + 1 # [ skip_window target skip_window ]
    buffer = collections.deque(maxlen=span)
    for _ in range(span):
        buffer.append(data[data_index])
        data_index = (data_index + 1) % len(data)
    for i in range(batch_size // num_skips):
        target = skip_window  # target label at the center of the buffer
        targets_to_avoid = [ skip_window ]
        for j in range(num_skips):
            while target in targets_to_avoid:
                target = random.randint(0, span - 1)
            targets_to_avoid.append(target)
            batch[i * num_skips + j] = buffer[skip_window]
            labels[i * num_skips + j, 0] = buffer[target]
        buffer.append(data[data_index])
        data_index = (data_index + 1) % len(data)
    return batch, labels

print('data:', [reverse_dictionary[di] for di in data[:8]])

for num_skips, skip_window in [(2, 1), (4, 2)]:
    data_index = 0
    batch, labels = generate_batch(batch_size=8, num_skips=num_skips, skip_
                    window=skip_window)
    print('\nwith num_skips = %d and skip_window = %d:' % (num_skips, skip_
                    window))
    print('    batch:', [reverse_dictionary[bi] for bi in batch])
    print('    labels:', [reverse_dictionary[li] for li in labels.reshape(8)])
```

打印结果：

```
data: ['anarchism', 'originated', 'as', 'a', 'term', 'of', 'abuse', 'first']

with num_skips = 2 and skip_window = 1:
    batch: ['originated', 'originated', 'as', 'as', 'a', 'a', 'term', 'term']
    labels: ['anarchism', 'as', 'originated', 'a', 'term', 'as', 'of', 'a']

with num_skips = 4 and skip_window = 2:
    batch: ['as', 'as', 'as', 'as', 'a', 'a', 'a', 'a']
    labels: ['term', 'a', 'originated', 'anarchism', 'term', 'originated', 'as',
'of']
```

（5）定义模型

```python
batch_size = 128
embedding_size = 128 # Dimension of the embedding vector.
skip_window = 1 # How many words to consider left and right.
num_skips = 2 # How many times to reuse an input to generate a label.
# 我们选择一个随机验证集来对最近的邻居进行采样
# 在这里，我们将验证样本限制为具有较低数字 ID 的词
valid_size = 16 # Random set of words to evaluate similarity on.
valid_window = 100 # Only pick dev samples in the head of the distribution.
valid_examples = np.array(random.sample(range(valid_window), valid_size))
num_sampled = 64 # Number of negative examples to sample.

graph = tf.Graph()

with graph.as_default(), tf.device('/cpu:0'):

    # 输入数据
    train_dataset = tf.placeholder(tf.int32, shape=[batch_size])
    train_labels = tf.placeholder(tf.int32, shape=[batch_size, 1])
    valid_dataset = tf.constant(valid_examples, dtype=tf.int32)

    # 变量
    embeddings = tf.Variable(
        tf.random_uniform([vocabulary_size, embedding_size], -1.0, 1.0))
    softmax_weights = tf.Variable(
        tf.truncated_normal([vocabulary_size, embedding_size],
                            stddev=1.0 / math.sqrt(embedding_size)))
    softmax_biases = tf.Variable(tf.zeros([vocabulary_size]))

    # 建模
    # 查看输入的嵌入词.
    embed = tf.nn.embedding_lookup(embeddings, train_dataset)
    # Compute the softmax loss, using a sample of the negative labels each time.
    loss = tf.reduce_mean(
            tf.nn.sampled_softmax_loss(weights=softmax_weights, biases=softmax_
biases, inputs=embed,
                                       labels=train_labels, num_sampled=num_sampled,
num_classes=vocabulary_size))

    # 优化器
    #注意: 优化器将优化 softmax_weights 和嵌入。
    #这是因为嵌入被定义为一个可变的数量和。
    #优化器的 `minim` 方法默认会修改所有变量的数量。
    #这有助于张量传递。
    #查看关于 `tf.train.Optimizer.minimize()` 的文档了解更多细节。
    optimizer = tf.train.AdagradOptimizer(1.0).minimize(loss)

    # 计算 minibatch 示例和所有嵌入之间的相似度。
    #我们使用余弦距离:
    norm = tf.sqrt(tf.reduce_sum(tf.square(embeddings), 1, keepdims=True))
    normalized_embeddings = embeddings / norm
    valid_embeddings = tf.nn.embedding_lookup(
        normalized_embeddings, valid_dataset)
```

```
similarity = tf.matmul(valid_embeddings, tf.transpose(normalized_
    embeddings))
```

（6）训练模型

```
num_steps = 10000
with tf.Session(graph=graph) as session:
    tf.global_variables_initializer().run()
    print('Initialized')
    average_loss = 0
    for step in range(num_steps):
        batch_data, batch_labels = generate_batch(
            batch_size, num_skips, skip_window)
        feed_dict = {train_dataset : batch_data, train_labels : batch_labels}
        _, l = session.run([optimizer, loss], feed_dict=feed_dict)
        average_loss += l
        if step % 2000 == 0:
            if step > 0:
                average_loss = average_loss / 2000
            # 平均损失是对过去 2000 批次损失的估计
            print('Average loss at step %d: %f' % (step, average_loss))
            average_loss = 0
        # 请注意，这代价较大（如果每 500 步计算一次，则减速一 20%）
        if step % 10000 == 0:
            sim = similarity.eval()
            for i in range(valid_size):
                valid_word = reverse_dictionary[valid_examples[i]]
                top_k = 8 # number of nearest neighbors
                nearest = (-sim[i, :]).argsort()[1:top_k+1]
                log = 'Nearest to %s:' % valid_word
                for k in range(top_k):
                    close_word = reverse_dictionary[nearest[k]]
                    log = '%s %s,' % (log, close_word)
                print(log)
    final_embeddings = normalized_embeddings.eval()
```

（7）可视化词向量

```
num_points = 100

tsne = TSNE(perplexity=30, n_components=2, init='pca', n_iter=5000)
two_d_embeddings = tsne.fit_transform(final_embeddings[1:num_points+1, :])


def plot(embeddings, labels):
    assert embeddings.shape[0] >= len(labels), 'More labels than embeddings'
    pylab.figure(figsize=(15,15))  # in inches
    for i, label in enumerate(labels):
        x, y = embeddings[i,:]
        pylab.scatter(x, y)
        pylab.annotate(label, xy=(x, y), xytext=(5, 2), textcoords='offset points',
                       ha='right', va='bottom')
    pylab.show()

words = [reverse_dictionary[i] for i in range(1, num_points+1)]
```

```
plot(two_d_embeddings, words)
```

可视化结果如图 13-3 所示。

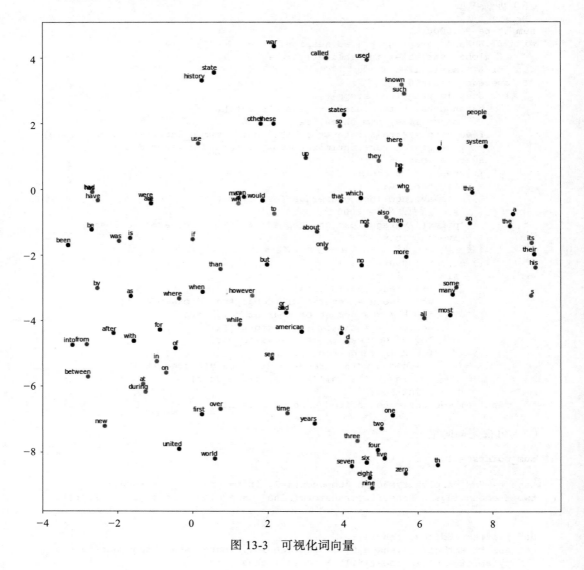

图 13-3    可视化词向量

## 13.4    小结

Word2Vec 属于语言预处理部分，主要功能是实现单词数值化、向量化，是语言处理的重要内容。本章介绍了 Word2Vec 的基本框架及实现的两种模型，然后通过一个 TensorFlow 实例详细说明了如何实现 Word2Vec。

第 14 章

# TensorFlow 卷积神经网络

前面我们介绍了多层神经网络、自编码器等，这些神经网络层之间都采用全连接方式。采用全连接方式，如果数据量不很大，性能问题不大。如果遇到高维数据，性能可能会马上成为瓶颈。比如训练一张 $1000 \times 1000$ 像素的灰色图片，输入节点数就是 $1000 \times 1000$，如果隐含层节点是 100，那么输入层到隐含层间的权重矩阵就是 $1000000 \times 100$！如果还要增加隐含层，然后进行 BP，那结果可想而知。这还不是全部，采用全连接方式还容易导致过拟合。因此为了更有效地处理像图片、视频、音频、自然语言等大数据，必须另辟蹊径。经过多年不懈努力，人们终于找到了一些有效方法或工具。其中卷积神经网络、循环神经网络就是典型代表。接下来我们将介绍卷积神经网络，下一章将介绍循环神经网络。

那卷积神经网络是如何解决天量参数、过拟合等问题的呢？卷积神经网络这么神奇，如何用代码实现？本章就是为了解决这些问题而设置的，本章主要内容为：

- ❑ 卷积神经网络简介
- ❑ 卷积定义
- ❑ 卷积运算
- ❑ 卷积层
- ❑ 池化层
- ❑ 实例：用 TensorFlow 实现一个卷积神经网络

## 14.1 卷积神经网络简介

卷积神经网路（Convolutional Neural Network，CNN）是一种前馈神经网络，对于 CNN 最早可以追溯到 1986 年 BP 算法的提出，1989 年 LeCun 将其用到多层神经网络中，直到 1998 年 LeCun 提出 LeNet-5 模型，神经网络的雏形基本形成。在接下来近十年的时间里，卷积神经网络的相关研究处于低谷，原因有两个：一是研究人员意识到多层神经网络在进行 BP 训练时的计算量极其之大，当时的硬件计算能力完全不可能实现；二是包括

SVM 在内的浅层机器学习算法也开始崭露头角。

2006 年，Hinton 一鸣惊人，在《科学》上发表文章，CNN 再度觉醒，并取得长足发展。2012 年，ImageNet 大赛上 CNN 夺冠。2014 年，谷歌研发出 20 层的 VGG 模型。同年，DeepFace、DeepID 模型横空出世，直接将 LFW 数据库上的人脸识别、人脸认证的正确率刷到 99.75%，已超越人类平均水平。

卷积神经网路由一个或多个卷积层和顶端的全连通层（对应经典的神经网路）组成，同时也包括关联权重和池化层（pooling Layer）等。图 14-1 就是一个卷积神经网络架构。

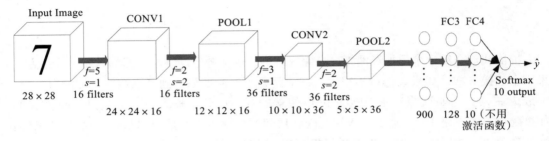

图 14-1　卷积神经网络示意图

与其他深度学习结构相比，卷积神经网络在图像和语音识别方面能够给出更好的结果。这一模型也可以使用反向传播算法进行训练。相比其他深度、前馈神经网络，卷积神经网络使用更少的参数，却能获得更高的性能。

图 14-1 为卷积神经网络的一般结构，其中包括卷积神经网络的常用层，如卷积层、池化层、全连接层和输出层；有些还包括其他层，如正则化层、高级层等。接下来我们就各层的结构、原理等进行详细说明。

## 14.2　卷积层

卷积层是卷积神经网络的核心层，而卷积（Convolution）又是卷积层的核心。卷积我们直观的理解，就是两个函数的一种运算，这种运算称为卷积运算。这样说或许比较抽象，我们还是先抛开复杂概念，先从具体实例开始吧。图 14-2 就是一个简单的二维空间卷积运算示例，虽然简单，但却包含了卷积的核心内容。

在图 14-2 中，输入和卷积核都是张量，卷积运算就是用卷积分别乘以输入张量中的每个元素，然后输出一个代表每个输入信息的张量。其中卷积核（kernel）又被称为权重过滤器，也可以简称为过滤器（filter）。接下来我们把输入、卷积核推广到更高维空间上，输入由 2×2 矩阵，拓展为 5×5 矩阵，卷积核由一个标量拓展为一个 3×3 矩阵，如图 14-3 所示。这时我们该如何进行卷积呢？

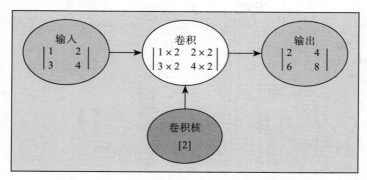

图 14-2　在二维空间上的一个卷积运算

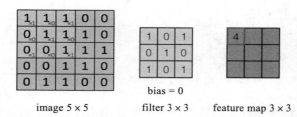

image 5 × 5　　　filter 3 × 3　　　feature map 3 × 3

图 14-3　卷积神经网络卷积运算，生成右边矩阵中第 1 行第 1 列的数据

用卷积核中每个元素，乘以对应输入矩阵中的对应元素，这点还是一样，但输入张量为 5×5 矩阵，而卷积核为 3×3 矩阵，所以这里首先就要解决一个如何对应的问题，这个问题解决了，这个推广也就完成了。把卷积核作为在输入矩阵上一个移动窗口，对应关系就迎刃而解。

卷积核如何确定？卷积核如何在输入矩阵中移动？移动过程中出现超越边界如何处理？这些因移动可能带来的问题，接下来我们将进行说明。

## 14.2.1　卷积核

卷积核，从这个名字可以看出它的重要性，它是整个卷积过程的核心。比较简单的卷积核或过滤器有 Horizontalfilter、Verticalfilter、Sobel filter 等。这些过滤器能够检测图像的水平边缘、垂直边缘、增强图片中心区域权重等。过滤器的具体作用，我们通过以下一些图来说明。

1）垂直边缘检测，如图 14-4 所示。

这个过滤器是 3×3 矩阵（注：过滤器一般是奇数阶矩阵），其特点是有值的是第 1 列和第 3 列，第 2 列为 0。经过这个过滤器作用后，就把原数据垂直边缘检测出来了。

2）水平边缘检测，如图 14-5 所示。

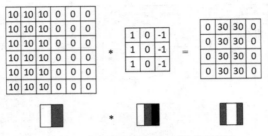

图 14-4    过滤器对垂直边缘的检测

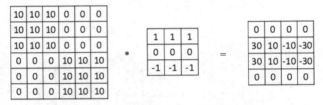

图 14-5    水平过滤器检测水平边缘示意图

这个过滤器也是 3×3 矩阵，其特点是有值的是第 1 行和第 3 行，第 2 行为 0。经过这个过滤器作用后，就把原数据水平边缘检测出来了。

3）过滤器对图像水平边缘检测、垂直边缘检测的效果图，如图 14-6 所示。

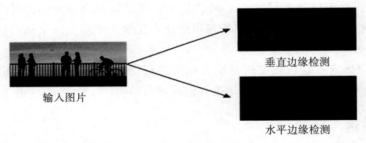

图 14-6    过滤器对图像水平边缘检测、垂直边缘检测后的效果图

以上这些过滤器是比较简单的，在深度学习中，过滤器的作用不仅在于检测垂直边缘、水平边缘等，还需要检测其他边缘特征。

过滤器如何确定呢？过滤器类似于标准神经网络中的权重矩阵 $W$，$W$ 需要通过梯度下降算法反复迭代求得。同样，在深度学习学习中，过滤器也是需要通过模型训练来得到。卷积神经网络主要目的就是计算出这些 filter 的数值。确定得到了这些 filter 后，卷积神经网络的浅层网络也就实现了对图片所有边缘特征的检测。

本节简单说明了卷积核的生成方式及作用。假设卷积核已确定，卷积核如何对输入数据进行卷积运算呢？这将在下节进行介绍。

### 14.2.2　步幅

如何实现对输入数据进行卷积运算？回答这个问题之前，我们先回顾一下图 14-3。在图 14-3 左边的窗口中，左上方有个小窗口，这个小窗口实际上就是卷积核，其中 x 后面的值就是卷积核的值。如第 1 行为：x1、x0、x1 对应卷积核的第 1 行 [1 0 1]。右边窗口中这个 4 是如何得到的呢？就是 5×5 矩阵中由前 3 行、前 3 列构成的矩阵各元素乘以卷积核中对应位置的值，然后累加得到的。即：$1 \times 1 + 1 \times 0 + 1 \times 1 + 0 \times 0 + 1 \times 1 + 1 \times 0 + 0 \times 1 + 0 \times 0 + 1 \times 1 = 4$，右边矩阵中第 1 行第 2 列的值如何得到呢？我们只要把左图中小窗口往右移动一格，然后，进行卷积运算；第 1 行第 3 列，依此类推；第 2 行、第 3 行的值，只要把左边的小窗口往下移动一格，然后再往右即可。看到这里你可能还不是很清楚，没关系，看图 14-7 就一目了然了。

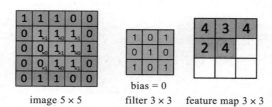

图 14-7　卷积神经网络卷积运算，生成右边矩阵中第 2 行第 2 列的数据

小窗口（实际上就是卷积核或过滤器）在左边窗口中每次移动的格数（无论是自左向右移动，或自上向下移动）称为步幅（strides），在图像中就是跳过的像素个数。上面小窗口每次只移动一格，故参数 strides=1。这个参数也可以是 2 或 3 等数。如果是 2，每次移动时就跳 2 格或 2 个像素，如下图 14-8 所示。

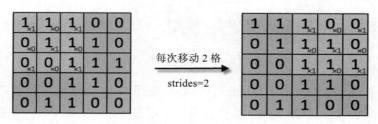

图 14-8　strides=2 示意图

在小窗口移动过程中，其值始终是不变的，都是卷积核的值。换一句话来说，卷积核的值，在整个过程中都是共享的，所以又把卷积核的值称为共享变量。卷积神经网络采用参数共享的方法大大降低了参数的数量。

参数 strides 是卷积神经网络中的一个重要参数，在用 TensorFlow 具体实现时，strides 参数格式为（image_batch_size_stride、image_height_stride、image_width_stride、image_ channels_stride），第 1 个和最后一个参数一般很少修改，主要修改中间两个参数。

在图 14-8 中，小窗口如果继续往右移动 2 格，卷积核窗口部分在输入矩阵之外，如下图 14-9。此时，该如何处理呢？具体处理方法就涉及下节要讲的内容——填充（padding）。

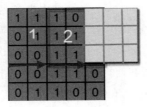

图 14-9　小窗口移动输入矩阵外

### 14.2.3　填充

当输入图片与卷积核不匹配或卷积核超过图片边界时，可以采用边界填充（padding）的方法。即把图片尺寸进行扩展，扩展区域补零。如图 14-10。当然也可不扩展。

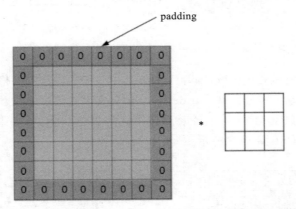

图 14-10　采用 padding 方法，对图片进行扩展，然后补零

根据是否扩展 padding 又分为 Same、Valid，采用 Same 方式时，对图片扩展并补 0；采用 Valid 方式时，对图片不扩展。如何选择呢？在实际训练过程中，一般选择 Same，使用 Same 不会丢失信息。设补 0 的圈数为 $p$，输入数据大小为 $n$，过滤器大小为 $f$，步幅大小为 $s$，则有：

$$p = \frac{f-1}{2} \qquad (14.1)$$

卷积后的大小为：

$$\frac{n+2p-f}{s}+1 \qquad (14.2)$$

TensorFlow 如何计算卷积后的 shape 呢？源码 nn_ops.py 中的 convolution 函数和 pool 函数给出的计算公式如下：

```
If padding == "SAME":
    output_spatial_shape[i] = ceil(input_spatial_shape[i] / strides[i])
If padding == "VALID":
    output_spatial_shape[i] =ceil((input_spatial_shape[i]-(spatial_filter_
shape[i]-1) * dilation_rate[i])/ strides[i])
```

其中 dilation_rate 为可选参数，默认为 1。

整理后，输出的 shape 计算如下：

$$当\ padding==``VALID''\ 时，out\_shape= [\ \frac{n-f+1}{s}\ ] \tag{14.3}$$

$$当\ padding==``SAME''\ 时，out\_shape= [\ \frac{n}{s}\ ] \tag{14.4}$$

其中 $n$ 为输入大小，$f$ 为卷积核大小，$s$ 为步幅大小，[] 表示向上取整。

## 14.2.4  多通道上的卷积

前面我们对卷积在输入数据、卷积核的维度上进行了扩展，但输入数据、卷积核都是单个，如果从图形的角度来说都是灰色的，没有考虑彩色图片情况。在实际应用中，输入数据往往是多通道的，如彩色图片就 3 通道，即 R、G、B 通道。对于 3 通道的情况如何卷积呢？ 3 通道图片的卷积运算与单通道图片的卷积运算基本一致，对于 3 通道的 RGB 图片，其对应的滤波器算子同样也是 3 通道的。例如一个图片是 $6 \times 6 \times 3$，分别表示图片的高度（height）、宽度（weight）和通道（channel）。过程是将每个单通道（R，G，B）与对应的 filter 进行卷积运算求和，然后再将 3 通道的和相加，得到输出图片的一个像素值。具体过程如图 14-11 所示。

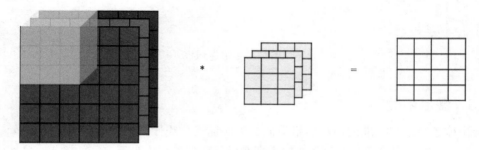

图 14-11  3 通道卷积示意图

为了实现更多边缘检测，可以增加更多的滤波器组。图 14-12 就是两组过滤器 Filter W0 和 Filter W1。$7 \times 7 \times 3$ 的输入，经过两个 $3 \times 3 \times 3$ 的卷积（步幅为 2），得到了 $3 \times 3 \times 2$

的输出。另外我们也会看到图 14-10 中的 **Zero padding** 是 1，也就是在输入元素的周围补了一圈 0。**Zero padding** 对于图像边缘部分的特征提取是很有帮助的，可以防止信息丢失。最后，不同滤波器组卷积得到不同的输出，个数由滤波器组决定。

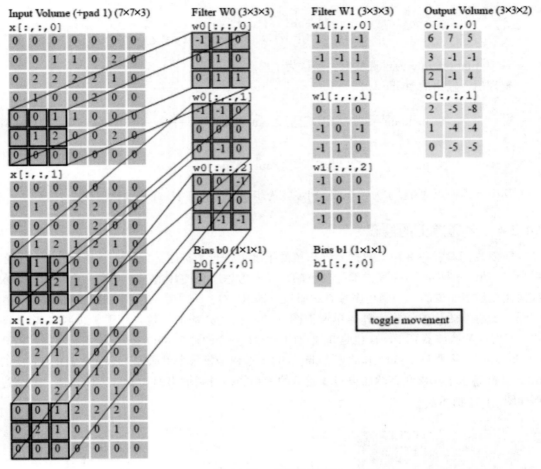

图 14-12　多组卷积核

## 14.2.5　激活函数

卷积神经网络与标准的神经网络类似，为保证其非线性，也需要使用激活函数，即在卷积运算后，把输出值另加偏移量，输入到激活函数，然后作为下一层的输入，如图 14-13 所示。

常用的激活函数有：tf.sigmoid、tf.nn.relu、tf.tanh、tf.nn.dropout 等，这些激活函数的详细介绍可参考本书第 10 章。

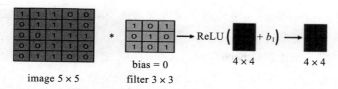

图 14-13　卷积运算后的结果 + 偏移量输入到激活函数 ReLU

## 14.2.6　卷积函数

卷积函数是构建神经网络的重要支架，通常 Tensorflow 的卷积运算是通过 tf.nn.conv2d 来完成。下面先介绍 tf.nn.conv2d 的参数，然后介绍更高层的卷积函数 tf.layers.conv2d。

### 1. conv2d 函数

```
tf.nn.conv2d(input, filter, strides, padding, use_cudnn_on_gpu=None, data_
format=None, name=None)
```

对一个四维的输入数据和四维的卷积核进行操作，然后对输入数据进行一个二维的卷积操作，最后得到卷积之后的结果。

主要参数说明：

❑ input：需要做卷积的输入图像数据，是一个张量，要求具有 [batch, in_height, in_width, in_channels] 的 shape，数据类型必须是 float32 或者 float64。batch 表示运算时一个 batch 的张量数量，in_height 和 in_width 为图像高度和宽度，in_channels 标识图像通道数。

❑ filter：过滤器，也称卷积核（kernel），是一个张量，要求具有 [filter_height, filter_width, in_channels, out_channels] 的 shape，数据类型必须是与 input 输入的数据类型相同。

❑ strides：一个长度是 4 的一维整数类型数组 [image_batch_size_stride, image_height_stride, image_width_stride, image_channels_stride]，每一维度对应的是 input 中每一维的对应移动步数。

❑ padding：定义当过滤器落在边界外时，如何做边界填充，值为字符串，取值为 SAME 或者 VALID；SAME 表示卷积核可以从图像的边缘开始处理。

❑ use_cudnn_on_gpu：一个可选布尔值，默认情况下是 True。

❑ name：为操作取一个名字，结果返回一个 Tensor，这个输出就是 feature map。

### 2. tf.layers.conv2d

```
tf.layers.conv2d(inputs,filters,kernel_size,strides=(1, 1),padding='valid',
data_format='channels_last',dilation_rate=(1, 1),activation=None,use_bias=True,
kernel_initializer=None,bias_initializer=tf.zeros_initializer(),kernel_
regularizer=None,bias_regularizer=None,activity_regularizer=None,kernel_
constraint=None,bias_constraint=None,trainable=True,name=None,reuse=None)
```

layers 模块是 TensorFlow1.5 之后用于深度学习的更高层次封装的 API，利用它我们可以轻松地构建模型。主要参数说明：

- ❑ inputs：必需，即需要进行操作的输入数据。
- ❑ filters：必需，是一个数字，代表了输出通道的个数，即 output_channels。
- ❑ kernel_size：必需，卷积核大小，必须是一个数字（高和宽都是此数字）或者长度为 2 的列表（分别代表高、宽）。
- ❑ strides：可选，默认为（1，1），卷积步长，必须是一个数字（高和宽都是此数字）或者长度为 2 的列表（分别代表高、宽）。
- ❑ padding：可选，默认为 valid，padding 的模式有 valid 和 same 两种，大小写不区分。
- ❑ activation：可选，默认为 None，如果为 None 则是线性激活。
- ❑ activity_regularizer：可选，默认为 None，施加在输出上的正则项。
- ❑ name：可选，默认为 None，卷积层的名称。
- ❑ reuse：可选，默认为 None，布尔类型，如果为 True，那么 name 相同时，会重复利用。
- ❑ 返回值：卷积后的 Tensor。

## 14.3 池化层

池化（Pooling）又称下采样，通过卷积层获得图像的特征后，理论上可以直接使用这些特征训练分类器（如 softmax）。但是，这样做将面临巨大的计算量挑战，而且容易产生过拟合的现象。为了进一步降低网络训练参数及模型的过拟合程度，需要对卷积层进行池化 / 采样（Pooling）处理。池化 / 采样的方式通常有以下三种：

- ❑ 最大池化（Max Pooling：选择 Pooling 窗口中的最大值作为采样值。
- ❑ 均值池化（Mean Pooling）：将 Pooling 窗口中的所有值相加取平均，以平均值作为采样值。
- ❑ 随机池化：借概率的方法，确定选择那一项。

这三种池化方法，可用图 14-14 来描述。

池化层在 CNN 中可用来减小尺寸、提高运算速度及减小噪声影响，让各特征更具有健壮性。池化层比卷积层简单，它没有卷积运算，只是在滤波器算子滑动区域内取最大值或平均值。图像经过池化后，得到的是一系列的特征图，而多层感知器接收的输入是一个向量。因此需要将这些特征图中的像素依次取出，排列成一个向量。

在 TensorFlow 中，最大池化使用 tf.nn.max_pool，平均池化使用 tf.nn.avg_pool。实际应用中，最大池化比其他池化方法更常用。它们的具体格式如下：

```
tf.nn.avg_pool(value, ksize, strides, padding, data_format='NHWC', name=None)
```

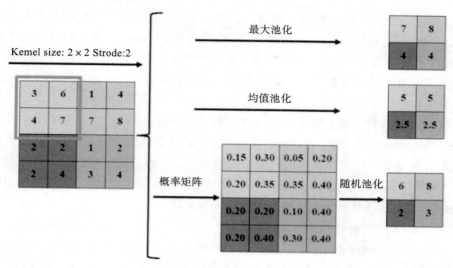

图 14-14　三种池化方法

参数说明：

- value：需要池化的输入，一般池化层接在卷积层后面，所以输入通常是 feature map，依然是 [batch, height, width, channels] 这样的 shape。
- ksize：池化窗口的大小，取一个四维向量，一般是 [1, height, width, 1]，因为不想在 batch 和 channels 上做池化，所以这两个维度设为了 1。
- strides：和卷积类似，窗口在每一个维度上滑动的步长，一般也是 [1, stride, stride, 1]。
- padding：和卷积类似，可以取 VALID 或者 'SAME'。
- data_format：有两个选项，NHWC（默认）和 NCHW。指明输入数据和输出数据的格式，对于 NHWC，数据存储的格式为 [batch, in_height, in_width, in_channels]；对于 NCHW，数据存储顺序为 [batch, in_channels, in_height, in_width]。
- name：为操作取一个名字。结果返回一个 Tensor 类型不变，shape 仍然是 [batch, height, width, channels] 这种形式。

## 14.4　归一化层

归一化层并非卷积神经网络独有，在传统机器学习中也经常使用。归一化是提升模型泛化能力的有效手段，对一些数据变化比较剧烈的模型效果更明显。在深度学习中数据变化往往比较复杂，所以使用归一化方法非常必要。

举个例子，随着第一层和第二层的参数在训练时不断变化，第三层使用的激活函数的输入值可能由于乘法效应而变得极大或极小，例如和第一层使用的激活函数的输入值不在一个数量级上。这种在训练时可能出现的情况会造成模型训练的不稳定。例如，给定一个学习率，在某次参数迭代后，目标函数值会剧烈变化甚至是升高。数学的解释是，如果把目标函数 $f$ 根据参数 $w$ 迭代进行泰勒展开，有关学习率 $\lambda$ 的高阶项的系数可能由于数量级的原因（通常由于层数多）而不容忽略。然而常用的低阶优化算法（如梯度下降）对于不断降低目标函数的有效性通常基于一个基本假设：在以上泰勒展开中把有关学习率的高阶项通通忽略不计。

为了应对上述这种情况，Sergey Ioffe 和 Christian Szegedy 在 2015 年提出了批量归一化（Batch Normalization，BN）的方法。简而言之，就是在训练时给定一个批量输入，批量归一化试图对深度学习模型的某一层所使用的激活函数的输入进行归一化：使批量呈标准正态分布（均值为 0，标准差为 1）。批量归一化通常应用于输入层或任意中间层。BN 归一化在 TensorFlow 中通过 tf.nn.batch_normalization 来实现

在卷积神经网络 ImageNet 中采用另一种归一化方法，这种方法用 TensorFlow 来表示就是：tf.nn.local_response_normalization。ImageNet 卷积神经网络利用该层对来自 tf.nn.relu 的输出进行归一化，因激活函数 ReLU 是无界函数，对其输出进行归一化有利于更有效识别那些高频特征。

## 14.5 TensorFlow 实现简单卷积神经网络

以下是 TensorFlow 实现简单卷积神经网络的几个例子。先从简单的卷积神经开始，便于快速掌握卷积神经网络的核心内容。对简单卷积神经网络有一个基本的了解后，下节将介绍一个进阶的卷积神经网络。

```
import tensorflow as tf
# 以 3×3 单通道的图像为例（对应的 shape:[1,3,3,1]），
# 用一个 1×1 的卷积核（对应的 shape:[1,1,1,1]），
# 步长都为 1，去做卷积，
# 最后会得到一张 3×3 的 feature map
input = tf.Variable(tf.random_normal([1,3,3,5]))
filter = tf.Variable(tf.random_normal([1,1,5,1]))
conv2d_1 = tf.nn.conv2d(input, filter, strides=[1, 1, 1, 1], padding='VALID')
# 如果是 5×5 图像，
# 采用 3×3 的卷积核
# 步长为 1
# 输出 3×3 的 feature
input = tf.Variable(tf.random_normal([1,5,5,5]))
filter = tf.Variable(tf.random_normal([3,3,5,1]))
conv2d_2= tf.nn.conv2d(input, filter, strides=[1, 1, 1, 1], padding='VALID')
# 如果 padding 的值为 'SAME' 时，表示卷积核可以停留在图像边缘，
# 如下，输出 5×5 的 feature map
conv2d_3 = tf.nn.conv2d(input, filter, strides=[1, 1, 1, 1], padding='SAME')
# 步长不为 1 的情况，只有两维，
# 通常 strides 取 [1,image_height_stride,image_width_stride ,1],
# 修改 out_channel 为 3，
```

```
# 输出 3 张 3×3 的 feature map
input = tf.Variable(tf.random_normal([1,5,5,5]))
filter = tf.Variable(tf.random_normal([3,3,5,3]))
conv2d_4 = tf.nn.conv2d(input, filter, strides=[1, 2, 2, 1], padding='SAME')
init = tf.global_variables_initializer()
with tf.Session() as sess:
    sess.run(init)
    print("Example 1:")
    print(sess.run(conv2d_1))
    print("Example 2:")
    print(sess.run(conv2d_2))
    print("Example 3:")
    print(sess.run(conv2d_3))
    print("Example 4:")
    print(sess.run(conv2d_4))
```

## 14.6　TensorFlow 实现进阶卷积神经网络

本节我们将用 TensorFlow 实现一个复杂一点的卷积神经网络，包括两个卷积层、两个池化层、一个展平层、两个全连接层，以及一个输出层，整个网络架构如图 14-1 所示。

在前文的图 14-1 中，f（filter）表示过滤器大小，s（stride）表示步幅大小。CON 层后面紧接一个 POOL 层，CONV1 和 POOL1 构成第一层，CONV2 和 POOL2 构成第二层。特别注意的是 FC3 和 FC4 为全连接层 FC，它跟标准的神经网络结构一致。最后的输出层（softmax）由 10 个神经元构成。整个网络各层的维度如表 14-1 所示，这里引用高层卷积层 layers 及全新的 Dataset 集。

表 14-1　卷积神经网络各层大小及维度

| | f and s | shape |
|---|---|---|
| Input | | （28, 28） |
| CONV1 | （5, 1） | （24, 24, 16） |
| POOL1 | （2, 2） | （12, 12, 16） |
| CONV2 | （3, 1） | （10, 10, 36） |
| POOL2 | （2, 2） | （5, 5, 36） |
| Flat | | （900, 1） |
| FC3 | | （128, 1） |
| FC4 | | （10, 1） |
| Softmax | | （10, 1） |

其中 24，10 数据由式（14.2）计算得到，p=0。

以下为用 TensorFlow 实现该卷积神经网络的详细代码。使用环境为 TensorFlow1.6，Python3.6。

### 1. 导入需要的包

导入需要的包或库，这里需要用到操作系统命令、NumPy 库及 TensorFlow 库。

```python
import os
import struct
import numpy as np
import tensorflow as tf
```

### 2. 自定义独热编码函数

定义一个函数，其功能是将类标签由标量转换为一个独热向量。

```python
def dense_to_one_hot(labels_dense, num_classes=10):
    """ 将类标签从标量转换为一个独热向量 """
    num_labels = labels_dense.shape[0]
    index_offset = np.arange(num_labels) * num_classes
    labels_one_hot = np.zeros((num_labels, num_classes))
    labels_one_hot.flat[index_offset + labels_dense.ravel()] = 1
    return labels_one_hot
```

### 3. 自定义下载函数

自定义一个装载 MNIST 数据集的函数。其实装载 MNIST 数据集，TensorFlow 官方有对应装载函数，不过利用官方装载函数，时常出现无法下载的问题。这里采用自定义装载函数，只要把 MNIST 下载到本地，然后利用该函数进行装载即可，可避免网络问题。

```python
def load_mnist(path, kind='train'):
    """ 根据指定路径加载数据集 """
    labels_path = os.path.join(path, '%s-labels-idx1-ubyte' % kind)
    images_path = os.path.join(path, '%s-images-idx3-ubyte' % kind)

    with open(labels_path, 'rb') as lbpath:
        magic, n = struct.unpack('>II',lbpath.read(8))
        labels = np.fromfile(lbpath, dtype=np.uint8)
        labels=dense_to_one_hot(labels)

    with open(images_path, 'rb') as imgpath:
        magic, num, rows, cols = struct.unpack(">IIII",imgpath.read(16))
        images = np.fromfile(imgpath,dtype=np.uint8).reshape(len(labels),784)

    return images, labels
```

### 4. 定义网络参数

定义训练过程中需要使用的超参数。

```python
# 参数
learning_rate = 0.001
num_steps = 4000
batch_size = 128
display_step = 100
```

```
# 网络参数
n_input = 784 # MNIST 输入数据维度 28*28)
n_classes = 10 # MNIST 分类数
dropout = 0.80 # Dropout 保留节点概率
```

## 5. 导入数据

TensorFlow 在样例教程中已经做了下载并导入 MNIST 数字手写体识别数据集的实现，可以直接使用。但运行时经常发生断网或无法下载的情况。这里我们先从 http://yann.lecun.com/exdb/mnist/ 下载，然后把下载的 4 个文件放在本地当前目录的 data/mnist 目录下，具体实现请看如下代码。其中 load_mnist 函数请参考梯度下降及优化部分。

```
X_train, y_train = load_mnist('./MNIST_data/', kind='train')
print('Rows: %d, columns: %d' % (X_train.shape[0], X_train.shape[1]))
print('Rows: %d, columns: %d' % ( y_train.shape[0],  y_train.shape[1]))

X_test, y_test = load_mnist('./MNIST_data/', kind='t10k')
print('Rows: %d, columns: %d' % (X_test.shape[0], X_test.shape[1]))
```

打印结果：

```
Rows: 60000, columns: 784
Rows: 60000, columns: 10
Rows: 10000, columns: 784
```

## 6. 创建 Dataset 数据集

更多 Dataset API 的相关内容，大家可参考 10.6 节。

```
sess = tf.Session()

# 创建来自 images and the labels 的数据集张量
dataset = tf.data.Dataset.from_tensor_slices(
    (X_train.astype(np.float32),y_train.astype(np.float32)))
# 对数据集进行批次划分
dataset = dataset.batch(batch_size)
# 在 dataset 创建迭代器
iterator = dataset.make_initializable_iterator()
# 使用两个占位符号 ( placeholders), 避免 2G 限制.
_data = tf.placeholder(tf.float32, [None, n_input])
_labels = tf.placeholder(tf.float32, [None, n_classes])
# 初始化迭代器
sess.run(iterator.initializer, feed_dict={_data: X_train.astype(np.float32),
                                  _labels:y_train.astype(np.float32)})

# 获取输入值
X, Y = iterator.get_next()
```

## 7. 创建模型

在 MNIST 数据集中，原始的 $28 \times 28$ 像素的黑白图片被展平为 784 维的向量。

```
# 创建模型
def conv_net(x, n_classes, dropout, reuse, is_training):
    # 定义可复用参数的范围
    with tf.variable_scope('ConvNet', reuse=reuse):
        # 利用 Reshape 函数把输入由 1 维变为 4 维标量
        # 4 维标量 [Batch Size, Height, Width, Channel]
        x = tf.reshape(x, shape=[-1, 28, 28, 1])

        # 定义卷积层 1, 共 16 filters 核大小 5×5
    conv1 = tf.layers.conv2d(x, 16, 5, activation=tf.nn.relu)
        # 定义最大池化层 strides 为 2 核大小为 2×2
        conv1 = tf.layers.max_pooling2d(conv1, 2, 2)

        # 定义卷积层 1, 共 36 filters 核大小 3×3
        conv2 = tf.layers.conv2d(conv1, 36, 3, activation=tf.nn.relu)
        # 定义最大池化层 strides 为 2 核大小为 2×2
        conv2 = tf.layers.max_pooling2d(conv2, 2, 2)

        # Flatten the data to a 1-D vector for the fully connected layer
        fc1 = tf.contrib.layers.flatten(conv2)

        # 定义全连接层
fc1 = tf.layers.dense(fc1, 128)
        # 定义 dropout 层
        fc1 = tf.layers.dropout(fc1, rate=dropout, training=is_training)

        # 输出层
        out = tf.layers.dense(fc1, n_classes)
        # 使用 softmax 对输出进行分类
        out = tf.nn.softmax(out) if not is_training else out

    return out
```

## 8. 训练及评估模型

由于 Dropout 对训练集和测试集作用不同，我们创建两个计算图，它们可共享参数。

```
# 创建为训练使用的计算图
logits_train = conv_net(X, n_classes, dropout, reuse=False, is_training=True)
# 创建为测试使用的计算图，它可复用参数，但不实施 dropout 操作
logits_test = conv_net(X, n_classes, dropout, reuse=True, is_training=False)

# 定义代价函数及选择优化器
loss_op = tf.reduce_mean(tf.nn.softmax_cross_entropy_with_logits_v2(
    logits=logits_train, labels=Y))
optimizer = tf.train.AdamOptimizer(learning_rate=learning_rate)
train_op = optimizer.minimize(loss_op)
# 评估模型，但不执行 dropout
correct_pred = tf.equal(tf.argmax(logits_test, 1), tf.argmax(Y, 1))
accuracy = tf.reduce_mean(tf.cast(correct_pred, tf.float32))

# 初始化参数
init = tf.global_variables_initializer()
```

```
sess.run(init)

for step in range(1, num_steps + 1):

    try:
        # 训练模型
        sess.run(train_op)
    except tf.errors.OutOfRangeError:
        # 当读到数据集尾部时，重载迭代器
        sess.run(iterator.initializer,
                feed_dict={_data: X_train.astype(np.float32),
                            _labels: y_train.astype(np.float32)})
        sess.run(train_op)

    if step % display_step == 0 or step == 1:
        # 计算批量代价函数及精度
        # 这里读取批次数据不同
        loss, acc = sess.run([loss_op, accuracy])
        print("Step " + str(step) + ", Minibatch Loss= " + \
            "{:.4f}".format(loss) + ", Training Accuracy= " + \
            "{:.3f}".format(acc))

print("优化结束！")
```

打印部分结果：

```
Step 3600, Minibatch Loss= 0.0761, Training Accuracy= 0.984
Step 3700, Minibatch Loss= 0.0069, Training Accuracy= 1.000
Step 3800, Minibatch Loss= 0.0930, Training Accuracy= 0.984
Step 3900, Minibatch Loss= 0.0528, Training Accuracy= 0.992
Step 4000, Minibatch Loss= 0.0973, Training Accuracy= 0.992
```

优化结束！

## 14.7　几种经典卷积神经网络

CNN 模型有很多变种，这里介绍两种比较有代表性的模型，即 LeNet-5 模型和 Inception 模型。

### 1. LeNet-5 模型

LeNet-5 模型结构为输入层 – 卷积层 – 池化层 – 卷积层 – 池化层 – 全连接层 – 全连接层 – 输出，为串联模式，如图 14-15 所示。

### 2. Inception 模型

Inception 模型将不同的卷积层通过并联的方式组合在一起，同时使用所有不同尺寸的过滤器，然后再将得到的矩阵拼接起来，如图 14-16 所示。不同的矩阵代表了 Inception 模型中的一条计算路径。虽然过滤器的大小不同，但如果所有的过滤器都使用全 0 填充且步

幅为 1，那么前向传播得到的结果矩阵的长和宽都与输入矩阵一致。这样，经过不同过滤器
处理后的矩阵，可以拼接成一个更深的矩阵。

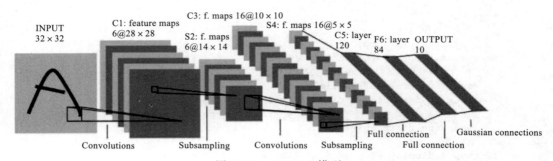

图 14-15    LeNet-5 模型

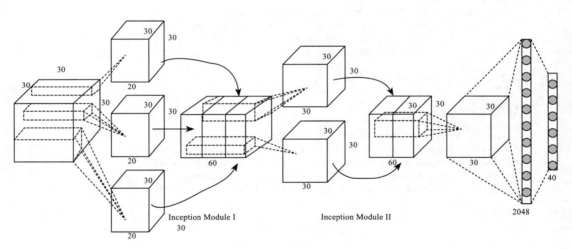

图 14-16    Inception 模型

## 14.8    小结

卷积神经网络的研究始于感知机（Perceptron）。感知机于 1957 年由 Frank Resenblatt
提出，而后由日本科学家 Kunihiko Fukushima 于 20 世纪 80 年代提出神经认知机
（Neocognitron）。它是一种多层级的神经网络，具有一定程度的视觉认知的功能，并直接启
发了后来的卷积神经网络。LeNet-5 是 CNN 之父 Yann LeCun 于 1997 年提出，首次提出了
多层级联的卷积结构。2012 年，Hinton 的学生 Alex 依靠 8 层深的卷积神经网络一举获得
了 ILSVRC 2012 比赛的冠军，瞬间点燃了卷积神经网络研究的热潮。AlexNet 成功应用了
ReLU 激活函数、Dropout、最大覆盖池化、LRN 层、GPU 加速等新技术，并启发了后续更

多的技术创新，卷积神经网络的研究从此进入快车道。

由此可以看到卷积神经网络的历史发展过程，以及在不同阶段的一些技术突破，每项突破都来之不易。本章介绍了卷积神经网络的卷积核、步幅、填充等基本概念，池化层、归一化层等主要技术，这些概念和技术构成了卷积神经网络的主要特征。为加深大家对卷积神经网络的理解，我们采用由简单到复杂的原则，先用 TensorFlow 实现一个简单卷积神经网络，然后实现一个进阶卷积神经网络。

CHAPTER 15

第 15 章

# TensorFlow 循环神经网络

上一章我们介绍了卷积神经网络，卷积神经网络利用卷积核的方式来共享参数，这使得参数量大大降低的同时还可利用位置信息，不过其输入大小是固定的。但是在语言处理、语音识别等方面，一段文档中每句话的长度不一样，且一句话的前后是有关系的，类似的数据还有很多，比如语音数据、翻译的语句等。像这样与先后顺序有关的数据我们称之为序列数据。处理这样的数据就不是卷积神经网络的特长了。

对于序列数据，我们可以使用循环神经网络（Recurrent Natural Network，RNN），它特别适合处理序列数据，RNN 是一种常用的神经网络结构，已经成功应用于自然语言处理（Neuro-Linguistic Programming, NLP）、语音识别、图片标注、机器翻译等众多时序问题中。

本章将介绍循环神经网络一般结构以及循环神经网络的几种衍生结构——长短期记忆网络（Long Short-Term Memory，LSTM）和 GRU 等。为便于理解还将给出用 TensorFlow 实现循环神经网络的代码实例，本章主要内容包括：

- ❏ 循环神经网络简介
- ❏ 梯度消失问题
- ❏ LSTM 网络
- ❏ RNN 其他变种
- ❏ 实例：用 RNN 和 TensorFlow 实现手写数字分类

## 15.1 循环神经网络简介

图 15-1 是循环神经网络的经典结构，从图中我们可以看到输入 $x$、隐含层、输出层等，这些与传统神经网络类似，不过自循环 $W$ 却是它的一大特色。这个自循环直观理解就是神经元之间还有关联，这是传统神经网络、卷积神经网络所没有的。

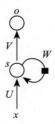

图 15-1　循环神经网络的结构

其中 **U** 是输入到隐含层的权重矩阵，**W** 是状态到隐含层的权重矩阵，*s* 为状态，**V** 是隐含层到输出层的权重矩阵。图 15-1 比较抽象，我们把它展开成图 15-2，这样就更好理解。

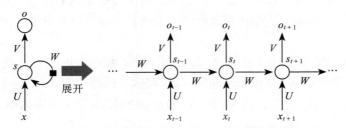

图 15-2　循环神经网络的展开结构

这是一个典型的 Elman 循环神经网络，从图 15-2 中不难看出，它的共享参数方式是各个时间节点对应的 **W**、**U**、**V** 都是不变的，这个机制就像卷积神经网络的过滤器机制一样，通过这种方法实现参数共享，同时大大降低参数数量。

图 15-2 中隐含层不够详细，我们把隐含层再细化就可得图 15-3。

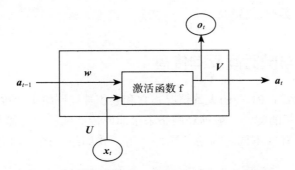

图 15-3　循环神经网络使用单层的全连接结构图

这个网络在每一时间 *t* 有相同的网络结构，假设输入 **x** 为 *n* 维向量，隐含层的神经元个数为 *m*，输出层的神经元个数为 *r*，则 **U** 的大小为 $n \times m$ 维；**W** 是上一次的 $a_{t-1}$ 作为这一次输入的权重矩阵，大小为 $m \times m$ 维；V 是连输出层的权重矩阵，大小为 $m \times r$ 维。而 $x_t$、$a_t$ 和 $o_t$ 都是向量，它们各自表示的含义如下：

❑ $x_t$ 是时刻 *t* 的输入；

❑ $a_t$ 是时刻 *t* 的隐层状态。它是网络的记忆。$a_t$ 基于前一时刻的隐层状态和当前时刻的输入进行计算，即 $a_t = f(Ux_t + Wa_{t-1})$。函数 *f* 通常是非线性的，如 tanh 或者 ReLU。$a_{t-1}$ 为前一个时刻的隐藏状态，其初始化通常为 0；

❑ $o_t$ 是时刻 *t* 的输出。例如，如果我们想预测句子的下一个词，它将会是一个词汇表中的概率向量，$o_t = \text{softmax}(Va_t)$；

$a_t$ 认为是网络的记忆状态，$a_t$ 可以捕获之前所有时刻发生的信息。输出 $o_t$ 的计算仅仅依赖于时刻 $t$ 的记忆。

图 15-2 中每一步都有输出，但是根据任务的不同，这不是必需的。例如，当预测一个句子的情感时，我们可能仅仅关注最后的输出，而不是每个词的情感。与此类似，我们在每一步中可能也不需要输入。循环神经网络最大的特点就是隐层状态，它可以捕获一个序列的一些信息。

在 TensorFlow 中，图 15-3 这样的循环体结构叫作 cell，可以使用 tf.nn.rnn_cell.BasicRNNCell 或者 tf.nn.rnn_cell.BasicRNNCell 表达，这两个表达仅是同一个对象的不同名字，没有本质的区别。例如，tf.nn.rnn_cell.BasicRNNCell 定义的参数如以下代码所示。

```
tf.nn.rnn_cell.BasicRNNCell(num_units, activation=None, reuse=None, name=None)
```

参数说明如下。

- ❑ num_units：int 类型，必选参数。表示 cell 由多少个类似于图 15-3 中的单元构成，其在网络结构中的含义可以参考图 15-4。
- ❑ activation：string 类型，激活函数，默认为 tanh。
- ❑ reuse：bool 类型，代表是否重新使用 scope 中的参数。
- ❑ name：string 类型，名称。

## 15.2　前向传播与随时间反向传播

上节我们简单介绍了 RNN 的大致情况，它和卷积神经网络类似也有参数共享机制，那么这些参数是如何更新的呢？一般神经网络采用前向传播和反向传播来更新，RNN 基本思路是一样的，但还是有些不同。为便于更好理解，我们结合图 15-4 进行说明，图 15-4 为 RNN 架构图。

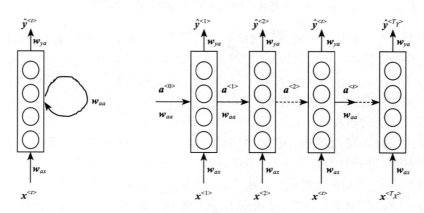

图 15-4　RNN 沿时间展开后的结构图

其中 $x^{<t>}$ 为输入值，一般是向量，$a^{<t>}$ 为状态值，$\hat{y}^{<t>}$ 为输出值或预测值，$w_{ax}$、$w_{aa}$、$w_{ya}$ 为参数矩阵。其前向传播可表示为：

初始化状态 $a$ 为 $a^{<0>} = \bar{0}$，然后计算状态及输出，具体如下：

$$a^{<1>} = \tanh(a^{<0>} w_{aa} + x^{<1>} w_{ax} + b_a) \text{（其中激活函数也可为 Relu 等）} \quad (15.1)$$

$$\hat{y}^{<1>} = \text{sigmoid}(a^{<1>} w_{ya} + b_y) \quad (15.2)$$

$$a^{<t>} = \tanh(a^{<t-1>} w_{aa} + x^{<t>} w_{ax} + b_a) \text{（其中激活函数也可为 Relu 等）} \quad (15.3)$$

$$\hat{y}^{<t>} = \text{sigmoid}(a^{<t>} w_{ya} + b_y) \quad (15.4)$$

式（15.1）在实际运行中，为提高并行处理能力，一般转换为矩阵运算，具体转换如下：

令 $w_a = \begin{bmatrix} w_{aa} \\ w_{ax} \end{bmatrix}$ 把两个矩阵按列拼接在一起，$[a^{<t-1>}, x^{<t>}] = [a^{<t-1>}\ x^{<t>}]$ 把两个矩阵按行拼接在一起

$$w_y = [w_{ya}]$$

则：

$$a^{<t>} = \tanh(a^{<t-1>} w_{aa} + x^{<t>} w_{ax} + b_a)$$

$$= \tanh\left(\begin{bmatrix} a^{<t-1>} & x^{<t>} \end{bmatrix} \begin{bmatrix} w_{aa} \\ w_{ax} \end{bmatrix} + b_a\right) \quad (15.5)$$

$$\hat{y}^{<t>} = \text{sigmoid}(a^{<t>} w_y + b_y) \quad (15.6)$$

这样描述大家可能还不是很清楚，下面我们通过一个具体实例来说明。

假设：$a^{<0>} = [0.0, 0.0], x^{<1>} = 1$

$$w_{aa} = \begin{bmatrix} 0.1\ 0.2 \\ 0.3\ 0.4 \end{bmatrix}, w_{ax} = [0.5\ 0.6], w_{ya} = \begin{bmatrix} 1.0 \\ 2.0 \end{bmatrix}$$

$$b_a = [0.1\ -0.1], b_y = 0.1$$

则根据式（15.5）可得：

$$a^{<1>} = \tanh\left([0.0, 0.0, 1.0] \times \begin{bmatrix} 0.1\ 0.2 \\ 0.3\ 0.4 \\ 0.5\ 0.6 \end{bmatrix} + [0.1, -0.1]\right) = \tanh\left([0.6, 0.5]\right) = [0.537, 0.462]$$

根据式（15.6），为简便起见，把 sigmoid 去掉，直接作为输出值，可得：

$$y^{<1>} = [0.537, 0.462] \times \begin{bmatrix} 1.0 \\ 2.0 \end{bmatrix} + 0.1 = 1.56$$

详细过程如图 15-5 所示。

以上计算过程，用 Python 程序实现的详细代码如下：

```
import numpy as np
```

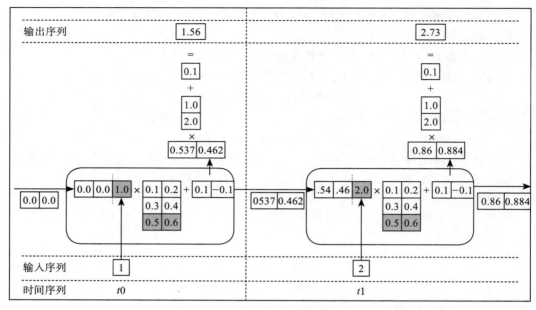

图 15-5    RNN 前向传播的计算过程

```
X = [1,2]
state = [0.0, 0.0]
w_cell_state = np.asarray([[0.1, 0.2], [0.3, 0.4],[0.5, 0.6]])
b_cell = np.asarray([0.1, -0.1])
w_output = np.asarray([[1.0], [2.0]])
b_output = 0.1

for i in range(len(X)):
    state=np.append(state,X[i])
    before_activation = np.dot(state, w_cell_state) + b_cell
    state = np.tanh(before_activation)
    final_output = np.dot(state, w_output) + b_output
    print("状态值_%i: "%i, state)
    print("输出值_%i: "%i, final_output)
```

打印结果：

```
状态值_0: [ 0.53704957  0.46211716]
输出值_0: [ 1.56128388]
状态值_1: [ 0.85973818  0.88366641]
输出值_1: [ 2.72707101]
```

　　循环神网络的反向传播训练算法称为随时间反向传播（Backpropagation Through Time，BPTT）算法，其基本原理和反向传播算法是一样的，只不过反向传播算法是按照层进行反向传播的，而 BPTT 是按照时间进行反向传播的。

BPTT 的详细过程如图 15-6 中所示的浅色箭头方向所示，其中：

$$\mathcal{L}^{<t>}(\hat{y}^{<t>}, y^{<t>}) = -y^{<t>}\log\hat{y}^{<t>} + (1-y^{<t>})\log(1-\hat{y}^{<t>}) \tag{15.7}$$

$$\mathcal{L}(\hat{y}, y) = \sum_{t=1}^{T_y} \mathcal{L}^{<t>}(y^{<t>}, y^{<t>}) \tag{15.8}$$

$\mathcal{L}^{<t>}$ 为与各输入对应的代价函数，$\mathcal{L}(\hat{y}, y)$ 为总代价函数。

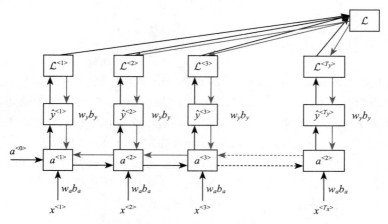

图 15-6　RNN 的 BPTT 计算示意图

## 15.3　梯度消失或爆炸

在实际应用中，上述介绍的标准循环神经网络训练的优化算法面临一个很大的难题，就是长期依赖问题。由于网络结构变深，使得模型丧失了学习先前信息的能力。通俗地说，标准的循环神经网络虽然有了记忆，但很健忘。从图 15-6 及后面的计算图所示构建过程可以看出，循环神经网络实际上是在长时间序列的各个时刻重复应用相同操作来构建非常深的计算图，并且模型参数共享，这让问题变得更加凸显。例如，$W$ 是一个在时间步中反复被用于相乘的矩阵，举个简单情况，比方说 $W$ 可以由特征值分解 $W = V\mathrm{diag}(\lambda)V^{-1}$，由此很容易看出：

$$W^t = (V\mathrm{diag}(\lambda)V^{-1})^t = V\mathrm{diag}(\lambda)^t V^{-1} \tag{15.9}$$

当特征值 $\lambda_i$ 不在 1 附近时，若在量级上大于 1 则会爆炸；若小于 1 则会消失。这便是著名的梯度消失或爆炸问题（vanishing and exploding gradient problem）。梯度的消失使得我们难以知道参数朝哪个方向移动能改进代价函数，而梯度的爆炸会使学习过程变得不稳定。

实际上梯度消失或爆炸问题应该是深度学习中的一个基本问题，在任何深度神经网络中都可能存在，而不仅是循环神经网络所独有的。在 RNN 中，相邻时间步是连接在一起的，因此，它们的权重偏导数要么都小于 1，要么都大于 1，RNN 中每个权重都会向相同的反方向变化，这样与前馈神经网络相比，RNN 的梯度消失或爆炸会更为明显。

如何避免梯度消失或爆炸问题？梯度爆炸问题相对比较好解决，可以通过梯度裁剪的方法，具体可参考 7.1.3 节。而处理梯度消失问题的挑战更大。为解决这个问题，近些年受到很大关注。目前最流行的一种解决方案称为长短时记忆网络（Long Short-Term Memory，LSTM），还有基于 LSTM 的几种变种算法，如 GRU（Gated Recurrent Unit，GRU）算法等。接下来我们将介绍与 LSTM 有关的架构及原理。

## 15.4  LSTM 算法

LSTM 最早由 Hochreiter & Schmidhuber（1997）提出，能够有效解决信息的长期依赖，避免梯度消失或爆炸。事实上，LSTM 的设计就是专门用于解决长期依赖问题的。与传统 RNN 相比，它在结构上的独特之处是它精巧地设计了循环体结构。LSTM 用两个门来控制单元状态 $c$ 的内容：一个是遗忘门（forget gate），它决定了上一时刻的单元状态 $c_{t-1}$ 有多少保留到当前时刻 $c_t$；另一个是输入门（input gate），它决定了当前时刻网络的输入 $x_t$ 有多少保存到单元状态 $c_t$。LSTM 用输出门（output gate）来控制单元状态 $c_t$ 有多少输出到 LSTM 的当前输出值 $h_t$。LSTM 的循环体结构如图 15-7 所示。

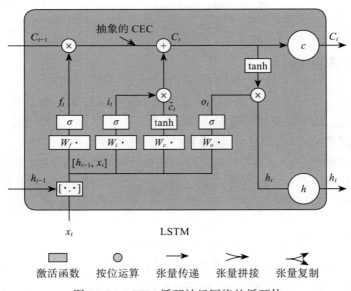

图 15-7   LSTM 循环神经网络的循环体

除了 LSTM 的四个门控制其状态外，LSTM 还有一个固定权值为 1 的自连接，以及一个线性激活函数，因此，其局部偏导数始终为 1。在反向传播阶段，这个所谓的常量误差传输子（Constant Error Carousel，CEC）如图 15-8 所示，它能够在许多时间步中携带误差而不会发生梯度消失或梯度爆炸。

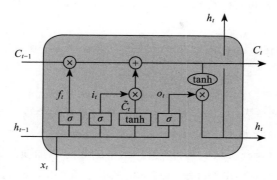

图 15-8　LSTM 状态的传递

LSTM 对神经元状态的修改是通过一种叫"门"的结构完成的，门使得信息可以有选择性地通过。LSTM 中门是由一个 sigmoid 函数和一个按位乘积运算元件构成的，如图 15-9 所示。sigmoid 函数使得其输出结果在 0 到 1 之间。sigmoid 的输出结果为 0 时，则不允许任何信息通过；sigmoid 为 1 时则允许全部信息通过；sigmoid 的输出位于（0，1）之间时，则允许信息部分通过。LSTM 有三个这样的门结构，即输入门、遗忘门和输出门，用来保护和控制神经元状态的改变。

LSTM 的三个门结构是怎样工作的呢？图 15-9 所示或许不好理解，把前面的图 15-7 展开来，就得到图 15-10，这就清楚多了。

图 15-9　LSTM 中的门结构

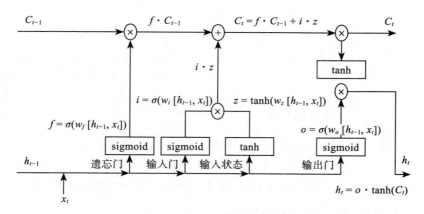

图 15-10　LSTM 单元细节图

其中 $\sigma$ = sigmoid 函数。为简写起见，图 15-10 中的公式没有加上偏移量。

与标准的 RNN 一样，在 TensorFlow 中，LSTM 的循环体结构也有较好的封装类，有 `tf.nn.rnn_cell.BasicLSTMCell` 或 `tf.contrib.rnn.BasicLSTMCell`，两者功能相同，使用参数也完全一致。

`tf.nn.rnn_cell.BasicLSTMCell(num_units, forget_bias=1.0, state_is_tuple=True, activation=None, reuse=None, name=None)`

参数说明：

- ❏ `num_units`: int，表示 LSTM cell 中基本神经单元的个数，可以参考图 15-4 中标准 RNN 的 `num_units` 说明。
- ❏ `forget_bias`: float，默认为 1，遗忘门中的 bias 添加项。这种往 LSTM 遗忘门中加入偏置的思想最早由 Ger et al.(2000) 提出，Jozefowicz et al. 验证了把 LSTM 中的偏置设为 1 时会使 LSTM 变得健壮。这里也是 TensorFlow 将此默认值设置为 1 的原因。
- ❏ `activation`: string，内部状态的激活函数（即图 15-2 中的激活函数），默认值为 `tanh`。
- ❏ `reuse`: bool，可选参数，默认为 `True`。决定是否重用当前变量 scope 中的变量。
- ❏ `name`: string，可选参数，默认为 None。指 layer 的名称，相同名称的层会共享变量，使用时应注意与 reuse 配合。

与标准的 RNN 网络一样，LSTM 循环体结构也可以定义多层结构和网络结构。以下代码即完成了一个简单的 LSTM 网络结构的构建。

```
import tensorflow as tf

num_units = 128
num_layers = 2
batch_size = 100

# 创建一个 BasicLSTMCell，即 LSTM 循环体
#num_units 为循环体中基本单元的个数，可以参考图 15-4 中标准 RNN 的 num_units 说明。数量越多，
网络的特征表达能力越强，当然应该根据实际问题、结合经验以及实际实验结果，选择合适的 num_units，避免过
拟合。
rnn_cell = tf.contrib.rnn.BasicLSTMCell(num_units)
# 使用多层结构，返回值仍然为 cell 结构
if num_layers>= 2:
    rnn_cell = tf.nn.rnn_cell.MultiRNNCell([rnn_cell]*num_layers)

# 定义初始化状态
initial_state = rnn_cell.zero_state(batch_size, dtype=tf.float32)

# 定义输入数据结构已完成循环神经网络的构建
outputs, state = tf.nn.dynamic_rnn(rnn_cell, input_data,
initial_state=initial_state, dtype=tf.float32)
# outputs 是一个张量，其形状为 [batch_size, max_time, cell_state_size]
# state 是一个张量，其形状为 [batch_size, cell_state_size]
```

## 15.5　RNN 其他变种

上节我们介绍了 RNN 的改进版 LSTM，它有效克服了传统 RNN 的一些不足，比较好地解决了梯度消失、长期依赖等问题。不过 LSTM 也有一些不足，如结构比较复杂、计算复杂度较高。因此，后来人们在 LSTM 的基础上，又推出其他变种，如目前非常流行的 GRU（Gated Recurrent Unit），图 15-11 即为 GRU 架构图。GRU 对 LSTM 做了很多简化，比 LSTM 少一个 Gate，因此，计算效率更高，占用内存也相对较少。在实际使用中，GRU 和 LSTM 差异不大，因此 GRU 最近变得越来越流行。

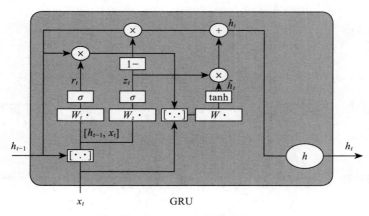

图 15-11　GRU 网络架构

GRU 对 LSTM 做了两个大改动：

❑ 将输入门、遗忘门、输出门变为两个门：更新门（Update Gate）$z_t$ 和重置门（Reset Gate）$r_t$。

❑ 将单元状态与输出合并为一个状态 $h$。

GRU 的前向计算公式为：

$$z_t = \sigma(W_z \cdot [h_{t-1}, x_t])$$
$$r_t = \sigma(W_r \cdot [h_{t-1}, x_t])$$
$$\tilde{h}_t = \tanh(W \cdot [r_t \cdot h_{t-1}, x_t])$$
$$h = (1-z_t) \cdot h_{t-1} + z_t \cdot \tilde{h}_t$$

LSTM 的变种除了 GRU 之外，比较流行的还有双向循环神经网络（Bidirectional Recurrent Neural Networks，Bi-RNN），图 15-12 即为 Bi-RNN 的架构图。Bi-RNN 模型由 Schuster、Paliwal 于 1997 年首次提出。Bi-RNN 增加了 RNN 的可利用信息。普通 MLP 数据长度有限制。RNN 可以处理不固定长度时序数据，无法利用未来信息。Bi-RNN 同时使用时序数据输入历史及未来数据，时序相反时两个循环神经网络连接同一输出，输出层可以同时获取历史未来信息。

采用 Bi-RNN 能提升模型效果，比如百度语音识别通过 Bi-RNN 综合上下文语境，提升了模型准确率。

双向循环神经网络的基本思想是：每一个训练序列向前和向后分别是两个循环神经网络（RNN），而且这两个都连接着一个输出层。这个结构提供给输出层输入序列中每一个点完整的过去和未来的上下文信息。图 15-12 所示的是一个沿着时间展开的双向循环神经网络。六个独特的权值在每一个时步被重复利用，六个权值分别对应着输入到向前和向后隐含层（$w1$，$w3$）、隐含层到隐含层自己（$w2$，$w5$）、向前和向后隐含层到输出层（$w4$，$w6$）。值得注意的是，向前和向后隐含层之间没有信息流，这保证了展开图是非循环的。

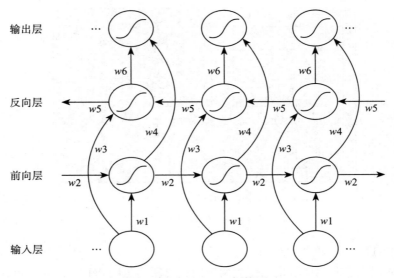

图 15-12    Bi-RNN 架构图

## 15.6    RNN 应用场景

RNN 网络适合于处理序列数据，序列长度一般不是固定的，因此其应用非常广泛。图 15-13 所示对 RNN 的应用场景做了一个概括。

图 15-13 中所示每一个矩形是一个向量，箭头则表示函数（比如矩阵相乘）。其中最下层为输入向量，最上层为输出向量，中间层表示 RNN 的状态。从左到右五个分图分别表示：

1）没有使用 RNN 的 Vanilla 模型，从固定大小的输入得到固定大小的输出（比如图像分类）。

2）序列输出（比如图片字幕，输入一张图片输出一段文字序列）。

3）序列输入（比如情感分析，输入一段文字，然后将它分类成积极或者消极情感）。

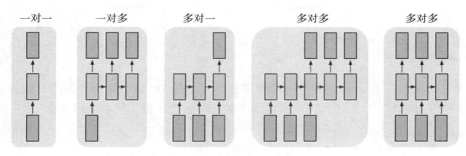

图 15-13　RNN 引用场景示意图

4）序列输入和序列输出（比如机器翻译：一个 RNN 读取一条英文语句，然后将它以法语形式输出）。

5）同步序列输入输出（比如视频分类，为视频中每一帧打标签）。

我们注意，上述每一个案例中，都没有对序列长度进行预先特定约束，因为递归变换（绿色部分）是固定的，而且我们可以多次使用。

正如预想的那样，与使用固定计算步骤的固定网络相比，使用序列进行操作要更加强大，因此，这激起了人们建立更大智能系统的兴趣。而且，我们可以从一小方面看出，RNN 将输入向量与状态向量用一个固定（但可以学习）函数绑定起来，从而用来产生一个新的状态向量。在编程层面看，在运行一个程序时，可以用特定的输入和一些内部变量对其进行解释。从这个角度来看，RNN 本质上可以描述程序。事实上，RNN 是图灵完备的，即它们可以模拟任意程序（使用恰当的权值向量）。

## 15.7　实例：用 LSTM 实现分类

MINST 数据集是一个非常典型的手写数字识别数据集，这里我们通过使用 LSTM 循环神经网络完成 MINIST 数据集的数字识别。MINIST 数据集可以通过网站 http://yann.lecnn.com/exdb/mnist 下载到本地文件夹。下载完成后，运行以下代码即可完成数据集的载入。

```
from tensorflow.examples.tutorials.mnist import input_data
#TensorFlow 中对 MNIST 数据集的处理进行了封装，可以使用此对象更加方便地处理 MNIST 数据
data_dir = './MNIST_data/' #下载数据文件的放置路径
mnist = input_data.read_data_sets(data_dir, one_hot=True)
```

接着，我们来看看这个数据集的大小。

```
print(mnist.train.images.shape)
print(mnist.train.labels.shape)
print(mnist.test.images.shape)
print(mnist.test.labels.shape)
```

结果输出：

```
(55000, 784)
(55000, 10)
(10000, 784)
(10000, 10)
```

上面每一个图片（image）由 784 个像素点构成，是 28*28（=784）的图片按行展开后拼接成的一维向量形式。以下代码对训练集中的第一张图片做了基本的可视化。

```
import tensorflow as tf
import matplotlib.pyplot as plt
import numpy as np

plt.imshow(mnist.train.images[0].reshape((28, 28)), cmap='gray')
plt.title('%i' % np.argmax(mnist.train.labels[0]))
plt.show()
```

输出结果如图 15-14 所示。

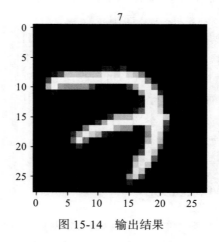

图 15-14　输出结果

对于循环神经网络，每个时刻读取图片中的一行，即每个时刻需要读取的数据向量长度为 28，读完整张图片需要读取 28 行。以下代码完成了循环神经网络的构建。

```
TIME_STEP = 28  # 一张图片需要读取 28 行
INPUT_SIZE = 28 # 每次读取的向量长度，即每行由 28 个像素点构成

# 定义输入、输出 placeholder
tf_x = tf.placeholder(tf.float32, [None, TIME_STEP * INPUT_SIZE])
image = tf.reshape(tf_x, [-1, TIME_STEP, INPUT_SIZE])
tf_y = tf.placeholder(tf.int32, [None, 10])

# 定义 LSTM 结构
rnn_cell = tf.contrib.rnn.BasicLSTMCell(num_units=64)

# 构建网络
```

```
outputs, (h_c, h_n) = tf.nn.dynamic_rnn(
    rnn_cell,                    # LSTM cell
    image,                       # 输入图片
    initial_state=None,          # 隐藏层的初始化状态
    dtype=tf.float32,            # 如果 initial_state = None, dtype 必须给定
    time_major=False,            # TIME_STEP 是否在输入数据的第一个维度
)

# 取最后一个时刻的输出为作为读完每张图片后的最终输出
output = tf.layers.dense(outputs[:, -1,:], 10)
```

另外，在 TensorFlow 中可以方便地定义代价函数和训练过程。

```
LR = 0.01 # 定义学习率 Learning Rate
loss = tf.losses.softmax_cross_entropy(onehot_labels=tf_y, logits=output) # 使用交
叉熵损失

# 定义训练过程
train_op = tf.train.AdamOptimizer(LR).minimize(loss)
```

通过此例我们还可以看到，循环神经网络里的时间不必是现实世界中流逝的时间。在此例中，它仅表示序列中的位置，这在实际应用中也很常见。下面给出 MNIST 手写数字识别的完整代码。

```
import tensorflow as tf
from tensorflow.examples.tutorials.mnist import input_data
import numpy as np
import matplotlib.pyplot as plt

tf.set_random_seed(1)
np.random.seed(1)

# 定义超参数
BATCH_SIZE = 64
TIME_STEP = 28           # RNN 的时间步，这里用来表示图片段的高度
INPUT_SIZE = 28          # RNN 的输入长度，这里用来表示图片的宽度
LR = 0.01                # 定义学习率（learning rate）

# 读入数据
mnist = input_data.read_data_sets('./MNIST_data/', one_hot=True)
test_x = mnist.test.images[:2000]
test_y = mnist.test.labels[:2000]

# 为了便于理解，画出一张图片观察一下
print(mnist.train.images.shape)      # (55000, 28 * 28)
print(mnist.train.labels.shape)      # (55000, 10)
plt.imshow(mnist.train.images[0].reshape((28, 28)), cmap='gray')
plt.title('%i' % np.argmax(mnist.train.labels[0]))
plt.show()

# 定义表示 x 向量的 tensorflow placeholders
tf_x = tf.placeholder(tf.float32, [None, TIME_STEP * INPUT_SIZE])      # 形状为
```

```
(batch, 784)
    image = tf.reshape(tf_x, [-1, TIME_STEP, INPUT_SIZE])
    # 定义表示 y 向量的 placehoder
    tf_y = tf.placeholder(tf.int32, [None, 10])
    # RNN 的循环体结构，使用 LSTM
    rnn_cell = tf.contrib.rnn.BasicLSTMCell(num_units=64)
    outputs, (h_c, h_n) = tf.nn.dynamic_rnn(
        rnn_cell,                       # 使用选定的 cell
        image,                          # 输入数据，这里是图片
        initial_state=None,             # 隐藏层的初始状态
        dtype=tf.float32,               # 如果 initial_state = None, dtype 必须给定
        time_major=False,               # TIME_STEP 是否在输入数据的第一个维度，这里，False:
(batch, time step, input); True: (time step, batch, input)
    )
    # 使用最后一个时间步的输出作为最终输出结果
    output = tf.layers.dense(outputs[:, -1, :], 10)
    # 计算损失函数
    loss = tf.losses.softmax_cross_entropy(onehot_labels=tf_y, logits=output)

    train_op = tf.train.AdamOptimizer(LR).minimize(loss)

    # 计算预测精度
    accuracy = tf.metrics.accuracy(labels=tf.argmax(tf_y, axis=1), predictions=tf.
argmax(output, axis=1),)[1]

    sess = tf.Session()
    # 初始化精度计算中所需要的变量
    init_op = tf.group(tf.global_variables_initializer(), tf.local_variables_
initializer())
    # 初始化计算图中的变量
    sess.run(init_op)

    # 开始执行训练
    for step in range(1200):
        b_x, b_y = mnist.train.next_batch(BATCH_SIZE)
        _, loss_ = sess.run([train_op, loss], {tf_x: b_x, tf_y: b_y})
        if step % 50 == 0:          # 计算精度
            accuracy_ = sess.run(accuracy, {tf_x: test_x, tf_y: test_y})
            print('train loss: %.4f' % loss_, '| test accuracy: %.2f' % accuracy_)

    # 输出测试集中的十个预测结果
    test_output = sess.run(output, {tf_x: test_x[:10]})
    pred_y = np.argmax(test_output, 1)
    print(pred_y, 'prediction number')
    print(np.argmax(test_y[:10], 1), 'real number')
```

打印最后 10 行结果：

```
train loss: 0.1792 | test accuracy: 0.87
train loss: 0.2333 | test accuracy: 0.87
train loss: 0.1561 | test accuracy: 0.88
train loss: 0.1092 | test accuracy: 0.88
train loss: 0.0543 | test accuracy: 0.88
```

```
train loss: 0.1655 | test accuracy: 0.89
train loss: 0.1650 | test accuracy: 0.89
train loss: 0.1153 | test accuracy: 0.89
[7 2 1 0 7 1 4 9 5 9] prediction number
[7 2 1 0 4 1 4 9 5 9] real number
```

## 15.8　小结

　　循环神经网络比较适合用于输入数据为序列型的情况，不像传统神经网络和卷积神经网络需要固定长度。由于这一特点，循环神经网络在语言处理方面大显身手。本章首先介绍了一般循环神经网络的架构及主要原理，并通过一个简单实例详细说明了 RNN 的前向传播及 BPTT 算法。然后，由一般 RNN 存在梯度消失、长期依赖不足等问题引出 LSTM 及其多种变种，最后用 TensorFlow 详细说明了如何实现 LSTM。

　　通过 TensorFlow 可以实现一般神经网络、卷积神经网络、循环神经网络等，定制化程度很高，变量、各网络层、各种超参数、激活函数、优化器、代价函数等都可以设计，灵活性很高。不过正因其定制化太高，有时也不方便，需要编写很多代码，代码一多工作量就上来了，那么是否有更简洁的方法呢？有的，下一章我们将介绍 TensorFlow 的高级封装。

# 第 16 章

# TensorFlow 高层封装

前面我们介绍了 TensorFlow 的基本内容、框架及一些应用实例等，用 TensorFlow 实现深度学习模型比较灵活，相应的功能也很强大，支持多种神经网络和多种设备。不过，要实现一个神经网络代码一般比较冗长，要考虑的问题也比较多，如定义变量、输入层、隐含层、输出层、计算图、Session 等，对于使用 GPU 或集群方式运行，还要考虑这些配置。有时一个简单功能，也要写很多代码，代码一多，维护量、复杂度也上来了。是否有更简洁的方法呢？有的，就是采用封装的思想。封装的思想在软件或硬件领域，大家应该不陌生。在 TensorFlow 也有很多高效的封装，如 Estimator、Keras、TFLearn 等，利用这些架构，在实现同样功能的同时，还可以少写很多代码，不必太纠结一些细枝末节。代码少了，逻辑自然也更清晰。所以封装对于一些原型开发、需求不是很复杂的项目应该特别适合。当然，对于一些复杂的项目，先用一个简单模型实现，然后再用 TensorFlow、Python 等来实现，也不失为一种策略。另外，如果你是初学者，先用一些更简洁的框架来实现一些功能，也是一个不错的切入点。

这一章我们就来介绍 TensorFlow 的一些高层封装，如 Estimator、Keras 和 TFLearn 等。在介绍这些高层封装 API 基础的同时，还会介绍很多实例。本章主要内容包括：

- ❏ TensorFlow 高层封装简介
- ❏ Estimator 简介
- ❏ 实例：使用 Estimator 预定义模型
- ❏ 实例：使用 Estimator 自定义模型
- ❏ Keras 简介
- ❏ 实例：用 Keras 实现序列式模型
- ❏ TFLearn 实例

## 16.1　TensorFlow 高层封装简介

TensorFlow 1.4 版本后，已把 Estimator、Keras 作为核心模块，此外，还增加了

DataSets。TensorFlow 架构如图 16-1 所示。

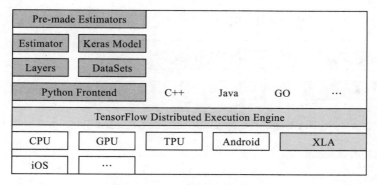

图 16-1　TensorFlow 架构图

从图 16-1 所示可以看出，TensorFlow 处于底层，TensorFlow 上一层为前端开发语言 Python、C++ 等，再往上就是一些封装包或类。Layers 对 TensorFlow 进行初步封装；DataSets 主要对读取数据、预处理数据等环节进行了封装，为读取数据创建一个输入管道（input pipelines），在 pipelines 中可以做一些数据预处理，并提供了很多内置函数，即 tf 开头的函数（比如 tf.reshape），利用这些函数可提高程序执行效率。在 Layers 之上就是 Estimators、Keras Model，说明 Estimator、Keras 是比 Layer 更高一级的封装。下面就对这些高级封装进行详细介绍。

## 16.2　Estimator 简介

Estimators 是 TensorFlow 的高层 API，它大大简化了机器学习的编程。通过 Estimator 创建一个模型，我们不用再写一些很底层的代码（比如定义变量、定义网络层等），可以像 scikit-learn 和 Keras 那样，用几行代码轻松创建一个模型。Estimator 封装了以下功能：

❑ 模型训练；
❑ 模型评价；
❑ 模型预测；
❑ 模型导出。

TensorFlow 提供了一些预先定义好的 Estimator（Pre-made Estimators），但其功能目前还有限，如还无法实现卷积神经网络或循环神经网络，也没有现成的代价函数等。不过可以使用自定义 Estimator 模型（custom Estimators），功能更强大，实现起来既方便又灵活。不论是 TensorFlow 提供的，还是自定义的，都是 tf.estimator.Estimator 的子类，预定义类与自定义类之间的关系可以用图 16-2 表示。

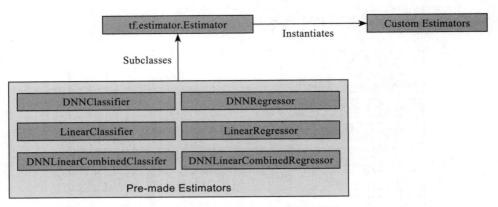

图 16-2　Estimators API 的组成图

从图 16-2 所示可以知道：Estimators 分为 Pre-made Estimators 和 custom Estimators 两大类。其中，tf.estimator.Estimators 是基类（base class），pre-made Estimators 是基类的子类，而 custom Estimators 则是基类的实例（instance）。

Pre-made Estimators 和 custom Estimators 的差异主要在于 TensorFlow 中是否有它们可以直接使用的模型函数（model function or model_fn）。前者，TensorFlow 中已经有写好的模型函数，可直接调用；而后者的模型函数需要自己编写。因此，Pre-made Estimators 使用方便，但功能有限，灵活性不够；而 custom Estimators 正好相反。

Estimator 模型由三部分构成：Input functions、Model functions 和 Estimators。

❑ Input functions：主要是由 Dataset API 组成，可以分为 train_input_fn 和 eval_input_fn。前者接收参数，输出训练数据；后者接收参数，并输出验证数据和测试数据。

❑ Model functions：是 Estimators 的核心部分，在这个函数中可以定义模型架构，输入是特征和标签，输出是一个定义好的 Estimator。Model functions 由模型（the Layers API）和监控模块（the Metrics API）组成，主要有实现模型的训练、测试（验证）和监控显示模型参数状况等功能。

❑ Estimators：在模型中的作用类似于计算机中的操作系统。它将各个部分"黏合"起来，控制数据在模型中的流动与变换，同时控制模型的各种行为。

使用 Estimator 具体有哪些优势呢？优势很多，主要包括：

❑ 提高开发效率。使用 Estimator 可大大方便你的开发，不用自己创建计算流图和 session，因为 Estimator 会处理所有的流程。

❑ 比较好维护。它可以通过很小的改动就可以尝试不同的模型架构。比如 DNNClassifier 是一个预置 Estimator，它是一个通过稠密前向传播的神经网络来进行分类预测的模型。Estimators 是基于 tf.layers 开发的，这样想做些改动也比较容易。

❑ Estimator 提供了一个安全的分布式的训练环，它控制了如何和怎样去完成如下任务：

　　○ 构建 graph；

　　○ 初始化变量；

　　○ 启动队列；

　　○ 异常处理；

　　○ 创建 checkpoint 文件和错误恢复；

　　○ 为 TensorBoard 保存概要信息。

接下来我们通过实例来说明，如何使用 Estimator 预定义模型和自定义模型进行开发。

## 16.3　实例：使用 Estimator 预定义模型

　　本节我们用 Estimator 的预定义模型来解决手写 10 个数字问题，所用数据集为 MNIST。该模型的架构示意如图 16-3 所示。

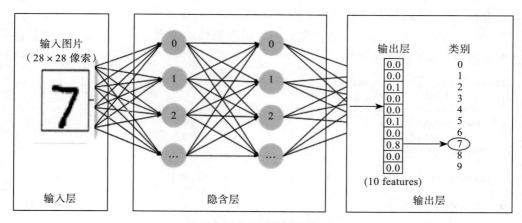

图 16-3　网络架构图

　　从图 16-3 可以看出，除输入、输出层外，中间还有两个隐含层。输出 10 个分类概率，然后根据概率识别输入属于哪个数字。以下为代码实现。

1）下载并读取数据。

```
import numpy as np
import tensorflow as tf
from tensorflow.examples.tutorials.mnist import input_data

tf.logging.set_verbosity(tf.logging.INFO)
# 读取数据，为避免网络问题，可以先将数据下载到当前 MNIST_data 目录下
mnist = input_data.read_data_sets("./MNIST_data/", one_hot=False)

# 定义训练使用的输入特征列。
feature_columns = [tf.feature_column.numeric_column("image", shape=[784])]
```

2）实例化 Estimator。这里使用 TensorFlow 中已经写好的模型函数来构建模型。MNIST 分类是一个多分类问题，因此我们选择 tf.estimator.DNNClassifier 作为模型的 Estimators。由输入函数得到的特征是字典特征（dictionary features），但模型函数只能输入"值"数据，因此首先需要定义特征列。

```
# 创建两个隐含层，节点数分别为 200、50
estimator = tf.estimator.DNNClassifier(feature_columns=feature_columns,
    hidden_units=[200,50],
    optimizer=tf.train.AdamOptimizer(1e-4),
    n_classes=10,
    dropout=0.2,
    model_dir="model_dir")
```

在初始化 Pre-made Estimators 时，只需要将定义模型结构的超参数传给 Estimator 即可，它会自动将其转交给模型函数。同时，有一点需要注意，分两次向模型函数传递参数：在 Estimator 初始化时传递模型结构的超参数，在调用模型函数时传递关于任务类型和特征类型的参数，并且模型函数的参数都是固定的。

3）训练模型。创建 Estimator 对象后，可以开始训练模型。这里没有指明代价函数，对于分类问题来说默认为交叉熵。

```
train_input_fn = tf.estimator.inputs.numpy_input_fn(
    x={"image": mnist.train.images},
    y=mnist.train.labels.astype(np.int32),
    num_epochs=None,
    batch_size=128,
    shuffle=True)

estimator.train(input_fn=train_input_fn, steps=20000)
```

4）测试模型。

```
test_input_fn = tf.estimator.inputs.numpy_input_fn(
    x={"image": mnist.test.images},
    y=mnist.test.labels.astype(np.int32),
    num_epochs=1,
    batch_size=128,
    shuffle=False)

test_results = estimator.evaluate(input_fn=test_input_fn)
accuracy_score = test_results["accuracy"]
print("\nTest Accuracy: {0:.4f}\n".format(accuracy_score))

print(test_results)
```

打印结果如下：

```
INFO:tensorflow:Calling model_fn.
INFO:tensorflow:Done calling model_fn.
INFO:tensorflow:Starting evaluation at 2018-03-31-14:54:27
```

```
INFO:tensorflow:Graph was finalized.
INFO:tensorflow:Restoring parameters from model_dir/model.ckpt-30000
INFO:tensorflow:Running local_init_op.
INFO:tensorflow:Done running local_init_op.
INFO:tensorflow:Finished evaluation at 2018-03-31-14:54:28
INFO:tensorflow:Saving dict for global step 30000: accuracy = 0.9809, average_
loss = 0.0674863, global_step = 30000, loss = 8.54257

Test Accuracy: 0.9809

{'accuracy':0.98089999,'average_loss':0.067486338,'loss':8.5425749,'global_
step':30000}
```

程序非常简洁，精度达 98% 左右，应该还不错。

## 16.4 实例：使用 Estimator 自定义模型

自定义 Estimators 与预定义 Estimators 的主要不同之处在于是否需要自己构建 model function。因此，本部分主要介绍 model function。

1）导入一些库及定义几个变量。

```
import argparse
import os
import numpy as np
import time

import tensorflow as tf
from tensorflow.examples.tutorials.mnist import input_data

BATCH_SIZE = 100
DATA_DIR = './MNIST_data/'
MODEL_DIR = os.path.join("./custom_model_dir",str(int(time.time())))

NUM_STEPS = 1000

tf.logging.set_verbosity(tf.logging.INFO)
print("using model dir: %s" % MODEL_DIR)
```

2）定义模型函数。

```
def cnn_model_fn(features, labels, mode):
    """定义模型函数"""

    # 输入层
    # Reshape X to 4-D tensor: [batch_size, width, height, channels]
    # MNIST 图片是 28*28 像素，有一个彩色通道
    input_layer = tf.reshape(features["x"], [-1, 28, 28, 1])

    # 卷积层 1
```

```
# 32 个大小为 5*5 的卷积核，ReLU 为激活函数。
# 填充格式为 same
# 输入张量形状：[batch_size, 28, 28, 1]
# 输出张量形状：[batch_size, 28, 28, 32]
conv1 = tf.layers.conv2d(
    inputs=input_layer,
    filters=32,
    kernel_size=[5, 5],
    padding="same",
    activation=tf.nn.relu)
    conv1= tf.layers.batch_normalization(inputs=conv1, training=mode ==
tf.estimator.ModeKeys.TRAIN, name='BN1')
# 池化层 1
# 使用 2*2 大小的卷积核，步幅为 2
    # 输入张量形状：[batch_size, 28, 28, 32]
    # 输出张量形状：[batch_size, 14, 14, 32]
    pool1 = tf.layers.max_pooling2d(inputs=conv1, pool_size=[2, 2], strides=2)

    # 卷积层 2
    # 64 个大小为 5*5 的卷积核
    # 填充格式为 same
    # 输入张量形状：[batch_size, 14, 14, 32]
    # 输出张量形状：[batch_size, 14, 14, 64]
    conv2 = tf.layers.conv2d(
        inputs=pool1,
        filters=64,
        kernel_size=[5, 5],
        padding="same",
        activation=tf.nn.relu)

    # 池化层 2
    # 最大池化层使用大小为 2*2 的卷积核，步幅为 2
    # 输入张量形状：[batch_size, 14, 14, 64]
    # 输出张量形状：[batch_size, 7, 7, 64]
    pool2 = tf.layers.max_pooling2d(inputs=conv2, pool_size=[2, 2], strides=2)

    # 把张量展平为向量
    # 输入张量形状：[batch_size, 7, 7, 64]
    # 输出张量形状：[batch_size, 7 * 7 * 64]
    pool2_flat = tf.reshape(pool2, [-1, 7 * 7 * 64])

    # 全连接层
    # 全连接层共有 1024 个神经元
    # 输入张量形状：[batch_size, 7 * 7 * 64]
    # 输出张量形状：[batch_size, 1024]
    dense = tf.layers.dense(inputs=pool2_flat, units=1024, activation=tf.
nn.relu, name="dense1")

    # 增加一个 dropout 操作，保持神经元比率为 0.6
    dropout = tf.layers.dropout(
        inputs=dense, rate=0.4, training=mode == tf.estimator.ModeKeys.TRAIN)
```

```
    # 逻辑层
    # 输入张量形状 : [batch_size, 1024]
    # 输出张量形状 : [batch_size, 10]
    logits = tf.layers.dense(inputs=dropout, units=10)

    predictions = {
        # 产生预测值
        "classes": tf.argmax(input=logits, axis=1),
        # 把 `softmax_tensor` 添加到数据流图中，用来记录相关日志
        "probabilities": tf.nn.softmax(logits, name="softmax_tensor")
    }
      prediction_output = tf.estimator.export.PredictOutput({"classes":
tf.argmax(input=logits, axis=1),
        "probabilities": tf.nn.softmax(logits, name="softmax_tensor")})

    if mode == tf.estimator.ModeKeys.PREDICT:
        return tf.estimator.EstimatorSpec(mode=mode, predictions=predictions,
            export_outputs={tf.saved_model.signature_constants.DEFAULT_SERVING_
SIGNATURE_DEF_KEY: prediction_output})

    # 计算代价函数
    onehot_labels = tf.one_hot(indices=tf.cast(labels, tf.int32), depth=10)
    loss = tf.losses.softmax_cross_entropy(
        onehot_labels=onehot_labels, logits=logits)
    # Generate some summary info
    tf.summary.scalar('loss', loss)
    tf.summary.histogram('conv1', conv1)
    tf.summary.histogram('dense', dense)

    # Configure the Training Op (for TRAIN mode)
    if mode == tf.estimator.ModeKeys.TRAIN:
        optimizer = tf.train.AdamOptimizer(learning_rate=1e-4)
        train_op = optimizer.minimize(
            loss=loss,
            global_step=tf.train.get_global_step())

        return tf.estimator.EstimatorSpec(mode=mode,loss=loss,train_op=train_op)

    # 添加评估指标
    eval_metric_ops = {
        "accuracy": tf.metrics.accuracy(
            labels=labels, predictions=predictions["classes"])}
    return tf.estimator.EstimatorSpec(
        mode=mode, loss=loss, eval_metric_ops=eval_metric_ops)
```

3）定义读取训练数据的输入函数。

```
def generate_input_fn(dataset, batch_size=BATCH_SIZE):
    def _input_fn():
        X = tf.constant(dataset.images)
        Y = tf.constant(dataset.labels, dtype=tf.int32)
```

```
        image_batch, label_batch = tf.train.shuffle_batch([X,Y],
            batch_size=batch_size,
            capacity=8*batch_size,
            min_after_dequeue=4*batch_size,
            enqueue_many=True
            )
        return {'x': image_batch} , label_batch

    return _input_fn
```

## 4）加载训练数据及预测数据。

```
# 加载训练和评估数据

mnist = input_data.read_data_sets(DATA_DIR)
train_data = mnist.train.images  # Returns np.array
train_labels = np.asarray(mnist.train.labels, dtype=np.int32)

eval_data = mnist.test.images  # Returns np.array
eval_labels = np.asarray(mnist.test.labels, dtype=np.int32)

predict_data_batch = mnist.test.next_batch(10)
```

## 5）创建 Estimator。

```
# 创建 Estimator
mnist_classifier = tf.estimator.Estimator(
    model_fn=cnn_model_fn, model_dir=MODEL_DIR)

# 设置预测日志
# 记录预测值
tensors_to_log = {"probabilities": "softmax_tensor"}
logging_hook = tf.train.LoggingTensorHook(
    tensors=tensors_to_log, every_n_iter=2000)
```

## 6）训练模型。

```
# 训练模型
mnist_classifier.train(
    input_fn=generate_input_fn(mnist.train, batch_size=BATCH_SIZE),
    steps=NUM_STEPS,
    hooks=[logging_hook]
    )
```

## 7）测试模型。

```
# 测试模型并打印结果
eval_input_fn = tf.estimator.inputs.numpy_input_fn(
    x={"x": eval_data},
    y=eval_labels,
    num_epochs=1,
```

```
        shuffle=False)
eval_results = mnist_classifier.evaluate(input_fn=eval_input_fn)
print(eval_results)
```

打印结果:

```
INFO:tensorflow:Calling model_fn.
INFO:tensorflow:Done calling model_fn.
INFO:tensorflow:Starting evaluation at 2018-04-01-05:13:05
INFO:tensorflow:Graph was finalized.
INFO:tensorflow:Restoring parameters from./custom_model_dir/1522559429/model.
ckpt-1000
INFO:tensorflow:Running local_init_op.
INFO:tensorflow:Done running local_init_op.
INFO:tensorflow:Finished evaluation at 2018-04-01-05:13:06
INFO:tensorflow:Saving dict for global step 1000: accuracy = 0.9763, global_step
= 1000, loss = 0.0751501
{'accuracy': 0.9763, 'loss': 0.075150102, 'global_step': 1000}
```

这里循环 1000 次, 精度接近 98%。

8) 保存模型。

```
def serving_input_receiver_fn():
    feature_tensor = tf.placeholder(tf.float32, [None, 784])
    return tf.estimator.export.ServingInputReceiver({'x': feature_tensor}, {'x':
feature_tensor})
exported_model_dir = mnist_classifier.export_savedmodel(MODEL_DIR, serving_
input_receiver_fn)
decoded_model_dir = exported_model_dir.decode("utf-8")
```

9) 可视化结果。利用 TensorFlow 的可视化工具 TensorBoard, 将损失值随着迭代次数的不断增加而逐渐变小的这个过程可视化, 具体如图 16-4 所示。

```
!tensorboard --logdir=$MODEL_DIR
```

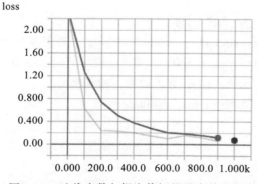

图 16-4 迭代次数与损失值间的对应关系图

## 16.5　Keras 简介

　　Keras 是神经网络的高层 API，Keras 由纯 Python 编写而成，可基于 TensorFlow、Theano 及 CNTK 后端，如图 16-5 所示。Keras 为支持快速实验而生，能够把你的想法迅速转换为结果。

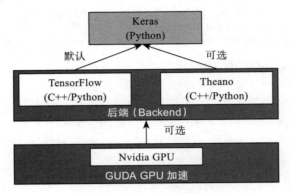

图 16-5　keras 及其支持后台

　　从 TensorFlow 1.4 开始，Keras 已成为其核心模块，我们可以通过 tf.keras 查看 Keras，可以通过 from tensorflow import keras 或 from tensorflow.python.keras 方式来引用 Keras。当然也可使用 pip 单独安装，这时直接导入 import keras 即可。

　　Keras 设计简便，支持 CNN、RNN 或两者的结合，可在 CPU、GPU 之间无缝切换。

　　Keras 中有两类深度学习模型：序列（Sequential）式模型和函数（Functional）式模型。序列式模型采用线性叠加的方式增加层，具体通过 model.add 来实现，这种方式比较简单。它是函数式模型的一个子类。函数式模型可以用来实现一些比较复杂的模型，如多个输入或输出的模型，它的添加层是通过 model.layers 来实现的。这两种模型的实施步骤基本相同，通常包括以下步骤：

　　第 1 步　构造数据：定义输入数据。

　　第 2 步　构造模型（model.add，或 model.layers）：确定各个变量之间的计算关系。

　　第 3 步　编译模型（model.compile）：编译已确定其内部细节。

　　第 4 步　训练模型（model.fit）：导入数据，训练模型。

　　第 5 步　评估或测试模型（model.evaluate）。

　　第 6 步　保存模型。

　　这两种模型的架构主要区别：序列式模型的网络结构比较简单，一个输入一个输出，函数式模型可以多个输入对应多个输出，如图 16-6 所示。

　　以下我们通过实例来详细说明如何使用序列式模型进行开发设计。

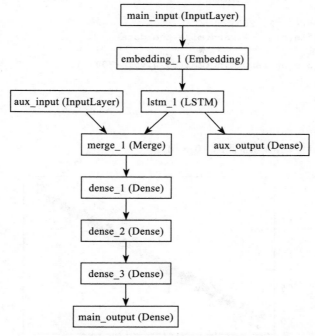

图 16-6 Keras 的函数模型网络结构图

## 16.6 实例：Keras 实现序列式模型

这里采用 Keras 序列模型进行开发，利用 Keras 架构实现一个传统机器学习算法——线性回归，根据输入数据及目标数据，模拟一个线性函数 $y = kx + b$。这里使用一个神经元，神经元中使用 Relu 作为激活函数，具体架构如图 16-7 所示。

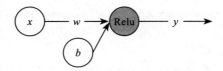

图 16-7 单个神经元示意图

第 1 步：导入需要的库，构造数据。

```
import numpy as np
from keras.models import Sequential
from keras.layers import Dense
import matplotlib.pyplot as plt
%matplotlib inline
```

```
# 构造数据
X = np.linspace(-2, 2, 200)
np.random.shuffle(X)      # randomize the data
# 添加一些噪音数据
Y = 0.5 * X + 2 + np.random.normal(0, 0.05, (200, ))

# 显示输入数据
plt.scatter(X, Y)
plt.show()
```

执行上述代码后得到的图形如图 16-8 所示。

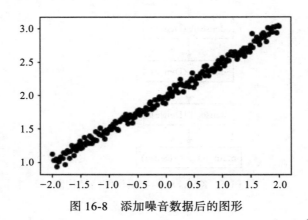

图 16-8    添加噪音数据后的图形

把 200 份数据划分为训练数据、测试数据。

```
X_train, Y_train = X[:160], Y[:160]      # first 160 data points
X_test, Y_test = X[160:], Y[160:]        # last 40 data points
```

第 2 步    构造模型。

```
# 创建序列实例
model = Sequential()
model.add(Dense(units=1,activation='relu', input_dim=1))
```

第 3 步    编译模型。

```
# 选择代价函数及优化器
model.compile(loss='mse', optimizer='sgd')
```

第 4 步    训练模型。

```
model.fit(X_train, Y_train, epochs=100,verbose=0, batch_size=64,)
```

第 5 步    测试模型。

```
# test
print('\nTesting ------------')
```

```
cost = model.evaluate(X_test, Y_test, batch_size=40)
print('test cost:', cost)
W, b = model.layers[0].get_weights()
print('Weights=', W, '\nbiases=', b)
Testing ------------
40/40 [==============================] - 0s 996us/step
test cost: 0.00395184289664
Weights= [[ 0.48489931]]
biases= [ 1.95838749]
```

可视化结果（见图 16-9 ）：

```
# plotting the prediction
Y_pred = model.predict(X_test)
plt.scatter(X_test, Y_test)
plt.plot(X_test, Y_pred)
plt.show()
```

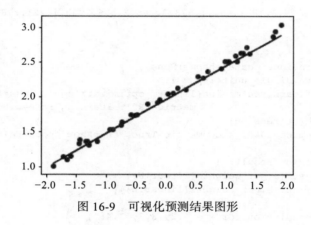

图 16-9　可视化预测结果图形

## 16.7　TFLearn 简介

我们在使用 Python 开发机器学习项目时，一般都会考虑 Scikit-learn。这里我们介绍 TensorFlow 版本的 Scikit-learn，即 TFLearn，这样描述主要是为了说明两者风格相似，但功能、实现方式还是有很多不同地方的。TFlearn 是基于 TensorFlow 的，Scikit-learn 是基于 Python 的；Scikit-learn 常用于传统机器学习，而 TFLearn 不但可以用于传统机器学习，还可用于深度学习。与 Scikit-learn 相比，TFLearn 有很多特点：

- ❑ 通过高度模块化的内置神经网络层、正则化器、优化器等进行快速原型设计；
- ❑ 对 TensorFlow 完全透明，所有函数都是基于 tensor 的，可以独立于 TFLearn 使用；
- ❑ 强大的辅助函数，可训练任意 TensorFlow 图，支持多输入、多输出和优化器；

❑ 无须人工干预，可使用多 CPU、多 GPU；

❑ 支持大多数深度学习模型，如卷积神经网络、循环神经网络、生成网络、增强学习等。

以下我们介绍两个实例，一个是利用 TFLearn 解决传统机器学习问题，另一个是处理深度学习问题。

### 16.7.1 利用 TFLearn 解决线性回归问题

线性回归是传统机器学习中的一种算法，用 Scikit-Learn 实现比较方便，同样用 TFLearn 实现也很简洁。

```
import tflearn

# 用于回归预测的数据
X = [3.3,4.4,5.5,6.71,6.93,4.168,9.779,6.182,7.59,2.167,7.042,10.791,5.313,7.997
,5.654,9.27,3.1]
Y = [1.7,2.76,2.09,3.19,1.694,1.573,3.366,2.596,2.53,1.221,2.827,3.465,1.65,2.90
4,2.42,2.94,1.3]

# 定义线性回归模型
input_ = tflearn.input_data(shape=[None])
linear = tflearn.single_unit(input_)
regression = tflearn.regression(linear, optimizer='sgd', loss='mean_square',
                                metric='R2', learning_rate=0.01)
m = tflearn.DNN(regression)
m.fit(X, Y, n_epoch=1000, show_metric=True, snapshot_epoch=False)

print("\nRegression result:")
print("Y = " + str(m.get_weights(linear.W)) +
      "*X + " + str(m.get_weights(linear.b)))

print("\nTest prediction for x = 3.2, 3.3, 3.4:")
print(m.predict([3.2, 3.3, 3.4]))
```

### 16.7.2 利用 TFLearn 进行深度学习

TFLearn 除了可以实现传统机器学习算法，也可进行深度学习，这个是 Scikit-Learn 目前没有的功能。

```
from __future__ import division, print_function, absolute_import

import tflearn
import tensorflow as tf
from tflearn.layers.core import input_data, dropout, fully_connected
from tflearn.layers.conv import conv_2d, max_pool_2d
from tflearn.layers.normalization import local_response_normalization
from tflearn.layers.estimator import regression
# 加载 MNIST 数据集（http://yann.lecun.com/exdb/mnist/）
```

```
import tflearn.datasets.mnist as mnist
X, Y, testX, testY = mnist.load_data(one_hot=True)
X = X.reshape([-1, 28, 28, 1])
testX = testX.reshape([-1, 28, 28, 1])

tf.reset_default_graph()
network = input_data(shape=[None, 28, 28, 1], name='input')
# 定义卷积层
network = conv_2d(network, 32, 3, activation='relu', regularizer="L2")
# 定义最大池化层
network = max_pool_2d(network, 2)
# 进行归一化处理
network = local_response_normalization(network)
network = conv_2d(network, 64, 3, activation='relu', regularizer="L2")
network = max_pool_2d(network, 2)
network = local_response_normalization(network)
# 全连接操作
network = fully_connected(network, 128, activation='tanh')
# dropout 操作
network = dropout(network, 0.8)
network = fully_connected(network, 256, activation='tanh')
network = dropout(network, 0.8)
network = fully_connected(network, 10, activation='softmax')
# 回归操作
network = regression(network, optimizer='adam', learning_rate=0.01,
                     loss='categorical_crossentropy', name='target')

# DNN 操作，构建深度神经网络，训练模型
model = tflearn.DNN(network, tensorboard_verbose=0)
model.fit({'input': X}, {'target': Y}, n_epoch=20,
          validation_set=({'input': testX}, {'target': testY}),
          snapshot_step=100, show_metric=True, run_id='convnet_mnist')
```

更多实例大家可参考 TFLearn 官网：http://tflearn.org/examples/。

## 16.8　小结

　　Estimator 是 TensorFlow 1.3 版本推出的一个核心模块，它建立在 Layer 基础之上，是 TensorFlow 的高级封装。利用 Estimator 可以很方便地构建神经网络模型。根据具体情况我们可以选择预定义方式或自定义方式，前者简单但功能有限，后者稍微复杂一点，但功能强大。Keras 目前也是 TensorFlow 的核心模块，Keras 是推出比较早的一个深度学习框架，使用起来非常方便，就像搭积木一样，对于一些多输入或多输出的情况可采用函数式模型。TFLearn 是一款具有 Scikit-learn 风格的高层封装，Scikit-learn 已存在很多年，比较成熟，粉丝也很多。

第 17 章

# 情 感 分 析

前面我们介绍了 Python 基础、应用数据基础、机器学习、深度学习、TensorFlow 及自然语言处理等方面的内容。接下来的四章（第 17 章～第 20 章）为实战内容，包括语言处理、乳腺癌预测、机器人聊天、图像处理等，使用的开发语言或框架有 Shell、Python、TensorFlow 等。

本章介绍情感分析（Sentiment analysis，SA），它是自然语言处理（NLP）领域的一个分支，又称倾向性分析、意见抽取（Opinion extraction）、意见挖掘（Opinion mining）、情感挖掘（Sentiment mining）、主观分析（Subjectivity analysis）等，它是对带有情感色彩的主观性文本进行分析、处理、归纳和推理的过程。如从电影评论中分析用户对电影的评价（positive、negative），从商品评论文本中分析用户对商品的"价格、大小、重量、易用性"等属性的情感倾向。

本章基于 LSTM 网络，用 TensorFlow 实现一个情感分析实例，具体内容包括：

❑ 深度学习与自然语言处理
❑ 词向量简介
❑ 循环神经网络
❑ 实例

## 17.1 深度学习与自然语言处理

自然语言处理就是告诉机器如何处理或读懂人类语言，目前比较热门的方向包括：

❑ 对话系统：比较著名的案例有 Siri，Alexa 和 Cortana。
❑ 情感分析：对一段文本进行情感识别。
❑ 图文映射：用一句话来描述一张图片。
❑ 机器翻译：将一种语言翻译成另一种语言。
❑ 语音识别：让电脑识别口语。

在深度学习兴起之前，NLP 也是一个蓬勃发展的领域。然而，在上述所有任务中，都需要根据语言学的知识去做大量的、复杂的特征工程，即通过手工来完成特征提取、特征转换等工作。因此，处理这些任务一般都耗时多、难度高、效率又低。不过，近些年随着大数据、深度学习的蓬勃发展，特征都是自动生成，在一定程度上，降低了语言学的门槛。

在自然语言中，一个重要分支就是情感分析。它广泛存在于日常生活中，通过用户撰写的文字来预测他对某个给定话题的态度，即它是对带有情感色彩的主观性文本进行分析、处理、归纳推理的过程。例如根据选举中某位候选人的推文，来预测该推文的情绪，并用它来预测选举结果。商家可以利用情感分析工具知道用户对自己产品的使用体验和评价。当需要大规模的情感分析时，肉眼的处理能力就变得十分有限。

情感分析的本质就是根据已知的文字和情感符号，推测文字是正面的还是负面的。处理好了情感分析，可以大大提升人们对事物的理解效率，也可以利用情感分析的结论为其他人或事物服务。比如不少基金公司利用人们对于某家公司、某个行业、某件事情的看法来预测未来股票的涨跌。

进行情感分析有如下难点：

1）文本是非结构化的，有长有短，很难用经典的机器学习分类模型来处理；

2）特征不容易提取。文本可能是谈论这个主题的，也可能是谈论人物、商品或事件的。人工提取特征耗费的精力太大，效果也不好；

3）词与词之间有联系，把这部分信息纳入模型中也不容易。

## 17.2　词向量简介

无论是机器学习还是深度学习，输入数据都需要转换为计算机能识别的数字。卷积神经网络使用像素值作为输入，逻辑回归使用一些可以量化的特征值作为输入，强化学习模型使用奖励信号来进行更新。当处理 NLP 任务时，同样需要把文字转换为数字。

图 17-1 中所示的输入信息，计算机是无法识别的，更不用说使用点积或者反向传播那样的运算操作。

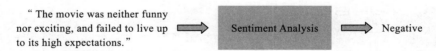

图 17-1　输入数据为语句的情感分析流程

所以，我们不能将字符串作为模型的输入，需要将句子中的每个词转换成数字或向量。如何进行转换呢？方法很多，可能最先想到的是把每个单词用一个整数表示，这种方法简单，但它无法反应词之间的依赖关系，也无法表示近义词或同义词等。为克服这种方法的不足，有人把这些数字转换成独热编码（One-hot），这种方式能避免数据大权重也大的问题，但构成的矩阵一般很庞大，无法反映一个句子上下文的依赖关系。后来，人们想到一个比较好的方法，即通过 Word2Vec 算法或模型，把句子中的词转换为维度不是很大（如在50 至 300 之间）的向量，通过这种方法，既可控制向量维度，又可体现句子或文章中的词的上下关系，具体实现流程，如图 17-2 所示。

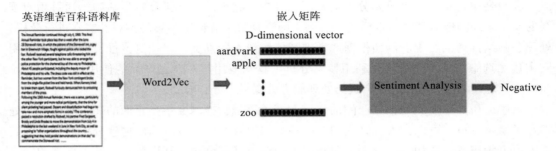

图 17-2　通过 Word2Vec 把语句或段落转换为向量矩阵的情感分析流程示意图

Word2Vec 模型先根据数据集中的每个句子进行训练，并以一个固定窗口在句子上进行滑动，根据句子的上下文来预测固定窗口中间那个词的向量。然后，根据代价函数和优化方法，对这个模型进行训练。训练过程有点复杂，这里就不展开来说了。对于深度学习模型来说，我们处理自然语言的时候，一般都是把词向量作为模型的输入。有关 Word2Vec 的内容，大家可参考第 13 章。

## 17.3　循环神经网络

有了神经网络的输入数据——词向量之后，接下来看需要构建的神经网络。时序性是NLP 数据的一大特点。每个单词的出现都依赖于它的前一个单词和后一个单词。由于这种依赖的存在，所以可使用循环神经网络来处理。

在循环神经网络中，句子中的每个单词都考虑了时间步长。实际上，时间步长的数量将等于最大序列长度，如图 17-3 所示。

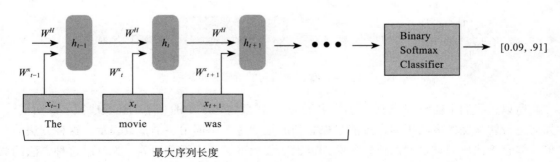

图 17-3　把句子划分为时间序列数据

与每个时间步骤相关联的中间状态又被作为一个新的组件，称为隐藏状态向量 $h(t)$。从抽象的角度来看，这个向量是用来封装和汇总前面时间步中所看到的所有信息的。就像 $x(t)$ 表示一个向量，它封装了一个特定单词的所有信息。

隐藏状态是当前单词向量和前一步的隐藏状态向量的函数，并且这两项之和需要通过激活函数来进行激活。

$h(t)$ 在传统的 RNN 网络中是非常简单的，这种简单结构不能有效将历史信息连接在一起，这个问题通常称为长期依赖问题。为解决这个问题，由 RNN 又衍生出几个变种，长短期记忆网络（LSTM）就是代表之一。LSTM 保存了文本中长期的依赖信息，有关 LSTM 更详细的介绍可参考第 15 章。

## 17.4　迁移学习简介

考虑到训练词向量模型一般需要大量数据，而且耗时比较长，故本实例采用迁移学习方法，即直接利用训练好的词向量模型作为输入数据。这样既可提高模型精度，又可节省大量训练时间。

何为迁移学习？迁移学习是一种机器学习方法，简单来说，就是把任务 A 开发的模型作为初始点，重新用在任务 B 中，如图 17-4 所示。比如，A 任务可以是识别图片中车辆，而 B 任务可以是识别卡车、轿车、公交车等。

合理使用迁移学习，可以避免针对每个目标任务单独训练模型，从而极大节约计算资源。

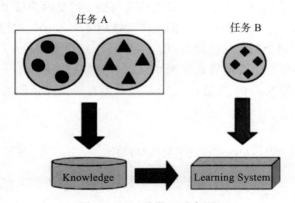

图 17-4　迁移学习示意图

在计算机视觉任务和自然语言处理任务中，将预训练好的模型作为新模型的起点是一种常用方法，通常预训练这些模型，往往要消耗大量的时间和巨大的计算资源。迁移学习就是把预训练好的模型迁移到新的任务上。

本实例使用了两个已训练好的词向量模型：一个是包含 40000 个单词的 Python 列表（及 NumPy 对象），另一个是包含 40000*50 词向量的嵌入矩阵。本例以这两个向量模型为输入数据。

## 17.5 实例：TensorFlow 实现情感分析

情感分析的任务就是分析一个输入单词或者句子的情绪是积极的、消极的还是中性的。我们可以把这个特定的任务分成 5 个不同的步骤来实现。

1）制作词向量，可以训练一个单词向量生成模型（如 Word2Vec），也可以直接用现成的。

2）创建 ID 矩阵。

3）构建 RNN 网络架构。

4）训练模型。

5）测试模型。

以下代码实现环境为 Python3.6、Jupyter、TensorFlow1.6。

### 17.5.1 导入数据

首先，我们需要创建词向量。为简单起见，我们使用训练好的模型来创建。作为该领域的一个最大玩家，Google 已经帮助我们在大规模数据集上训练出 Word2Vec 模型，包括 1000 亿个不同的词！在这个模型中，谷歌能创建 300 万个词向量，每个向量维度为 300。在理想情况下，我们将使用这些向量来构建模型，但是因为这个单词向量矩阵相当大（3.6GB），我们用另外一个现成但小一些的矩阵，该矩阵用 GloVe 进行训练而得。该矩阵包含 400000 个词向量，每个向量的维数为 50。

我们将采用迁移方法，直接导入这两个已训练好的数据结构，一个是包含 400000 个单词的 Python 列表（即 NumPy 数组），一个是包含所有单词向量值的 400000*50 维的嵌入矩阵。

```
import numpy as np
wordsList = np.load('./imdb/wordsList.npy')
print('Loaded the word list!')
wordsList = wordsList.tolist() #Originally loaded as numpy array
# 将单词编码为 UTF-8 格式
wordsList = [word.decode('UTF-8') for word in wordsList]
wordVectors = np.load('./imdb/wordVectors.npy')
print ('Loaded the word vectors!')
```

为了确保所有内容都已正确加载，我们可以查看词汇列表和嵌入矩阵的维度。

```
print(len(wordsList))
```

```
print(wordVectors.shape)
```

打印结果：

```
400000
(400000, 50)
```

我们也可以在词库中搜索单词，比如"baseball"，然后可以通过访问嵌入矩阵来得到相应的向量，如下：

```
baseballIndex = wordsList.index('baseball')
wordVectors[baseballIndex]
```

结果如下：

```
array([-1.93270004,  1.04209995, -0.78514999,  0.91033  ,  0.22711  ,
    -0.62158  , -1.64929998,  0.07686  , -0.58679998,  0.058831 ,
        0.35628  ,  0.68915999, -0.50598001,  0.70472997,  1.26639998,
    -0.40031001, -0.020687  ,  0.80862999, -0.90565997, -0.074054 ,
    -0.87674999, -0.62910002, -0.12684999,  0.11524  , -0.55685002,
    -1.68260002, -0.26291001,  0.22632  ,  0.713    , -1.08280003,
        2.12310004,  0.49869001,  0.066711  , -0.48225999, -0.17896999,
        0.47699001,  0.16384  ,  0.16537  , -0.11506  , -0.15962  ,
    -0.94926  , -0.42833  , -0.59456998,  1.35660005, -0.27506  ,
        0.19918001, -0.36008, 0.55667001, -0.70314997,0.17157], dtype=float32)
```

有了向量之后，第一步就是输入一个句子，然后构造它的向量表示。假设现在输入的句子是"I thought the movie was incredible and inspiring"。为了得到词向量，可以使用 TensorFlow 的嵌入函数。这个函数有两个参数，一个是嵌入矩阵（这里采用词向量矩阵），另一个是与每个词对应的索引。接下来，通过一个具体的例子来说明。

```
import tensorflow as tf
maxSeqLength = 10 # 句子的最大长度
numDimensions = 300 # 单词向量维度
firstSentence = np.zeros((maxSeqLength), dtype='int32')
firstSentence[0] = wordsList.index("i")
firstSentence[1] = wordsList.index("thought")
firstSentence[2] = wordsList.index("the")
firstSentence[3] = wordsList.index("movie")
firstSentence[4] = wordsList.index("was")
firstSentence[5] = wordsList.index("incredible")
firstSentence[6] = wordsList.index("and")
firstSentence[7] = wordsList.index("inspiring")
#firstSentence[8] and firstSentence[9] 为 0
print(firstSentence.shape)
# 显示每个词的行索引
print(firstSentence)
```

打印结果：

```
(10,)
```

```
[    41    804 201534    1005      15   7446      5  13767        0        0]
```

数据管道如图 17-5 所示。

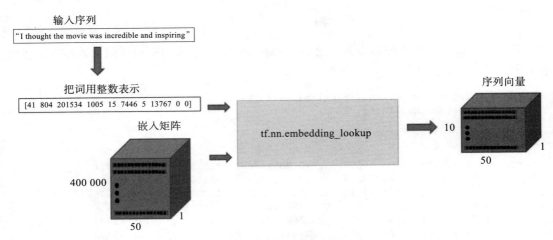

输入序列

"I thought the movie was incredible and inspiring"

把词用整数表示

[41 804 201534 1005 15 7446 5 13767 0 0]

嵌入矩阵

tf.nn.embedding_lookup

序列向量

400 000

50

1

10

50

1

图 17-5　例句的数据生成管道示意图

```
with tf.Session() as sess:
    print(tf.nn.embedding_lookup(wordVectors,firstSentence).eval().shape)
```

打印结果：

```
(10, 50)
```

上述结果说明输出数据是一个 10*50 的词矩阵，其中包括 10 个词，每个词的向量维度是 50，如图 17-5 所示。

在整个训练集上构造索引之前，先可视化我们所拥有的数据类型。这将有助于我们决定如何设置最大序列长度的最佳值。在前面的例子中，我们设置了最大长度为 10，但这个值在很大程度上取决于你输入的数据。

这里的训练集是 IMDB 数据集。这个数据集包含 25000 条电影数据，其中 12500 条正向数据，12500 条负向数据。这些数据存储在一个文本文件中，首先需要做的就是去解析这个文件。正向数据包含在一个文件中，负向数据包含在另一个文件中。下面的代码展示了具体的细节：

```
from os import listdir
from os.path import isfile, join
positiveFiles = ['./imdb/positiveReviews/' + f for f in listdir('./imdb/
positiveReviews/') if isfile(join('./imdb/positiveReviews/', f))]
    negativeFiles = ['./imdb/negativeReviews/' + f for f in listdir('./imdb/
negativeReviews/') if isfile(join('./imdb/negativeReviews/', f))]
    numWords = []
    for pf in positiveFiles:
```

```
    with open(pf, "r", encoding='utf-8') as f:
        line=f.readline()
        counter = len(line.split())
        numWords.append(counter)
print('Positive files finished')

for nf in negativeFiles:
    with open(nf, "r", encoding='utf-8') as f:
        line=f.readline()
        counter = len(line.split())
        numWords.append(counter)
print('Negative files finished')

numFiles = len(numWords)
print('The total number of files is', numFiles)
print('The total number of words in the files is', sum(numWords))
print('The average number of words in the files is', sum(numWords)/
len(numWords))
```

打印结果：

```
Positive files finished
Negative files finished
The total number of files is 25000
The total number of words in the files is 5844680
The average number of words in the files is 233.7872
```

使用 Matplot 对数据进行可视化。

```
import matplotlib.pyplot as plt
import matplotlib.font_manager as fm
myfont = fm.FontProperties(fname='/home/wumg/anaconda3/lib/python3.6/site-
packages/matplotlib/mpl-data/fonts/ttf/simhei.ttf')

%matplotlib inline
plt.hist(numWords, 50)
plt.xlabel('序列长度',fontproperties=myfont)
plt.ylabel('频率',fontproperties=myfont)
plt.axis([0, 1200, 0, 8000])
plt.show()
```

可视化后的效果如图 17-6 所示。

从直方图和句子的平均单词数可以看出，将句子最大长度设置为 250 是合适的。接下来，我们将单个文件中的文本转换成索引矩阵，下面的代码就是文本中的一个评论。

```
maxSeqLength = 250
fname = positiveFiles[3] #Can use any valid index (not just 3)
with open(fname) as f:
    for lines in f:
        print(lines)
        exit
```

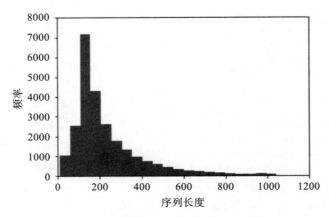

图 17-6　序列长度与频率对应关系图

打印结果：

I agree with the other comments. I saw this movie years ago. Christopher Plummer is hilarious as a dandy. The ribaldry is unsurpassed. If this comes out on video, I will definitely buy it.

将它转换成一个索引矩阵。

```
# 删除标点符号、括号、问号等，只留下字母数字字符
import re
strip_special_chars = re.compile("[^A-Za-z0-9 ]+")

def cleanSentences(string):
    string = string.lower().replace("<br />", " ")
    return re.sub(strip_special_chars, "", string.lower())

firstFile = np.zeros((maxSeqLength), dtype='int32')
with open(fname) as f:
    indexCounter = 0
    line=f.readline()
    cleanedLine = cleanSentences(line)
    split = cleanedLine.split()
    for word in split:
        try:
            firstFile[indexCounter] = wordsList.index(word)
        except ValueError:
            firstFile[indexCounter] = 399999 #Vector for unknown words
        indexCounter = indexCounter + 1
firstFile
```

现在，我们用相同的方法来处理全部的 25000 条评论。我们将导入电影训练集，并得到一个 25000*250 的矩阵。这是一个计算成本非常高的过程，可以采用迁移学习方法，直接使用训练好的索引矩阵文件。

```
ids = np.load('./imdb/idsMatrix.npy')
```

下面我们将定义几个辅助函数，这些函数在稍后训练神经网络的步骤中会用到。

## 17.5.2　定义辅助函数

定义辅助函数的方法如下：

```
from random import randint

def getTrainBatch():
    labels = []
    arr = np.zeros([batchSize, maxSeqLength])
    for i in range(batchSize):
        if (i % 2 == 0):
            num = randint(1,11499)
            labels.append([1,0])
        else:
            num = randint(13499,24999)
            labels.append([0,1])
        arr[i] = ids[num-1:num]
    return arr, labels


def getTestBatch():
    labels = []
    arr = np.zeros([batchSize, maxSeqLength])
    for i in range(batchSize):
        num = randint(11499,13499)
        if (num <= 12499):
            labels.append([1,0])
        else:
            labels.append([0,1])
        arr[i] = ids[num-1:num]
    return arr, labels
```

## 17.5.3　构建 RNN 模型

在构建 TensorFlow 图模型之前，先定义一些超参数，比如批处理大小、LSTM 的单元个数、分类类别和训练次数等。

```
batchSize = 24
lstmUnits = 64
numClasses = 2
iterations = 20000
```

与大多数 TensorFlow 图一样，我们需要指定两个占位符，一个用于数据输入，另一个用于标签数据。对于占位符，最重要的一点就是确定好维度。

```
import tensorflow as tf
tf.reset_default_graph()
```

```
labels = tf.placeholder(tf.float32, [batchSize, numClasses])
input_data = tf.placeholder(tf.int32, [batchSize, maxSeqLength])
```

标签占位符代表一组值，每个值都为 [1,0] 或者 [0,1]，具体是哪个取决于数据是正向的还是负向的。输入的占位符是一个整数化的索引数组，如图 17-7 所示。

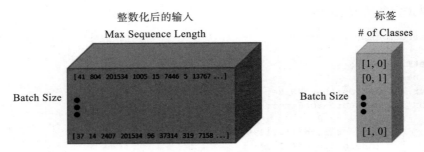

图 17-7　整数化的输入值与标签对应关系

设置了输入数据占位符之后，我们可以调用 tf.nn.embedding_lookup() 函数来得到词向量。该函数最后将返回一个三维向量，第一个维度是批处理大小，第二个维度是句子长度，第三个维度是词向量长度。更清晰的表达可参考图 17-8 所示。

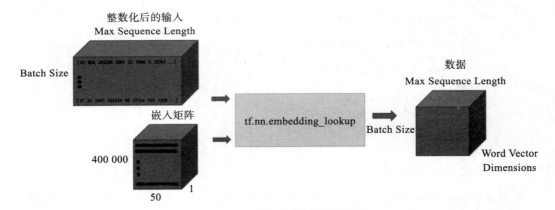

图 17-8　对输入数据进行批量化

```
data = tf.nn.embedding_lookup(wordVectors,input_data)
```

现在我们已经得到了想要的数据形式。如何才能将这种数据形式输入到我们的 LSTM 网络中？首先，我们使用 tf.nn.rnn_cell.BasicLSTMCell 函数，这个函数输入的参数是一个整数，表示需要几个 LSTM 单元。这是我们设置的一个超参数，我们需要对这个数值进行调试从而找到最优的解。然后，设置一个 dropout 参数，以此来避免一些过拟合。最后，我们将 LSTM cell 和三维的数据输入到 tf.nn.dynamic_rnn，这个函数的功能是展开整个网络，并且构建一个 RNN 模型。

```
lstmCell = tf.contrib.rnn.BasicLSTMCell(lstmUnits)
lstmCell = tf.contrib.rnn.DropoutWrapper(cell=lstmCell, output_keep_prob=0.25)
value, _ = tf.nn.dynamic_rnn(lstmCell, data, dtype=tf.float32)
```

LSTM 网络是一个比较好的网络架构。也就是前一个 LSTM 隐藏层的输出是下一个 LSTM 的输入。LSTM 可以帮助模型记住更多的上下文信息，但是带来的弊端是训练参数会增加很多，模型的训练时间会很长，过拟合的概率也会增加。

dynamic RNN 函数的第一个输出可以被认为是最后的隐藏状态向量。这个向量将被重新确定维度，然后乘以最后的权重矩阵和一个偏置项来获得最终的输出值。

```
weight = tf.Variable(tf.truncated_normal([lstmUnits, numClasses]))
bias = tf.Variable(tf.constant(0.1, shape=[numClasses]))
value = tf.transpose(value, [1, 0, 2])
last = tf.gather(value, int(value.get_shape()[0]) - 1)
prediction = (tf.matmul(last, weight) + bias)
```

接下来，我们需要定义正确的预测函数和正确率评估参数。正确的预测形式是查看最后输出的 0-1 向量是否和标记的 0-1 向量相同。

```
correctPred = tf.equal(tf.argmax(prediction,1), tf.argmax(labels,1))
accuracy = tf.reduce_mean(tf.cast(correctPred, tf.float32))
```

之后，我们使用一个标准的交叉熵作为代价函数。对于优化器，我们选择 Adam，并且采用默认的学习率。

```
loss = tf.reduce_mean(tf.nn.softmax_cross_entropy_with_logits_v2(logits=
prediction, labels=labels))
optimizer = tf.train.AdamOptimizer().minimize(loss)
```

如果你想使用 Tensorboard 来可视化损失值和正确率，可以修改并且运行下列代码。

```
import datetime

tf.summary.scalar('Loss', loss)
tf.summary.scalar('Accuracy', accuracy)
merged = tf.summary.merge_all()
logdir = "tensorboard/" + datetime.datetime.now().strftime("%Y%m%d-%H%M%S") +
"/"
writer = tf.summary.FileWriter(logdir, sess.graph)
```

## 17.5.4　调优超参数

选择合适的超参数来训练你的神经网络是至关重要的。你会发现你的训练损失值与你选择的优化器（Adam、Adadelta、SGD 等）有关，学习率和网络架构都有很大的关系。特别是在 RNN 和 LSTM 中，单元数量和词向量的大小都是重要因素。

❑ 学习率：RNN 最难的一点就是它的训练非常困难，因为时间步骤很长。这样一来，学习率就变得非常重要。如果我们将学习率设置得很大，那么学习曲线就会波动很大；如果我们将学习率设置得很小，那么训练过程就会非常缓慢。根据经验，将学习率默认设置为 0.001 是一个比较好的选择。如果训练得非常缓慢，那么可以适当增大这个值；如果训练过程非常不稳定，那么可以适当减小这个值。

❑ 优化器：这个在研究中没有一个统一的选择，不过 Adam 优化器被广泛使用。

❑ LSTM 单元的数量：这个值很大程度上取决于输入文本的平均长度。而更多的单元数量可以帮助模型存储更多的文本信息，当然模型的训练时间就会增加很多，并且计算成本会非常昂贵。

❑ 词向量维度：词向量的维度一般设置为 50 到 300。维度越多意味着可以存储的单词信息越多，但是同时需要付出更昂贵的计算成本。

## 17.5.5　训练模型

训练过程的基本思路是：首先定义一个 TensorFlow 会话；然后，加载一批评论和对应的标签；接下来，调用会话的 run 函数。run 函数有两个参数，第一个参数被称为 fetches 参数，这个参数定义了我们感兴趣的值。希望通过我们的优化器来最小化代价函数。第二个参数被称为 feed_dict 参数，这个数据结构就是占位符，我们需要将一个批处理的评论和标签输入模型，然后不断对这一组训练数据进行循环训练。

为了获取比较好的模型性能，迭代次数要比较大，如 100000 次或以上能获得 99% 以上精度。因时间关系这里我只迭代 20000 次（即 iterations = 20000），使用 GPU，当然你也可以直接加载一个预训练好的模型。

```python
sess = tf.InteractiveSession()
saver = tf.train.Saver()
sess.run(tf.global_variables_initializer())
with tf.device('/gpu:0'):
    for i in range(iterations):
        # 获取下一批次数据
        nextBatch, nextBatchLabels = getTrainBatch();
        sess.run(optimizer, {input_data: nextBatch, labels: nextBatchLabels})

        # 把汇总信息写入 Tensorboard
        if (i % 50 == 0):
            summary = sess.run(merged,{input_data:nextBatch,labels:nextBatchLabels})
            writer.add_summary(summary, i)

        # 每训练 1000 次保存一次
        if (i % 1000 == 0 and i != 0):
            save_path = saver.save(sess, "models/pretrained_lstm.ckpt", global_step=i)
            print("saved to %s" % save_path)
    writer.close()
```

　　训练好这个模型后，可以使用 TensorBoard 来查看这个训练过程。你可以打开终端，然后在里面运行 tensorboard --logdir='./tensorboard/'，之后就可以在 http://localhost:6006/ 中查看到整个训练过程。图 17-9 和图 17-10 所示分别是迭代 20000 次后准确率、代价函数值与迭代次数的对应关系图。

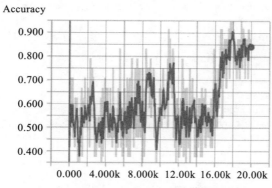

图 17-9　迭代次数与准确率的对应关系图

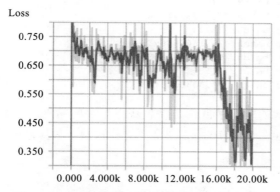

图 17-10　迭代次数与代价函数值的对应关系图

　　从上面的训练曲线不难发现，这个模型的训练结果还可以。损失值在稳定下降，正确率也在不断接近 80%（如果迭代 100000 或以上，能接近 100%）。不过，当分析训练曲线时，应该注意模型可能在训练集上面已经过拟合。过拟合是机器学习中一个非常常见的问题，表示模型在训练集上面拟合得很好，但是在测试集上面的泛化能力却一般或比较差。也就是说，如果在训练集上面取得了损失值是 0 的模型，但是这个结果也不一定是最好的结果。当训练 LSTM 的时候，提前终止是一种常见的防止过拟合的方法。基本思路是，在训练集上面进行模型训练，同时不断地在测试集上面测量它的性能。一旦测试误差停止下降了，或者误差开始增大了，那就需要停止训练了。因为这个迹象表明，网络的性能开始退化了。

上面的代码已保存了模型，恢复一个预训练的模型需要使用 TensorFlow 的另一个会话函数——Server，然后利用这个会话函数来调用 restore 函数。这个函数包括两个参数，一个表示当前的会话，另一个表示保存的模型。

```
sess = tf.InteractiveSession()
saver = tf.train.Saver()
saver.restore(sess, tf.train.latest_checkpoint('./models'))
```

然后，从我们的测试集中导入一些电影评论。请注意，这些评论是模型从来没有看见过的。你可以通过以下代码来查看每一个批处理的准确率。

```
iterations = 10
for i in range(iterations):
    nextBatch, nextBatchLabels = getTestBatch();
    print("Accuracy for this batch:", (sess.run(accuracy, {input_data: nextBatch,
labels: nextBatchLabels})) * 100)
```

打印结果：

```
Accuracy for this batch: 75.0
Accuracy for this batch: 83.3333313465
Accuracy for this batch: 83.3333313465
Accuracy for this batch: 87.5
Accuracy for this batch: 83.3333313465
Accuracy for this batch: 75.0
Accuracy for this batch: 79.1666686535
Accuracy for this batch: 91.6666686535
Accuracy for this batch: 75.0
Accuracy for this batch: 83.3333313465
```

这是迭代 20000 次的模型精度，如果想获得更好的精度，可以增加迭代次数。迭代 100000 次或以上，精度可接近 100%，要变更迭代次数，只要修改超参数 iterations，然后再训练即可。

## 17.6  小结

在本章，我们通过深度学习方法来处理情感分析任务。我们首先设计了需要哪些模型组件；然后编写 TensorFlow 代码，来具体实现这些组件，并采用迁移学习直接使用训练好的几个词向量模型，设计一些数据管道来作为数据的流通渠道；最后，我们训练和测试了模型，以此来查看是否能在电影评论集上面正常工作。

在 TensorFlow 的帮助下，你也可以创建自己的情感分析模型，并且设计一个真实世界能用的模型。

第 18 章

# 利用 TensorFlow 预测乳腺癌

用大数据、人工智能方法提高健康医疗行业的效率，一直是大家比较关注的问题，也是近些年各大公司争相进入的热点之一。医疗行业有天然的大数据，为深度学习、人工智能提供了广阔空间，同时也蕴藏着巨大的潜力。

本章将介绍一个有关如何使用深度学习框架来分析预测乳腺癌的实例，基于从图像中抽取的反应细胞核的特征数据，采用神经网络算法，借助 TensorFlow 工具来预测癌症是良性还是恶性。数据是从乳房块的细针抽吸（FNA）的数字化图像数据，它们描述了图像中存在的细胞核的特征。实例为一个完整的深度学习过程，具体步骤包括：

❑ 数据说明
❑ 数据预处理
❑ 数据探索
❑ 构建神经网络
❑ 训练神经网络
❑ 评估模型

## 18.1 数据说明

数据可以通过以下方式获取到：https://archive.ics.uci.edu/ml/datasets/Breast+Cancer+Wisconsin+%28Diagnostic%29。

从每幅医疗诊断图像中，计算出反应细胞核每个特征的平均值、标准误差、"最差"或最大值（三个最大值的平均值），从而产生 30 个特征。例如，字段 3 是平均半径，字段 13 是半径 SE，字段 23 是最差半径。所有特征值都用四个有效数字重新编码：缺少属性值为 none，分类为 357 良性、212 恶性。

属性信息：

❑ 身份证号码；

❑ 诊断（M = 恶性，B = 良性）3-32）。

计算每个细胞核的 10 个实值特征：

❑ 半径（从中心到周边的距离的平均值）；

❑ 纹理（灰度值的标准偏差）；

❑ 周长；

❑ 面积；

❑ 平滑度（半径长度的局部变化）；

❑ 紧凑度（周长 ^2 / 面积 -1.0）；

❑ 凹面（轮廓凹部的严重性）；

❑ 凹点（轮廓凹部的数量）；

❑ 对称性；

❑ 分形维数（"海岸线近似" -1）。

以下代码使用环境：Python3.6，TensorFlow1.6。

查看文件前 2 行数据：

```
! head -2 data.csv
```

结果如下：

```
['"id","diagnosis","radius_mean","texture_mean","perimeter_mean","area_
mean","smoothness_mean","compactness_mean","concavity_mean","concave points_
mean","symmetry_mean","fractal_dimension_mean","radius_se","texture_se","perimeter_
se","area_se","smoothness_se","compactness_se","concavity_se","concave points_
se","symmetry_se","fractal_dimension_se","radius_worst","texture_worst","perimeter_
worst","area_worst","smoothness_worst","compactness_worst","concavity_
worst","concave points_worst","symmetry_worst","fractal_dimension_worst",',
     '842302,M,17.99,10.38,122.8,1001,0.1184,0.2776,0.3001,0.1471,0.2419,0.07871,1.0
95,0.9053,8.589,153.4,0.006399,0.04904,0.05373,0.01587,0.03003,0.006193,25.38,17.33,
184.6,2019,0.1622,0.6656,0.7119,0.2654,0.4601,0.1189']
```

## 18.2 数据预处理

1）导入需要的包：

```
import tensorflow as tf
import pandas as pd
from sklearn.utils import shuffle
import matplotlib.gridspec as gridspec
import seaborn as sns
import matplotlib.pyplot as plt
%matplotlib inline
import matplotlib.font_manager as fm
myfont = fm.FontProperties(fname='/home/wumg/anaconda3/lib/python3.6/site-
```

```
packages/matplotlib/mpl-data/fonts/ttf/simhei.ttf')
```

2）定义数据文件路径：

```
train_filename = "data.csv"
```

3）重新设置字段名称：

```
idKey = "id"
diagnosisKey = "diagnosis"
radiusMeanKey = "radius_mean"
textureMeanKey = "texture_mean"
perimeterMeanKey = "perimeter_mean"
areaMeanKey = "area_mean"
smoothnessMeanKey = "smoothness_mean"
compactnessMeanKey = "compactness_mean"
concavityMeanKey = "concavity_mean"
concavePointsMeanKey = "concave points_mean"
symmetryMeanKey = "symmetry_mean"
fractalDimensionMean = "fractal_dimension_mean"
radiusSeKey = "radius_se"
textureSeKey = "texture_se"
perimeterSeKey = "perimeter_se"
areaSeKey = "area_se"
smoothnessSeKey = "smoothness_se"
compactnessSeKey = "compactness_se"
concavitySeKey = "concavity_se"
concavePointsSeKey = "concave points_se"
symmetrySeKey = "symmetry_se"
fractalDimensionSeKey = "fractal_dimension_se"
radiusWorstKey = "radius_worst"
textureWorstKey = "texture_worst"
perimeterWorstKey = "perimeter_worst"
areaWorstKey = "area_worst"
smoothnessWorstKey = "smoothness_worst"
compactnessWorstKey = "compactness_worst"
concavityWorstKey = "concavity_worst"
concavePointsWorstKey = "concave points_worst"
symmetryWorstKey = "symmetry_worst"
fractalDimensionWorstKey = "fractal_dimension_worst"
```

4）选择训练集列名：

```
train_columns = [idKey, diagnosisKey, radiusMeanKey, textureMeanKey,
perimeterMeanKey, areaMeanKey, smoothnessMeanKey, compactnessMeanKey,
concavityMeanKey, concavePointsMeanKey, symmetryMeanKey, fractalDimensionMean,
radiusSeKey, textureSeKey, perimeterSeKey, areaSeKey, smoothnessSeKey,
compactnessSeKey, concavitySeKey, concavePointsSeKey, symmetrySeKey,
fractalDimensionSeKey, radiusWorstKey, textureWorstKey, perimeterWorstKey,
areaWorstKey, smoothnessWorstKey, compactnessWorstKey, concavityWorstKey,
concavePointsWorstKey, symmetryWorstKey, fractalDimensionWorstKey]
```

5）定义读取数据函数，文件以逗号分隔，第一行为标题（跳过）：

```
def get_train_data():
    df=pd.read_csv(train_filename,names= train_columns,delimiter=',',skiprows=1)
    return df

train_data = get_train_data()

# 读取前 5 行数据
train_data.head()
```

## 18.3　探索数据

1）查看前 5 行数据：

```
# 读取前 5 行数据
train_data.head()
```

数据文件前 5 行前几列样例数据，如表 18-1 所示。

表 18-1　前 5 行数据样例

| | id | diagnosis | radius_mean | texture_mean | perimeter_mean | area_mean | smoothness_mean | compactness_mean | con |
|---|---|---|---|---|---|---|---|---|---|
| 0 | 842302 | M | 17.99 | 10.38 | 122.80 | 1001.0 | 0.11840 | 0.27760 | |
| 1 | 842517 | M | 20.57 | 17.77 | 132.90 | 1326.0 | 0.08474 | 0.07864 | |
| 2 | 84300903 | M | 19.69 | 21.25 | 130.00 | 1203.0 | 0.10960 | 0.15990 | |
| 3 | 84348301 | M | 11.42 | 20.38 | 77.58 | 386.1 | 0.14250 | 0.28390 | |
| 4 | 84358402 | M | 20.29 | 14.34 | 135.10 | 1297.0 | 0.10030 | 0.13280 | |

5 rows × 32 columns

2）查看数据特征信息：

```
# 查看数据的统计信息
train_data.describe()

# 查看是否有空值
train_data.isnull().sum()

# 查看属于恶性的统计数据
print ("恶性")
print (train_data.area_mean[train_data.diagnosis == "M"].describe())
# 查看属于良性的统计数据
print ("良性")
print (train_data.area_mean[train_data.diagnosis == "B"].describe())
```

3）可视化这些数据：

```
f, (ax1, ax2) = plt.subplots(2, 1, sharex=True, figsize=(12,4))
```

```
bins = 50

ax1.hist(train_data.area_mean[train_data.diagnosis == "M"], bins = bins)
ax1.set_title('恶性',fontproperties=myfont)

ax2.hist(train_data.area_mean[train_data.diagnosis == "B"], bins = bins)
ax2.set_title('良性',fontproperties=myfont)

plt.xlabel('区域平均值',fontproperties=myfont)
plt.ylabel('诊断次数',fontproperties=myfont)
plt.show()
```

从图 18-1 所示可以看出，"area_mean"特征看起来差别比较大，这会增加其在两种类型诊断中的价值。此外，恶性诊断更多是均匀分布的，而良性诊断具有正态分布。当其值超过 750 时，可以更容易做出恶性诊断。接下来，我们来看看特征 area_worst 在两种类型之间的差异。

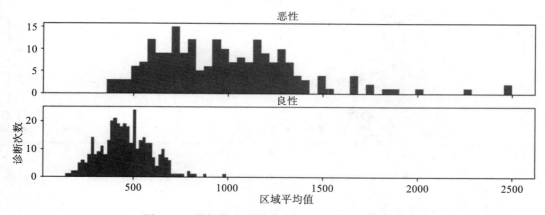

图 18-1 数据集中恶性与良性特征的区域分布图

4）查看其他特征的特性：

```
r_data = train_data.drop([idKey, areaMeanKey, areaWorstKey, diagnosisKey],
axis=1)
r_features = r_data.columns
## 可视化其他特征分布信息
plt.figure(figsize=(12,28*4))
gs = gridspec.GridSpec(28, 1)
for i, cn in enumerate(r_data[r_features]):
    ax = plt.subplot(gs[i])
    sns.distplot(train_data[cn][train_data.diagnosis == "M"], bins=50)
    sns.distplot(train_data[cn][train_data.diagnosis == "B"], bins=50)
    ax.set_xlabel('')
    ax.set_title('特征直方图：' + str(cn),fontproperties=myfont)
plt.show()
```

图 18-2 和图 18-3 所示是显示的部分图形。

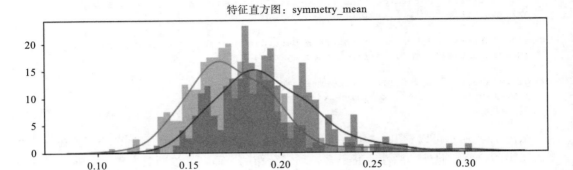

图 18-2    `symmetry_mean` 特征分布的直方图

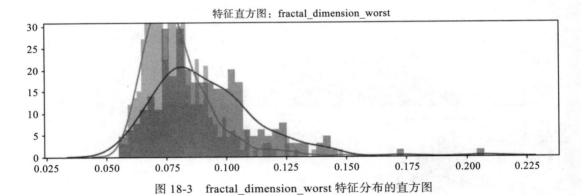

图 18-3    `fractal_dimension_worst` 特征分布的直方图

5）对一些特征进行转换：

```
# 更新诊断值。1 代表恶性，0 代表为良性
train_data.loc[train_data.diagnosis == "M", 'diagnosis'] = 1
train_data.loc[train_data.diagnosis == "B", 'diagnosis'] = 0
# 创建良性（非恶性）诊断的新特征
train_data.loc[train_data.diagnosis == 0, 'benign'] = 1
train_data.loc[train_data.diagnosis == 1, 'benign'] = 0
# 把这列数据类型转换为 int
train_data['benign'] = train_data.benign.astype(int)
# 把列 diagnosis 重命名为 malignant
train_data = train_data.rename(columns={'diagnosis': 'malignant'})
# 212 例恶性诊断，357 例良性诊断。37.25% 的诊断是恶性的
print(train_data.benign.value_counts())
print()
print(train_data.malignant.value_counts())

# 查看前几行数据
pd.set_option("display.max_columns",101)
```

```
train_data.head()
```

6）对数据进行一些预处理：

```
# 创建一个只有 malignant、benign 的 Dataframe
Malignant = train_data[train_data.malignant == 1]
Benign = train_data[train_data.benign == 1]
# 将 train_X 设置为恶性诊断的 80%
train_X = Malignant.sample(frac=0.8)
count_Malignants = len(train_X)
# 将 80% 的良性诊断添加到 train_X
train_X = pd.concat([train_X, Benign.sample(frac = 0.8)], axis = 0)
# 使 test_X 包含不在 train_X 中的数据
test_X = train_data.loc[~train_data.index.isin(train_X.index)]
# 使用 shuffle 函数打乱数据
train_X = shuffle(train_X)
test_X = shuffle(test_X)
# 把标签添加到 train_Y、test_Y
train_Y = train_X.malignant
train_Y = pd.concat([train_Y, train_X.benign], axis=1)

test_Y = test_X.malignant
test_Y = pd.concat([test_Y, test_X.benign], axis=1)
# 删除 train_X、test_X 中的标签
train_X = train_X.drop(['malignant','benign'], axis = 1)
test_X = test_X.drop(['malignant','benign'], axis = 1)
# 核查训练集及测试集数据总数

print(len(train_X))
print(len(train_Y))
print(len(test_X))
print(len(test_Y))

# 提取训练集中所有特征名称
features = train_X.columns.values
# 规范化各特征的值
for feature in features:
    mean, std = train_data[feature].mean(), train_data[feature].std()
    train_X.loc[:, feature] = (train_X[feature] - mean) / std
    test_X.loc[:, feature] = (test_X[feature] - mean) / std
```

# 18.4　构建神经网络

构建 1 个输入层、4 个隐含层、1 个输出层的神经网络，隐含层的参数初始化满足正态分布。

```
# 设置参数
learning_rate = 0.005
```

```
training_dropout = 0.9
display_step = 1
training_epochs = 5
batch_size = 100
accuracy_history = []
cost_history = []
valid_accuracy_history = []
valid_cost_history = []
# 获取输入节点数
input_nodes = train_X.shape[1]
# 设置标签类别数
num_labels = 2
# 把测试数据划分为验证集和测试集
split = int(len(test_Y)/2)

train_size = train_X.shape[0]
n_samples = train_Y.shape[0]

input_X = train_X.as_matrix()
input_Y = train_Y.as_matrix()
input_X_valid = test_X.as_matrix()[:split]
input_Y_valid = test_Y.as_matrix()[:split]
input_X_test = test_X.as_matrix()[split:]
input_Y_test = test_Y.as_matrix()[split:]
# 设置每个隐含层的节点数

def calculate_hidden_nodes(nodes):
    return (((2 * nodes)/3) + num_labels)

hidden_nodes1 = round(calculate_hidden_nodes(input_nodes))
hidden_nodes2 = round(calculate_hidden_nodes(hidden_nodes1))
hidden_nodes3 = round(calculate_hidden_nodes(hidden_nodes2))
print(input_nodes, hidden_nodes1, hidden_nodes2, hidden_nodes3)
# 其结果分别为: 31  23  17  13

# 设置保存进行 dropout 操作时保留节点的比例变量
pkeep = tf.placeholder(tf.float32)
# 定义输入层
x = tf.placeholder(tf.float32, [None, input_nodes])
# 定义第一个隐含层 layer1, 初始化为截断的正态分布
W1 = tf.Variable(tf.truncated_normal([input_nodes, hidden_nodes1], stddev =
0.15))
    b1 = tf.Variable(tf.zeros([hidden_nodes1]))
    y1 = tf.nn.relu(tf.matmul(x, W1) + b1)
    # 定义第二个隐含层 layer2, 初始化为截断的正态分布
    W2 = tf.Variable(tf.truncated_normal([hidden_nodes1, hidden_nodes2], stddev =
0.15))
    b2 = tf.Variable(tf.zeros([hidden_nodes2]))
    y2 = tf.nn.relu(tf.matmul(y1, W2) + b2)
    # 定义第三个隐含层 layer3, 初始化为截断的正态分布
    W3 = tf.Variable(tf.truncated_normal([hidden_nodes2, hidden_nodes3], stddev =
```

```
0.15))
    b3 = tf.Variable(tf.zeros([hidden_nodes3]))
    y3 = tf.nn.relu(tf.matmul(y2, W3) + b3)
    y3 = tf.nn.dropout(y3, pkeep)
    # 定义第四个隐含层 layer4，初始化为截断的正态分布
    W4 = tf.Variable(tf.truncated_normal([hidden_nodes3, 2], stddev = 0.15))
    b4 = tf.Variable(tf.zeros([2]))
    y4 = tf.nn.softmax(tf.matmul(y3, W4) + b4)
    # 定义输出层
    y = y4
    y_ = tf.placeholder(tf.float32, [None, num_labels])
    # 使用交叉熵最小化误差
    cost = -tf.reduce_sum(y_ * tf.log(y))
    # 使用 Adam 作为优化器
    optimizer = tf.train.AdamOptimizer(learning_rate).minimize(cost)
    # 测试模型
    correct_prediction = tf.equal(tf.argmax(y,1), tf.argmax(y_,1))
    # 计算精度
    accuracy = tf.reduce_mean(tf.cast(correct_prediction, tf.float32))
    # 初始化变量
    init = tf.global_variables_initializer()
```

tf.truncated_normal 使用方法如下：

```
tf.truncated_normal(shape, mean=0.0, stddev=1.0, dtype=tf.float32, seed=None,
name=None)
```

从截断的正态分布中输出随机值。生成的值服从具有指定平均值和标准偏差的正态分布，如果生成的值大于平均值 2 个标准偏差的值则丢弃并重新选择。

在 tf.truncated_normal 中，如果 $x$ 的取值在区间（$\mu-2\sigma$，$\mu + 2\sigma$）之外，则重新进行选择。这样保证了生成的值都在均值附近。

## 18.5　训练并评估模型

训练模型迭代次数由参数 training_epochs 确定，批次大小由参数 batch_size 确定。打印评估日志信息，并可视化评估结果。

```
with tf.Session() as sess:
    sess.run(tf.global_variables_initializer())

    for epoch in range(training_epochs):
        for batch in range(int(n_samples/batch_size)):
            batch_x = input_X[batch * batch_size : (1 + batch) * batch_size]
            batch_y = input_Y[batch * batch_size : (1 + batch) * batch_size]

            sess.run([optimizer], feed_dict={x: batch_x,
                                             y_: batch_y,
```

```
                                            pkeep: training_dropout})

        # 循环 10 次打印日志信息
        if (epoch) % display_step == 0:
            train_accuracy, newCost = sess.run([accuracy, cost], feed_dict={x:
input_X, y_: input_Y, pkeep: training_dropout})

            valid_accuracy, valid_newCost = sess.run([accuracy, cost], feed_
dict={x: input_X_valid, y_: input_Y_valid, pkeep: 1})

            print ("Epoch:", epoch, "Acc =", "{:.5f}".format(train_accuracy),
"Cost =", "{:.5f}".format(newCost), "Valid_Acc =", "{:.5f}".format(valid_accuracy),
"Valid_Cost = ", "{:.5f}".format(valid_newCost))

            # 记录模型结果
            accuracy_history.append(train_accuracy)
            cost_history.append(newCost)
            valid_accuracy_history.append(valid_accuracy)
            valid_cost_history.append(valid_newCost)

            # 如若 15 次日志信息并没有改善，停止迭代
            if valid_accuracy < max(valid_accuracy_history) and epoch > 100:
                stop_early += 1
                if stop_early == 15:
                    break
            else:
                stop_early = 0

print("Optimization Finished!")

# 可视化精度及损失值
f, (ax1, ax2) = plt.subplots(2, 1, sharex=True, figsize=(10,4))

ax1.plot(accuracy_history, color='b')
ax1.plot(valid_accuracy_history, color='g')
ax1.set_title(' 精度 ',fontproperties=myfont)

ax2.plot(cost_history, color='b')
ax2.plot(valid_cost_history, color='g')
ax2.set_title(' 损失值 ',fontproperties=myfont)

plt.xlabel(' 迭代次数 (x10)',fontproperties=myfont)
plt.show()
```

上述代码输出结果如下：

```
    Epoch: 0 Acc = 0.88377 Cost = 289.40134 Valid_Acc = 0.87500 Valid_Cost =
34.75459
    Epoch: 1 Acc = 0.92325 Cost = 256.07205 Valid_Acc = 0.91071 Valid_Cost =
30.01871
```

```
Epoch: 2 Acc = 0.93202 Cost = 217.39485 Valid_Acc = 0.92857 Valid_Cost =
25.10780
    Epoch: 3 Acc = 0.95175 Cost = 180.33913 Valid_Acc = 0.96429 Valid_Cost =
20.45712
    Epoch: 4 Acc = 0.96272 Cost = 140.55374 Valid_Acc = 1.00000 Valid_Cost =
15.25423
Optimization Finished!
```

随着训练次数的不断增加，模型的精度越来越高，损失值越来越小，具体参考图 18-4。

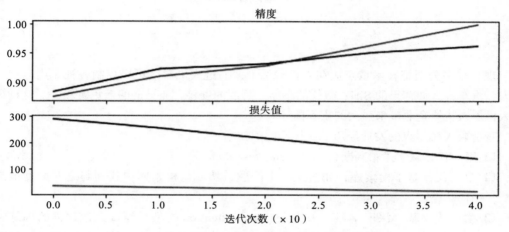

图 18-4 迭代次数与损失值的对应关系

## 18.6 小结

本章根据医疗图像特征数据，利用多层神经网络，结合 Python 和 TensorFlow，对乳腺癌进行预测。在代码实现过程中，充分发挥它们各自的优势，Python 有数据处理、数据可视化等方面的优势，而 TensorFlow 有构建多层神经网络模型、并训练和评估该模型的优势。

第 19 章

# 聊天机器人

现在很多公司把技术重点放在人机对话上，通过人机对话可以控制各种家用电器、机器人、汽车等，如苹果的 Siri、微软的小冰、百度的度秘、亚马逊的蓝色音箱等。这种智能聊天机器人将给企业带来强大的竞争优势。

智能聊天机器人的发展经历了 3 代不同的技术：

- ❑ 第一代，基于逻辑判断，如 if then、else then 等。
- ❑ 第二代，基于检索库，如给定一个问题，然后从检索库中找到与之匹配度最高的答案。
- ❑ 第三代，基于深度学习，采用 seq2seq+Attention 模型，经过大量数据的训练和学习，得到一个模型，通过这个模型，输入数据产生相应的输出。本章我们就利用 seq2seq+Attention 模型来实现一个聊天机器人。

本章先介绍聊天机器人使用的一些基本原理和框架，然后用 TensorFlow 实现一个聊天机器人，主要内容包括：

- ❑ 聊天机器人原理
- ❑ 带注意力的框架
- ❑ 用 TensorFlow 实现聊天机器人

## 19.1 聊天机器人原理

目前，聊天机器人一般采用带注意力（Attention）的模型，但之前一般采用 Seq2Seq 模型，这种模型有哪些不足？为何需要引入 Attention Model（AM）呢？我们先来看一下 seq2seq 模型的架构，如图 19-1 所示。

这是一个典型的编码器 – 解码器（Encoder-Decoder）框架。我们该如何理解这个框架呢？

可以这么直观理解：从左到右，看作适合处理由一个句子（或篇章）生成另外一个句子

（或篇章）的通用处理模型。假设这个句子对为 <*X*, *Y*>，我们的目标是给定输入句子 *X*，期待通过 Encoder-Decoder 框架来生成目标句子 *Y*。*X* 和 *Y* 可以是同一种语言，也可以是两种不同的语言。而 *X* 和 *Y* 分别由各自的单词序列构成：

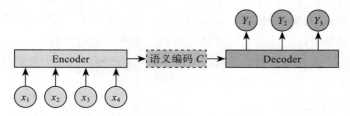

图 19-1　Encoder-Decoder 架构

$$X=(x_1, x_2, x_3 \cdots x_m) \tag{19.1}$$
$$Y=(y_1, y_2, y_3 \cdots y_n) \tag{19.2}$$

Encoder 顾名思义就是对输入句子 *X* 进行编码，将输入句子通过非线性变换转化为中间语义表示 *C*：

$$C=f(x_1, x_2, x_3 \cdots x_m) \tag{19.3}$$

对于解码器 Decoder 来说，其任务是根据句子 *X* 的中间语义表示 *C* 和之前已经生成的历史信息 $y_1$，$y_2$，$y_3 \cdots y_{i-1}$ 来生成 *i* 时刻要生成的单词 $y_i$。

$$y_i=g(C; y_1, y_2, y_3 \cdots y_{i-1}) \tag{19.4}$$

每个 $y_i$ 都依次这么产生，那么看起来就是整个系统根据输入句子 *X* 生成了目标句子 *Y*。Encoder-Decoder 是一个通用性很高的计算框架，至于 Encoder 和 Decoder 具体使用什么模型是由我们定的，常见的有 CNN、RNN、BiR_NN、GRU、LSTM、Deep LSTM 等，而且变化组合非常多。

Encoder-Decoder 模型应用非常广泛，其应用场景非常多，比如对于机器翻译来说，<*X*, *Y*> 就是对应不同语言的句子，如 *X* 是英语句子，*Y* 就是对应的中文句子；如对于文本摘要来说，*X* 就是一篇文章，*Y* 就是对应的摘要；如对于对话机器人来说，*X* 就是某人的一句话，*Y* 就是对话机器人的应答等。

这个框架有一个不足，就是生成的句子中每个词采用的中间语言编码是相同的，都是 *C*，具体看如下表达式。这种框架，在句子表较短时，性能还可以，但句子稍长一些，生成的句子就不尽如人意了。如何解决这一不足呢？

$$y_1=g(C) \tag{19.5}$$
$$y_2=g(C, y_1) \tag{19.6}$$
$$y_3=g(C, y_1, y_2) \tag{19.7}$$

解铃还须系铃人，既然问题出在 *C* 上，我们就需要在 *C* 上做一些处理。我们引入一个 Attention 机制，可以有效解决这个问题。

## 19.2    带注意力的框架

从图 19-1 所可知，在生成目标句子的单词时，不论生成哪个单词，是 $y_1$、$y_2$ 也好，是 $y_3$ 也罢，其使用的句子 $X$ 的语义编码 C 都是一样的，没有任何区别。而语义编码 C 是由句子 $X$ 的每个单词经过 Encoder 编码产生的，这意味着不论是生成哪个单词，$y_1$、$y_2$ 还是 $y_3$，其实句子 $X$ 中任意单词对生成某个目标单词 $y_i$ 来说影响力都是相同的，没有任何区别。

我们以一个具体例子来说明，用机器翻译（输入英文输出中文）来解释这个分心模型的 Encoder-Decoder 框架更好理解，比如输入英文句子：

Tom chase Jerry，Encoder-Decoder

框架逐步生成中文单词：

"汤姆""追逐""杰瑞"。

在翻译"杰瑞"这个中文单词的时候，分心模型里面的每个英文单词对于翻译目标单词"杰瑞"贡献是相同的，很明显这里不太合理，"Jerry"对于翻译成"杰瑞"更重要，但是分心模型是无法体现这一点的。这就是它需要引入注意力的原因。

没有引入注意力的模型在输入句子比较短的时候估计问题不大，但是如果输入句子比较长，此时所有语义完全通过一个中间语义向量来表示，单词自身的信息已经消失，可想而知会丢失很多细节信息，这也是要引入注意力模型的重要原因。

上面的例子中，如果引入 AM 模型的话，在翻译"杰瑞"的时候就会体现出英文单词对于翻译为中文单词的不同影响程度，比如给出类似下面一个概率分布值：

（Tom,0.3）(Chase,0.2)(Jerry,0.5)

每个英文单词的概率代表了翻译当前单词"杰瑞"时，注意力分配模型分配给不同英文单词的注意力大小。这对于正确翻译目标语单词肯定是有帮助的，因为引入了新的信息。同理，目标句子中的每个单词都应该学会利用对应的源语句子中单词的注意力分配概率信息。这意味着在生成每个单词的 $y_i$ 时候，原先都是用相同的中间语义 C 替换会根据当前生成单词而不断变化的 $C_i$。理解 AM 模型的关键就在这里。增加了 AM 模型的 Encoder-Decoder 框架如图 19-2 所示。

生成目标句子单词的过程变成下面的形式：

$$y_1=g(C_1) \tag{19.8}$$

$$y_2=g(C_2，y_1) \tag{19.9}$$

$$y_3=g(C_3，y_1，y_2) \tag{19.10}$$

而每个 $C_i$ 可能对应着不同的源语句子单词的注意力分配概率分布，比如对于上面的英汉翻译来说，其对应的信息可能如下：

$$C_{汤姆}=g(0.6*f_2(\text{"Tom"}),0.2*f_2(\text{"Chase"}),0.2*f_2(\text{"Jerry"})) \tag{19.11}$$

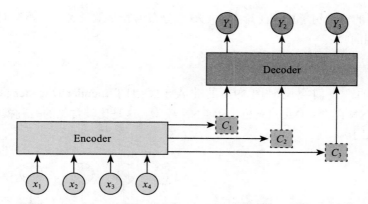

图 19-2　引入 AM（Attention Model）模型的 Encoder-Decoder 框架

$$C_{追逐}=g(0.2*f_2("Tom"),0.7*f_2("Chase"),0.1*f_2("Jerry")) \qquad （19.12）$$

$$C_{杰瑞}=g(0.3*f_2("Tom"),0.2*f_2("Chase"),0.5*f_2("Jerry")) \qquad （19.13）$$

其中，$f_2$ 函数代表 Encoder 对输入英文单词进行处理的某种变换函数，比如如果 Encoder 用 RNN 模型，则 $f_2$ 函数的结果往往是某个时刻输入 $x_i$ 后隐层节点的状态值；$g$ 代表 Encoder 根据单词的中间表示合成整个句子中间语义表示的变换函数，在一般的做法中，$g$ 函数对构成元素加权求和，也就是常常在论文里看到的下列公式：

$$C_i = \sum_{j=1}^{T_x} \alpha_{ij} h_j \qquad （19.14）$$

假设 $C_i$ 中那个 $i$ 就是上面的"汤姆"，那么 $T_x$ 就是 3，代表输入句子的长度；$h_1=f_2$("Tom")，$h_2=f_2$("Chase")，$h_3=f_2$("Jerry")，对应的注意力模型权值分别是 0.6，0.2，0.2。所以 $g$ 函数就是个加权求和函数。如果形象表示的话，翻译中文单词"汤姆"的时候，数学公式对应的中间语义表示 $C_i$ 的形成过程类似图 19-3 所示。

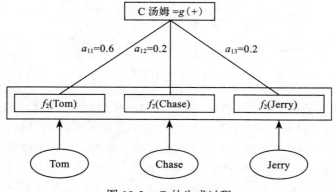

图 19-3　$C_i$ 的生成过程

这里还有一个问题：生成目标句子中的某个单词，比如"汤姆"的时候，你怎么知道

AM 模型所需要的输入句子单词注意力分配概率分布值呢？就是说"汤姆"对应的如下概率分布是如何得到的呢：

（Tom,0.6）(Chase,0.2)(Jerry,0.2)

为便于说明，我们假设对图 19-1 的非 AM 模型的 Encoder-Decoder 框架进行细化，Encoder 采用 RNN 模型，Decoder 也采用 RNN 模型（这是比较常见的一种模型配置），则图 19-1 可转换为图 19-4。

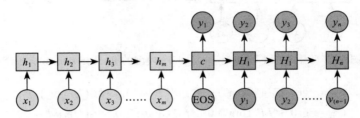

图 19-4    RNN 作为具体模型的 Encoder-Decoder 框架

用图 19-5 所示可以较为便捷地说明注意力分配概率分布值的通用计算过程。

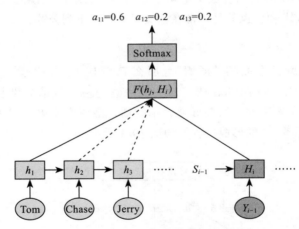

图 19-5    AM 注意力分配概率计算

这相当于在原来的模型上，又加了一个单层 DNN（特指全连接）网络，当前输出词 $Y_i$ 针对某一个输入词 $j$ 的注意力权重由当前的隐层 $H_i$，及输入词 $j$ 的隐层状态（$h_j$）共同决定；函数 $F(h_j, H_i)$ 在不同论文里可能会采取不同的方法，然后函数 $F$ 的输出经过 Softmax 进行归一化就得到一个 0-1 的注意力分配概率分布数值。

如图 19-5 所示，当输出单词为"汤姆"时对应的输入句子单词的对齐概率。绝大多数 AM 模型都是采取上述的计算框架来计算注意力分配概率分布信息的，区别只是在 $F$ 的定义上可能有所不同。$y_i$ 值的生成可参考图 19-6 所示。

其中：

$$s_t = f(s_{t-1}, y_{t-1}, C_t) \tag{19.15}$$

$$y_t = g(y_{t-1}, s_t, C_t) \tag{19.16}$$

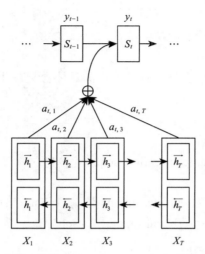

图 19-6　由输入语句 $(x_1,\ x_2,\ x_3\cdots x_T)$ 生成第 $t$ 个输出 $y_t$

上述内容就是 Soft Attention Model 的基本思想。那么怎么理解 AM 模型的物理含义呢？一般文献里会把 AM 模型看作单词对齐模型，这是非常有道理的。目标句子生成的每个单词对应输入句子单词的概率分布可以理解为输入句子单词和这个目标生成单词的对齐概率，这在机器翻译语境下是非常直观的。

当然，把 AM 模型理解成影响力模型也是合理的，就是说生成目标单词的时候，输入句子中每个单词对于生成这个单词有多大的影响。这种想法也是理解 AM 模型物理意义的一种方式。

## 19.3　用 TensorFlow 实现聊天机器人

上节我们介绍了带 AM 的 seq2seq 模型的框架及原理，这一节我们将利用 TensorFlow 实现一个人机对话的 Encode-Decode 模型。这里我们使用 TensorFlow 提供的强大 API，即 embedding_attention_seq2seq。这个 API 是核心，所以首先介绍一下该 API 的格式及各参数的含义。

```
embedding_attention_seq2seq(
    encoder_inputs,
    decoder_inputs,
    cell,
    num_encoder_symbols,
```

```
        num_decoder_symbols,
        embedding_size,
        num_heads=1,
        output_projection=None,
        feed_previous=False,
        dtype=None,
        scope=None,
        initial_state_attention=False
    )
```

在这个接口函数中有很多参数，这些参数的具体含义是什么？如何使用这些参数？这些问题我们在下节详细说明。

### 19.3.1　接口参数说明

为了更好地理解 embedding_attention_seq2seq 接口，参考图 19-6，本小节就对其各参数进行详细说明。

1）encoder_inputs：参数 encoder_inputs 是一个 list，list 中每一项是 1D（1 维）的 Tensor，这个 Tensor 的 shape 是 [batch_size]，Tensor 中每一项是一个整数，类似这样：

```
[array([0, 0, 0, 0], dtype=int32),
array([0, 0, 0, 0], dtype=int32),
array([8, 3, 5, 3], dtype=int32),
array([7, 8, 2, 1], dtype=int32),
array([6, 2, 10, 9], dtype=int32)]
```

其中 5 个 array 表示一句话的长度是 5 个词；每个 array 里有 4 个数，表示 batch 是 4，也就是一共有 4 个样本。由此可以看出，第一个样本是 [[0],[0],[8],[7],[6]]，第二个样本是 [[0],[0],[3],[8],[2]]，以此类推。这里的数字是用来区分不同词 id 的，一般通过统计得出，一个 id 表示一个词。

2）decoder_inputs：同理，参数 decoder_inputs 和 encoder_inputs 结构一样，不再赘述。

3）cell：参数 cell 是 tf.nn.rnn_cell.RNNCell 类型的循环神经网络单元，可以为 tf.contrib.rnn.BasicLSTMCell、tf.contrib.rnn.GRUCell 等。

4）num_encoder_symbols：参数 num_encoder_symbols 是一个整数，表示 encoder_inputs 中的整数词 id 的数目。

5）num_decoder_symbols：同理，num_decoder_symbols 表示 decoder_inputs 中整数词 id 的数目。

6）embedding_size：参数 embedding_size 表示在内部做 word embedding（如通过 Word2Vec 把各单词转换为向量）时转成几维向量，需要和 RNNCell 的 size 大小相等。

7）num_heads：参数 num_heads 表示在 attention_states 中抽头的数量，一般取 1。

8）output_projection：参数 output_projection 是一个 (*W*, *B*) 结构的元组 (tuple)，*W* 是 shape 为 [output_size x num_decoder_symbols] 的权重（weight）矩阵，*B* 是 shape 为

[num_decoder_symbols] 的偏置向量。每个 RNNCell 的输出经过 *WX+B* 就可以映射成 num_decoder_symbols 维的向量，这个向量里的值表示的是任意一个 decoder_symbol 的可能性，也就是 softmax 的输出值。

9）feed_previous：参数 feed_previous 表示 decoder_inputs 是我们直接提供的训练数据的输入，还是用前一个 RNNCell 的输出映射出来的。如果 feed_previous 为 True，那么就是用前一个 RNNCell 的输出，并经过 *WX+B* 映射而成。

10）dtype：参数 dtype 是 RNN 状态数据的类型，默认是 tf.float32。

11）scope：scope 是子图的名称，默认是 embedding_attention_seq2seq。

12）initial_state_attention：initial_state_attention 表示是否初始化为 attentions，默认为否，表示全都初始化为 0。函数的返回值是一个 (outputs, state) 结构的 tuple，其中 outputs 是一个长度为句子长度 ( 词数，与上面 encoder_inputs 的 list 长度一样 ) 的 list，list 中每一项是一个 2D（二维）的 tf.float32 类型的 Tensor，第一维度是样本数，比如 4 个样本则有 4 组 Tensor，每个 Tensor 长度是 embedding_size，具体格式为：

```
[
    array([
[-0.02027004, -0.017872  , -0.00233014, -0.0437047 ,  0.00083584,
        0.01339234,  0.02355197,  0.02923143],
[-0.02027004, -0.017872  , -0.00233014, -0.0437047 ,  0.00083584,
        0.01339234,  0.02355197,  0.02923143],
[-0.02027004, -0.017872  , -0.00233014, -0.0437047 ,  0.00083584,
        0.01339234,  0.02355197,  0.02923143],
[-0.02027004, -0.017872  , -0.00233014, -0.0437047 ,  0.00083584,
        0.01339234,  0.02355197,  0.02923143]
    ],dtype=float32),
    array([
    ......
    ],dtype=float32),
    array([
    ......
    ],dtype=float32),
    array([
    ......
    ],dtype=float32),
    array([
    ......
    ],dtype=float32),
]
```

其实这个 outputs 可以描述为 5*4*8 个浮点数，5 是句子长度，4 是样本数，8 是词向量维数。

下面再看返回的 state，它是 num_layers 个 LSTMStateTuple 组成的大 tuple。这里 num_layers 是初始化 cell 时的参数，表示神经网络单元有几层。一个由 2 层 LSTM 神经元组成的 Encoder-Decoder 多层循环神经网络如图 19-7 所示。

encoder_inputs 输入 Encoder 的第一层 LSTM 神经元，这个神经元的 output 传给第二层 LSTM 神经元，第二层的 output 再传给 Attention 层，而 Encoder 的第一层输出的 state 则传给 Decoder 第一层的 LSTM 神经元，依次类推，如图 19-7 所示。

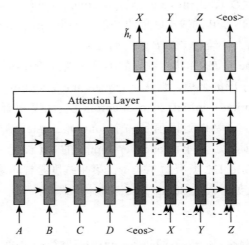

图 19-7　由 2 层 LSTM 神经元组成的 Encoder-Decoder 多层循环神经网络

我们再回顾一下 LSTMStateTuple 这个结构，它是由两个 Tensor 组成的 tuple，第一个 Tensor 命名为 $C$，由 4 个 8 维向量组成（4 是 batch；8 是 state_size，也就是词向量维度），第二个 Tensor 命名为 $h$，同样由 4 个 8 维向量组成。这里的 $C$ 和 $h$ 如图 19-8 所示。

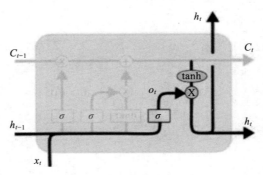

图 19-8　LSTM 网络结构图

$C$ 是传给下一个时序的存储数据，$h$ 是隐藏层的输出，这里的计算公式是：

$$o_t = \sigma(W_O[h_{t-1}, x_t] + b_o) \tag{19.17}$$

$$h_t = o_t * \tanh(C_t) \tag{19.18}$$

在 TensorFlow 代码里也有对应的实现：

```
concat = _linear([inputs, h], 4 * self._num_units, True)
```

```
i, j, f, o = array_ops.split(value=concat, num_or_size_splits=4, axis=1)
new_c = (c * sigmoid(f + self._forget_bias) + sigmoid(i) * self._activation(j))
new_h = self._activation(new_c) * sigmoid(o)
```

实际上，如果直接使用 embedding_attention_seq2seq 来做训练，返回的 state 一般是用不到的。

## 19.3.2　训练模型

训练模型前，需要做些准备工作，即对中文语句进行分词，定义一些预处理数据的函数，然后导入数据、训练模型、优化模型等。实施环境为 Python3.6、TensorFlow1.3+、jieba 等，还要有一个问数据集（question.txt）、一个答数据集（answer.txt）。具体步骤如下。

### 1. 对中文分词

我们需要对中文分词，这里使用 jieba 来实现，期间需要导入数据，把文字转换为数字等。为此创建一个 WordToken 类，以便对这些功能进行统一管理。具体包括 load 函数，它负责加载样本；生成 word2id_dict 和 id2word_dict 词典；然后创建两个文字与数字（或 id）间的转换函数 word2id 函数和 id2word 函数。详细代码如下：

```python
import sys
import jieba


class WordToken(object):
    def __init__(self):
        # 最小起始 id 号，保留的用于表示特殊标记
        self.START_ID = 4
        self.word2id_dict = {}
        self.id2word_dict = {}


    def load_file_list(self, file_list, min_freq):
        """
        加载样本文件列表，全部切词后统计词频，按词频由高到低排序后顺次编号
        并存到 self.word2id_dict 和 self.id2word_dict 中
        """
        words_count = {}
        for file in file_list:
            with open(file, 'r') as file_object:
                for line in file_object.readlines():
                    line = line.strip()
                    seg_list = jieba.cut(line)
                    for str in seg_list:
                        if str in words_count:
                            words_count[str] = words_count[str] + 1
                        else:
                            words_count[str] = 1

        sorted_list = [[v[1], v[0]] for v in words_count.items()]
```

```
        sorted_list.sort(reverse=True)
        for index, item in enumerate(sorted_list):
            word = item[1]
            if item[0] < min_freq:
                break
            self.word2id_dict[word] = self.START_ID + index
            self.id2word_dict[self.START_ID + index] = word
        return index

    def word2id(self, word):
        if not isinstance(word, str):
            print("Exception: error word not unicode")
            sys.exit(1)
        if word in self.word2id_dict:
            return self.word2id_dict[word]
        else:
            return None

    def id2word(self, id):
        id = int(id)
        if id in self.id2word_dict:
            return self.id2word_dict[id]
        else:
            return None
```

## 2. 获取训练集函数

定义获取训练集的函数 get_train_set，这里有一问一答两个数据。

```
def get_train_set():
    global num_encoder_symbols, num_decoder_symbols
    train_set = []
    with open('./chatbot/question.txt', 'r') as question_file:
        with open('./chatbot/answer.txt', 'r') as answer_file:
            while True:
                question = question_file.readline()
                answer = answer_file.readline()
                if question and answer:
                    question = question.strip()
                    answer = answer.strip()

                    question_id_list = get_id_list_from(question)
                    answer_id_list = get_id_list_from(answer)
                    answer_id_list.append(EOS_ID)
                    train_set.append([question_id_list, answer_id_list])
                else:
                    break
    return train_set
```

## 3. 获取 ID 函数

定义获取句子 id 的函数 get_id_list_from。

```
def get_id_list_from(sentence):
    sentence_id_list = []
    seg_list = jieba.cut(sentence)
    for str in seg_list:
        id = wordToken.word2id(str)
        if id:
            sentence_id_list.append(wordToken.word2id(str))
    return sentence_id_list
```

### 4. 导入文件

导入文件，并自动获取 encoder_inputs 中的整数词 id 的数目 num_encoder_symbols 和 decoder_inputs 中整数词 id 的数目 num_decoder_symbols。

```
import jieba
wordToken = WordToken()

# 放在全局的位置，为了动态算出 num_encoder_symbols 和 num_decoder_symbols
max_token_id = wordToken.load_file_list(['./chatbot/question.txt', './chatbot/
answer.txt'],10)
num_encoder_symbols = max_token_id + 5
num_decoder_symbols = max_token_id + 5
```

结果显示 num_encoder_symbols、num_decoder_symbols 均为 90。

### 5. 定义预测函数

预测部分内容比较多，这里把测试模型、输入新数据、根据新数据进行预测等功能打包成一个函数。

```
def predict():
    """
    预测过程
    """
    with tf.Session() as sess:
        encoder_inputs, decoder_inputs, target_weights,outputs, loss, update,
saver, targets= get_model(feed_previous=True)
        saver.restore(sess, output_dir)
        sys.stdout.write("> ")
        sys.stdout.flush()
        input_seq = sys.stdin.readline()
        while input_seq:
            input_seq = input_seq.strip()
            input_id_list = get_id_list_from(input_seq)
            if (len(input_id_list)):
                sample_encoder_inputs, sample_decoder_inputs, sample_target_
weights= seq_to_encoder(' '.join([str(v) for v in input_id_list]))

                input_feed = {}
                for l in range(input_seq_len):
                    input_feed[encoder_inputs[l].name] = sample_encoder_inputs[l]
```

```
                        for l in range(output_seq_len):
                            input_feed[decoder_inputs[l].name] = sample_decoder_inputs[l]
                            input_feed[target_weights[l].name] = sample_target_weights[l]
                        input_feed[decoder_inputs[output_seq_len].name]= np.zeros([2],
dtype=np.int32)


                        # 预测输出
                        outputs_seq = sess.run(outputs, input_feed)
                        # 因为输出数据每一个是 num_decoder_symbols 维的
                        # 因此找到数值最大的那个就是预测的 id，这就是 argmax 函数的功能
                        outputs_seq = [int(np.argmax(logit[0], axis=0)) for logit in
outputs_seq]

                        # 如果是结尾符，那么后面的语句就不输出了
                        if EOS_ID in outputs_seq:
                            outputs_seq = outputs_seq[:outputs_seq.index(EOS_ID)]
                        outputs_seq = [wordToken.id2word(v) for v in outputs_seq]
                        print( " ".join(outputs_seq))
                    else:
                        print("WARN: 词汇不在服务区 ")

                    sys.stdout.write("> ")
                    sys.stdout.flush()
                    input_seq = sys.stdin.readline()
```

### 6. 优化参数

我们设置的初始学习率是 0.001，为了提高效率，在训练过程中可动态调整学习率。每当下一步的 loss 和上一步相比反弹（增大）的时候，我们再尝试降低学习率，具体实现方法如下：

```
learning_rate = tf.Variable(float(init_learning_rate), trainable=False,
dtype=tf.float32)
```

之后再创建一个操作，目的是在适当的时候把学习率打 9 折：

```
learning_rate_decay_op = learning_rate.assign(learning_rate * 0.9)
```

### 7. 完整代码

对学习率、优化算法等进行调整，调整后的 loss 循环 10000 次后，loss= 0.758005。

```
import os
import sys
import numpy as np
import tensorflow as tf
from tensorflow.contrib.legacy_seq2seq.python.ops import seq2seq
import jieba
import random

# 输入序列长度
input_seq_len = 5
# 输出序列长度
```

```python
output_seq_len = 5
# 空值填充 0
PAD_ID = 0
# 输出序列起始标记
GO_ID = 1
# 结尾标记
EOS_ID = 2
# LSTM 神经元 size
size = 8
# 初始学习率
init_learning_rate = 0.001
# 在样本中出现频率超过这个值才会进入词表
min_freq = 10

wordToken = WordToken()

output_dir='./model/chatbot/demo'
if not os.path.exists(output_dir):
    os.makedirs(output_dir)

# 放在全局的位置，为了动态算出 num_encoder_symbols 和 num_decoder_symbols
max_token_id = wordToken.load_file_list(['./chatbot/question.txt', './chatbot/
answer.txt'], min_freq)
num_encoder_symbols = max_token_id + 5
num_decoder_symbols = max_token_id + 5


def get_id_list_from(sentence):
    sentence_id_list = []
    seg_list = jieba.cut(sentence)
    for str in seg_list:
        id = wordToken.word2id(str)
        if id:
            sentence_id_list.append(wordToken.word2id(str))
    return sentence_id_list


def get_train_set():
    global num_encoder_symbols, num_decoder_symbols
    train_set = []
    with open('./chatbot/question.txt', 'r') as question_file:
        with open('./chatbot/answer.txt', 'r') as answer_file:
            while True:
                question = question_file.readline()
                answer = answer_file.readline()
                if question and answer:
                    question = question.strip()
                    answer = answer.strip()

                    question_id_list = get_id_list_from(question)
                    answer_id_list = get_id_list_from(answer)
                    if len(question_id_list) > 0 and len(answer_id_list) > 0:
                        answer_id_list.append(EOS_ID)
```

```
                            train_set.append([question_id_list, answer_id_list])
                    else:
                        break
        return train_set


    def get_samples(train_set, batch_num):
        """构造样本数据
        :return:
            encoder_inputs: [array([0, 0], dtype=int32), array([0, 0], dtype=int32),
array([5, 5], dtype=int32),
                    array([7, 7], dtype=int32), array([9, 9], dtype=int32)]
            decoder_inputs: [array([1, 1], dtype=int32), array([11, 11],
dtype=int32), array([13, 13], dtype=int32),
                    array([15, 15], dtype=int32), array([2, 2],
dtype=int32)]
        """
        # train_set = [[[5, 7, 9], [11, 13, 15, EOS_ID]], [[7, 9, 11], [13, 15, 17,
EOS_ID]], [[15, 17, 19], [21, 23, 25, EOS_ID]]]
        raw_encoder_input = []
        raw_decoder_input = []
        if batch_num >= len(train_set):
            batch_train_set = train_set
        else:
            random_start = random.randint(0, len(train_set)-batch_num)
            batch_train_set = train_set[random_start:random_start+batch_num]
        for sample in batch_train_set:
            raw_encoder_input.append([PAD_ID] * (input_seq_len - len(sample[0])) +
sample[0])
            raw_decoder_input.append([GO_ID] + sample[1] + [PAD_ID] * (output_seq_
len - len(sample[1]) - 1))

        encoder_inputs = []
        decoder_inputs = []
        target_weights = []

        for length_idx in range(input_seq_len):
            encoder_inputs.append(np.array([encoder_input[length_idx] for encoder_
input in raw_encoder_input], dtype=np.int32))
        for length_idx in range(output_seq_len):
            decoder_inputs.append(np.array([decoder_input[length_idx] for decoder_
input in raw_decoder_input], dtype=np.int32))
            target_weights.append(np.array([
                0.0 if length_idx == output_seq_len - 1 or decoder_input[length_idx]
== PAD_ID else 1.0 for decoder_input in raw_decoder_input
            ], dtype=np.float32))
        return encoder_inputs, decoder_inputs, target_weights


    def seq_to_encoder(input_seq):
        """从输入空格分隔的数字id串转成预测用的encoder、decoder、target_weight等
        """
        input_seq_array = [int(v) for v in input_seq.split()]
```

```
        encoder_input = [PAD_ID] * (input_seq_len - len(input_seq_array)) + input_
seq_array
        decoder_input = [GO_ID] + [PAD_ID] * (output_seq_len - 1)
        encoder_inputs = [np.array([v], dtype=np.int32) for v in encoder_input]
        decoder_inputs = [np.array([v], dtype=np.int32) for v in decoder_input]
        target_weights = [np.array([1.0], dtype=np.float32)] * output_seq_len
        return encoder_inputs, decoder_inputs, target_weights


    def get_model(feed_previous=False):
        """构造模型
        """

        learning_rate = tf.Variable(float(init_learning_rate), trainable=False,
dtype=tf.float32)
        learning_rate_decay_op = learning_rate.assign(learning_rate * 0.9)

        encoder_inputs = []
        decoder_inputs = []
        target_weights = []
        for i in range(input_seq_len):
            encoder_inputs.append(tf.placeholder(tf.int32, shape=[None],
name="encoder{0}".format(i)))
        for i in range(output_seq_len + 1):
            decoder_inputs.append(tf.placeholder(tf.int32, shape=[None],
name="decoder{0}".format(i)))
        for i in range(output_seq_len):
            target_weights.append(tf.placeholder(tf.float32, shape=[None],
name="weight{0}".format(i)))

        # decoder_inputs 左移一个时序作为 targets
        targets = [decoder_inputs[i + 1] for i in range(output_seq_len)]

        cell = tf.contrib.rnn.BasicLSTMCell(size)

        # 这里输出的状态我们不需要
        outputs, _ = seq2seq.embedding_attention_seq2seq(
                        encoder_inputs,
                        decoder_inputs[:output_seq_len],
                        cell,
                        num_encoder_symbols=num_encoder_symbols,
                        num_decoder_symbols=num_decoder_symbols,
                        embedding_size=size,
                        output_projection=None,
                        feed_previous=feed_previous,
                        dtype=tf.float32)

        # 计算加权交叉熵损失
        loss = seq2seq.sequence_loss(outputs, targets, target_weights)
        # 使用自适应优化器
        opt = tf.train.AdamOptimizer(learning_rate=learning_rate)
        # 优化目标：让 loss 最小化
        update = opt.apply_gradients(opt.compute_gradients(loss))
```

```
        # 模型持久化
        saver = tf.train.Saver(tf.global_variables())

        return encoder_inputs, decoder_inputs, target_weights, outputs, loss,
update, saver, learning_rate_decay_op, learning_rate


    def train():
        """
        训练过程
        """
        train_set = get_train_set()
        with tf.Session() as sess:

            encoder_inputs, decoder_inputs, target_weights, outputs, loss, update,
saver, learning_rate_decay_op, learning_rate = get_model()
            # 全部变量初始化
            sess.run(tf.global_variables_initializer())

            # 训练很多次迭代，每隔 100 次打印一次 loss，根据情况决定是否直接 ctrl+c 停止
            previous_losses = []
            for step in range(10000):
                sample_encoder_inputs, sample_decoder_inputs, sample_target_weights =
get_samples(train_set, 1000)
                input_feed = {}
                for l in range(input_seq_len):
                    input_feed[encoder_inputs[l].name] = sample_encoder_inputs[l]
                for l in range(output_seq_len):
                    input_feed[decoder_inputs[l].name] = sample_decoder_inputs[l]
                    input_feed[target_weights[l].name] = sample_target_weights[l]
                input_feed[decoder_inputs[output_seq_len].name] =
np.zeros([len(sample_decoder_inputs[0])], dtype=np.int32)
                [loss_ret, _] = sess.run([loss, update], input_feed)
                if step % 100 == 0:
                    print( 'step=', step, 'loss=', loss_ret, 'learning_rate=',
learning_rate.eval())

                    if len(previous_losses) > 5 and loss_ret > max(previous_losses
[-5:]):
                        sess.run(learning_rate_decay_op)
                    previous_losses.append(loss_ret)

                    # 模型持久化
                    saver.save(sess, output_dir)


    def predict():
        """
        预测过程
        """
        with tf.Session() as sess:
            encoder_inputs, decoder_inputs, target_weights, outputs, loss, update,
saver, learning_rate_decay_op, learning_rate = get_model(feed_previous=True)
```

```
            saver.restore(sess, output_dir)
            sys.stdout.write("> ")
            sys.stdout.flush()
            input_seq=input()
            while input_seq:
                    input_seq = input_seq.strip()
                    input_id_list = get_id_list_from(input_seq)
                    if (len(input_id_list)):
                            sample_encoder_inputs, sample_decoder_inputs, sample_target_
weights = seq_to_encoder(' '.join([str(v) for v in input_id_list]))

                            input_feed = {}
                            for l in range(input_seq_len):
                                input_feed[encoder_inputs[l].name] = sample_encoder_
inputs[l]
                            for l in range(output_seq_len):
                                input_feed[decoder_inputs[l].name] = sample_decoder_
inputs[l]

                                input_feed[target_weights[l].name] = sample_target_
weights[l]

                            input_feed[decoder_inputs[output_seq_len].name] = np.zeros([2],
dtype=np.int32)

                            # 预测输出
                            outputs_seq = sess.run(outputs, input_feed)
                            # 因为每一个输出数据都是 num_decoder_symbols 维的，因此找到数值最大的那个
就是预测的 id，这就是里 argmax 函数的功能
                            outputs_seq = [int(np.argmax(logit[0], axis=0)) for logit in
outputs_seq]
                            # 如果是结尾符，那么后面的语句就不输出了
                            if EOS_ID in outputs_seq:
                                outputs_seq = outputs_seq[:outputs_seq.index(EOS_ID)]
                            outputs_seq = [wordToken.id2word(v) for v in outputs_seq]
                            print(" ".join(outputs_seq))
                    else:
                            print("WARN: 词汇不在服务区 ")

                    sys.stdout.write("> ")
                    sys.stdout.flush()
                    input_seq = input()


if __name__ == "__main__":
    tf.reset_default_graph()
    train()
    tf.reset_default_graph()
    predict()
```

迭代次数、loss 与学习率间的运行结果如下：

```
step= 0 loss= 4.48504 learning_rate= 0.001
step= 100 loss= 3.33924 learning_rate= 0.001
step= 200 loss= 2.90026 learning_rate= 0.001
```

```
step= 300 loss= 2.65296 learning_rate= 0.001
step= 400 loss= 2.48741 learning_rate= 0.001
.........................................
step= 9500 loss= 0.770046 learning_rate= 0.000729
step= 9600 loss= 0.749504 learning_rate= 0.0006561
step= 9700 loss= 0.747211 learning_rate= 0.0006561
step= 9800 loss= 0.747742 learning_rate= 0.0006561
step= 9900 loss= 0.758005 learning_rate= 0.0006561
```

运行完成后提示输入框如图 19-9 所示。

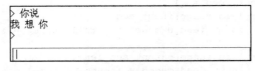

图 19-9　提示输入框

测试部分结果如下：

```
> 你说
我 想 你
> 哈哈
什么
> 爱你
= 。 =
> 你吃了吗
吃了
> 喜欢你
我喜欢!
> 工作
WARN: 词汇不在服务区
> 去上海
你啊!
> 再见
WARN: 词汇不在服务区
>
```

## 19.4　小结

本章从理论到实践讲解了怎么一步一步实现一个自动聊天机器人模型，并基于 1000 个样本，用了 20 分钟左右训练了一个聊天模型，试验效果比较好。其核心逻辑是调用了 TensorFlow 的 embedding_attention_seq2seq，即带注意力的 seq2seq 模型，其中神经网络单元是 LSTM。

由于语料有限，设备有限，只验证了小规模样本，如果大家想做一个更好的聊天系统，可以下载更多对话内容。

CHAPTER 20

第 20 章

# 人 脸 识 别

随着大数据、深度学习、云计算等不断完善，人脸识别精度越来越高，甚至超过了人的识别水平。目前已有很多成熟的落地项目，在公共安全、金融行业等领域非常广泛。本章先介绍人脸识别的一般原理，然后通过一个实例详细介绍如何使用 TensorFlow 来实现一个人脸识别系统。本实例数据由第三方数据及自己拍摄的图像两部分组成。本章内容主要包括：

- ❑ 人脸识别简介
- ❑ 项目概况
- ❑ 实施步骤

## 20.1 人脸识别简介

广义的人脸识别实际包括构建人脸识别系统的一系列相关技术，包括人脸图像采集、人脸定位、人脸识别预处理、身份确认以及身份查找等；而狭义的人脸识别特指通过人脸进行身份确认或者与身份查找相关的技术或系统。

人脸识别是一个热门的计算机技术研究领域，它属于生物特征识别技术，是用生物体（一般特指人）本身的生物特征来区分生物个体。生物特征识别技术所研究的生物特征包括脸、指纹、手掌纹、虹膜、视网膜、声音（语音）、体形、个人习惯（例如敲击键盘的力度、频率、签字）等，相应的识别技术就有人脸识别、指纹识别、掌纹识别、虹膜识别、视网膜识别、语音识别（可以进行身份识别，也可以进行语音内容的识别，只有前者属于生物特征识别范畴）、体形识别、键盘敲击识别、签字识别等。

人脸识别的优势在于其自然性和不易让被测个体察觉的特点，容易被大家接收。

人脸识别的一般处理流程如图 20-1 所示。

其中：

1）图像获取：可以通过摄像镜把人脸图像采集下来或将图片上传等。

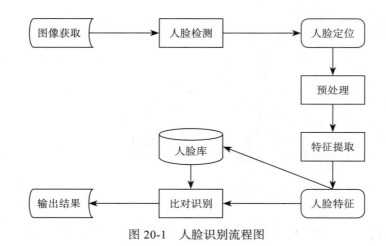

图 20-1 人脸识别流程图

2）人脸检测：就是给定任意一张图片，找到其中是否存在一个或多个人脸，并返回图片中每个人脸的位置、范围及特征等，如图 20-2 所示。

图 20-2 人脸检测示意图

3）人脸定位：通过人脸来确定位置信息。

4）预处理：基于人脸检测结果对图像进行处理，为后续的特征提取服务。系统获取到的人脸图像可能受到各种条件的限制或影响，需要对其进行缩放、旋转、拉伸、灰度变换、规范化及过滤等图像预处理。由于图像中存在很多干扰因素，如清晰度、天气、角度、距离等外部因素，胖瘦，假发、围巾、眼镜、表情等目标本身因素。所以神经网络一般需要比较多的训练数据，才能从原始的特征中提炼出有意义的特征。如图 20-3 所示，如果数据少了，神经网络性能可能还不及传统机器学习。

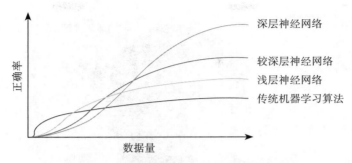

图 20-3 神经网络数据量与正确率的关系

5）特征提取：就是将人脸图像信息数字化，把人脸图像转换为一串数字。特征提取是一项重要内容，传统机器学习在这部分往往要占据大部分时间和精力，有时虽然花去了时间，效果却不一定理想。好在深度学习很多都是自动获取特征。图 20-4 所示为传统机器学习与深度学习的一些异同，尤其是在提取特征方面。

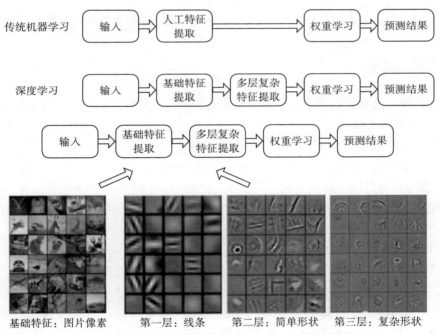

图 20-4 传统机器学习与深度学习间的区别

6）人脸特征：找到人脸的一些关键特征或位置，如眼镜、嘴唇、鼻子、下巴等的位置，利用特征点间的欧氏距离、曲率和角度等提取特征分量，最终把相关的特征连接成一个长的特征向量。

图 20-5 所示为人脸的一些特征点。

图 20-5　人脸特征点分布图

7）比对识别：通过模型回答两张人脸是否属于相同的人或指出一张新脸是人脸库中谁的脸。

8）输出结果：对人脸库中的新图像进行身份认证，并给出是或否的结果。

## 20.2　项目概况

1）数据集：数据集由两部分组成，即他人的人脸图片集及我们自己的部分图片。他人的图片可从以下网站获取。

❑ 网站地址：http://vis-www.cs.umass.edu/lfw/

❑ 图片集下载：http://vis-www.cs.umass.edu/lfw/lfw.tgz

自己的图片可以用手机或其他方法拍摄，然后上传到电脑。输入数据放在：data/face_recog 目录下。

别人输入的图片存放目录为：./data/face_recog/other_faces。

自己的测试图片存放目录为：./data/face_recog/test_faces。

2）人脸识别：获取数据后，第一件事就是对图片进行处理，即人脸识别，把人脸的范围确定下来。人脸识别有很多方法，这里使用 dlib 来识别人脸部分，当然也可以使用 opencv 来识别人脸。在实际使用过程中，dlib 的识别效果比 opencv 好一些。识别处理后的图片存放路径为：data/my_faces（存放预处理自己的图片，里面还复制了一些图片）或 data/other_faces（存放预处理别人的图片）。

3）人脸识别后开始建立模型，训练数据：使用卷积神经网络来建立模型，这里用了 3 个卷积层（采用了池化、dropout 等技术），一个全连接层、一个分类层、一个输出层。

4）训练完成后，进行性能评估。

5）用测试数据验证模型。

## 20.3　实施步骤

本章人脸识别的具体步骤如下：

1）先获取自己的头像，可以通过手机、电脑等拍摄；

2）下载别人的头像，具体网址详见后面的介绍；

3）利用 dlib、opencv 对人脸进行检测；

4）根据检测后的图片，利用卷积神经网络训练模型；

5）把新头像用模型进行识别，看模型是否能认出是你。

### 20.3.1　数据准备

1）导入需要的包，这里使用 dlib 库进行人脸识别。

```
import sys
import os
import cv2
import dlib
```

2）定义输入、输出目录，文件解压到当前目录 ./data/my_faces 下。

```
# 自己的头像（可以用手机或电脑等拍摄，尽量清晰、尽量多，越多越好）上传到以下 input_dir 目录下，
output_dir 为检测以后的头像
input_dir = './data/face_recog/my_faces'
output_dir = './data/my_faces'
size = 64
```

3）判断输出目录是否存在，若不存在，则创建。

```
if not os.path.exists(output_dir):
    os.makedirs(output_dir)
```

4）利用 dlib 自带的人脸特征提取器。

```
# 使用 dlib 自带的 frontal_face_detector 作为我们的特征提取器
detector = dlib.get_frontal_face_detector()
```

### 20.3.2　预处理数据

接下来使用 dlib 来批量识别图片中的人脸部分，并对原图像进行预处理，并保存到指定目录下。

1）预处理自己的头像。

```
%matplotlib inline
index = 1
for (path, dirnames, filenames) in os.walk(input_dir):
    for filename in filenames:
```

```
if filename.endswith('.jpg'):
    print('Being processed picture %s' % index)
    img_path = path+'/'+filename
    # 从文件读取图片
    img = cv2.imread(img_path)
    # 转为灰度图片
    gray_img = cv2.cvtColor(img, cv2.COLOR_BGR2GRAY)
    # 使用 detector 进行人脸检测 dets 为返回的结果
    dets = detector(gray_img, 1)

    # 使用 enumerate 函数遍历序列中的元素及它们的下标
    # 下标 i 即为人脸序号
    #left: 人脸左边与图片左边界的距离 ; right: 人脸右边与图片左边界的距离
    #top: 人脸上边与图片上边界的距离 ; bottom: 人脸下边与图片上边界的距离
    for i, d in enumerate(dets):
        x1 = d.top() if d.top() > 0 else 0
        y1 = d.bottom() if d.bottom() > 0 else 0
        x2 = d.left() if d.left() > 0 else 0
        y2 = d.right() if d.right() > 0 else 0
        # img[y:y+h,x:x+w]
        face = img[x1:y1,x2:y2]
        # 调整图片的尺寸
        face = cv2.resize(face, (size,size))
        cv2.imshow('image',face)
        # 保存图片
        cv2.imwrite(output_dir+'/'+str(index)+'.jpg', face)
        index += 1
    # 不断刷新图像，频率时间为 30ms
    key = cv2.waitKey(30) & 0xff
    if key == 27:
        sys.exit(0)
```

由于迭代次数较多，这里只取最后 7 次迭代运算结果。

```
Being processed picture 109
Being processed picture 110
Being processed picture 111
Being processed picture 112
Being processed picture 113
Being processed picture 114
Being processed picture 115
```

这是处理后笔者的一张头像，如图 20-6 所示。

2）用同样方法预处理别人的头像（我只选用别人部分头像）。

图 20-6　处理后的笔者的头像效果

```
# 别人图片输入输出目录
input_dir = './data/face_recog/other_faces'
output_dir = './data/other_faces'
size = 64
```

3）判断输出目录是否存在，不存在，则创建。

```
if not os.path.exists(output_dir):
    os.makedirs(output_dir)
```

4）预处理别人头像，同样调用本小节上述（1）中的预处理程序。

运行结果如下：

```
Being processed picture 264
Being processed picture 265
Being processed picture 266
Being processed picture 267
Being processed picture 268
Being processed picture 269
```

这是处理后别人的一张头像，如图 20-7 所示。

图 20-7　处理后的别人的头像效果

图 20-8 所示是经预处理后的文件格式，各文件已标上序列号。

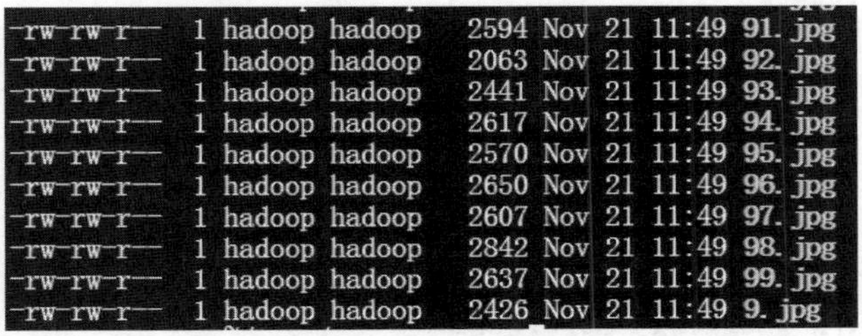

```
-rw-rw-r--  1 hadoop hadoop  2594 Nov 21 11:49 91.jpg
-rw-rw-r--  1 hadoop hadoop  2063 Nov 21 11:49 92.jpg
-rw-rw-r--  1 hadoop hadoop  2441 Nov 21 11:49 93.jpg
-rw-rw-r--  1 hadoop hadoop  2617 Nov 21 11:49 94.jpg
-rw-rw-r--  1 hadoop hadoop  2570 Nov 21 11:49 95.jpg
-rw-rw-r--  1 hadoop hadoop  2650 Nov 21 11:49 96.jpg
-rw-rw-r--  1 hadoop hadoop  2607 Nov 21 11:49 97.jpg
-rw-rw-r--  1 hadoop hadoop  2842 Nov 21 11:49 98.jpg
-rw-rw-r--  1 hadoop hadoop  2637 Nov 21 11:49 99.jpg
-rw-rw-r--  1 hadoop hadoop  2426 Nov 21 11:49 9.jpg
```

图 20-8　预处理后的文件系列

### 20.3.3　训练模型

有了训练数据之后，通过 cnn 来训练数据，就可以让其记住"我"的人脸特征，学习怎么认识"我"了。

1）导入需要的库。

```
import tensorflow as tf
import cv2
import numpy as np
import os
import random
```

```
import sys
from sklearn.model_selection import train_test_split
```

2）定义预处理后的图片（我的和别人的）所在目录如下。

```
my_faces_path = './data/my_faces'
other_faces_path = './data/other_faces'
size = 64
```

3）调整或规范图片大小。

```
imgs = []
labs = []

# 重新创建图形变量
tf.reset_default_graph()
# 获取需要填充的图片的大小
def getPaddingSize(img):
    h, w, _ = img.shape
    top, bottom, left, right = (0,0,0,0)
    longest = max(h, w)

    if w < longest:
        tmp = longest - w
        # // 表示整除符号
        left = tmp // 2
        right = tmp - left
    elif h < longest:
        tmp = longest - h
        top = tmp // 2
        bottom = tmp - top
    else:
        pass
    return top, bottom, left, right
```

4）读取测试图片。

```
def readData(path , h=size, w=size):
    for filename in os.listdir(path):
        if filename.endswith('.jpg'):
            filename = path + '/' + filename

            img = cv2.imread(filename)

            top,bottom,left,right = getPaddingSize(img)
            # 将图片放大，扩充图片边缘部分
            img = cv2.copyMakeBorder(img, top, bottom, left, right, cv2.BORDER_
CONSTANT, value=[0,0,0])
            img = cv2.resize(img, (h, w))

            imgs.append(img)
            labs.append(path)
```

```
readData(my_faces_path)
readData(other_faces_path)
# 将图片数据与标签转换成数组
imgs = np.array(imgs)
labs = np.array([[0,1] if lab == my_faces_path else [1,0] for lab in labs])
# 随机划分测试集与训练集
train_x,test_x,train_y,test_y = train_test_split(imgs, labs, test_size=0.05,
random_state=random.randint(0,100))
# 参数: 图片数据的总数，图片的高、宽、通道
train_x = train_x.reshape(train_x.shape[0], size, size, 3)
test_x = test_x.reshape(test_x.shape[0], size, size, 3)
# 将数据转换成小于 1 的数
train_x = train_x.astype('float32')/255.0
test_x = test_x.astype('float32')/255.0

print('train size:%s, test size:%s' % (len(train_x), len(test_x)))
# 图片块，每次取 100 张图片
batch_size = 20
num_batch = len(train_x) // batch_size
```

5）定义变量及神经网络层。

```
x = tf.placeholder(tf.float32, [None, size, size, 3])
y_ = tf.placeholder(tf.float32, [None, 2])

keep_prob_5 = tf.placeholder(tf.float32)
keep_prob_75 = tf.placeholder(tf.float32)

def weightVariable(shape):
    init = tf.random_normal(shape, stddev=0.01)
    return tf.Variable(init)

def biasVariable(shape):
    init = tf.random_normal(shape)
    return tf.Variable(init)

def conv2d(x, W):
    return tf.nn.conv2d(x, W, strides=[1,1,1,1], padding='SAME')

def maxPool(x):
    return tf.nn.max_pool(x, ksize=[1,2,2,1], strides=[1,2,2,1], padding='SAME')

def dropout(x, keep):
    return tf.nn.dropout(x, keep)
```

6）定义卷积神经网络框架。

```
def cnnLayer():
    # 第一层
    W1 = weightVariable([3,3,3,32]) # 卷积核大小 (3,3)，输入通道 (3)，输出通道 (32)
    b1 = biasVariable([32])
    # 卷积
    conv1 = tf.nn.relu(conv2d(x, W1) + b1)
```

```
# 池化
pool1 = maxPool(conv1)
# 减少过拟合，随机让某些权重不更新
drop1 = dropout(pool1, keep_prob_5)

# 第二层
W2 = weightVariable([3,3,32,64])
b2 = biasVariable([64])
conv2 = tf.nn.relu(conv2d(drop1, W2) + b2)
pool2 = maxPool(conv2)
drop2 = dropout(pool2, keep_prob_5)

# 第三层
W3 = weightVariable([3,3,64,64])
b3 = biasVariable([64])
conv3 = tf.nn.relu(conv2d(drop2, W3) + b3)
pool3 = maxPool(conv3)
drop3 = dropout(pool3, keep_prob_5)

# 全连接层
Wf = weightVariable([8*16*32, 512])
bf = biasVariable([512])
drop3_flat = tf.reshape(drop3, [-1, 8*16*32])
dense = tf.nn.relu(tf.matmul(drop3_flat, Wf) + bf)
dropf = dropout(dense, keep_prob_75)

# 输出层
Wout = weightVariable([512,2])
bout = weightVariable([2])
#out = tf.matmul(dropf, Wout) + bout
out = tf.add(tf.matmul(dropf, Wout), bout)
return out
```

7）训练模型。

```
def cnnTrain():
    out = cnnLayer()

    cross_entropy = tf.reduce_mean(tf.nn.softmax_cross_entropy_with_
logits(logits=out, labels=y_))

    train_step = tf.train.AdamOptimizer(0.01).minimize(cross_entropy)
    # 比较标签是否相等，再求所有数的平均值，tf.cast( 强制转换类型 )
    accuracy = tf.reduce_mean(tf.cast(tf.equal(tf.argmax(out, 1), tf.argmax(y_,
1)), tf.float32))
    # 将 loss 与 accuracy 保存以供 tensorboard 使用
    tf.summary.scalar('loss', cross_entropy)
    tf.summary.scalar('accuracy', accuracy)
    merged_summary_op = tf.summary.merge_all()
    # 数据保存器的初始化
    saver = tf.train.Saver()

    with tf.Session() as sess:
```

```
        sess.run(tf.global_variables_initializer())

            summary_writer = tf.summary.FileWriter('./tmp', graph=tf.get_default_
graph())

        for n in range(10):
            # 每次取 128(batch_size) 张图片
            for i in range(num_batch):
                batch_x = train_x[i*batch_size : (i+1)*batch_size]
                batch_y = train_y[i*batch_size : (i+1)*batch_size]
                # 开始训练数据，同时训练 3 个变量，返回 3 个数据
                _,loss,summary = sess.run([train_step, cross_entropy, merged_
summary_op],
                                            feed_dict={x:batch_x,y_:batch_y,
keep_prob_5:0.5,keep_prob_75:0.75})
                summary_writer.add_summary(summary, n*num_batch+i)
                # 打印损失
                print(n*num_batch+i, loss)

                if (n*num_batch+i) % 40 == 0:
                    # 获取测试数据的准确率
                    acc = accuracy.eval({x:test_x, y_:test_y, keep_prob_5:1.0,
keep_prob_75:1.0})
                    print(n*num_batch+i, acc)
                    # 由于数据不多，这里设为准确率大于 0.80 时保存并退出
                    if acc > 0.8 and n > 2:
                        #saver.save(sess, './train_face_model/train_faces.
model',global_step=n*num_batch+i)
                        saver.save(sess, './train_face_model/train_faces.model')
                        #sys.exit(0)
        #print('accuracy less 0.80, exited!')

    cnnTrain()
```

运行结果（最后 10 条信息）：

```
290 0.0191329
291 0.0881194
292 0.337078
293 0.191775
294 0.054846
295 0.268961
296 0.1875
297 0.11575
298 0.175487
299 0.168204
```

## 20.3.4  测试模型

用训练得到的模型测试"我"新的头像，看其是否认识"我"。

首先，把自己的 4 张测试照片放在 ./data/face_recog/test_faces 目录，然后，让模型来

识别这些照片是否是我。

```
%matplotlib inline

input_dir='./data/face_recog/test_faces'
index=1

output = cnnLayer()
predict = tf.argmax(output, 1)



# 先加载 meta graph 并恢复权重变量
saver = tf.train.import_meta_graph('./train_face_model/train_faces.model.meta')
sess = tf.Session()

saver.restore(sess, tf.train.latest_checkpoint('./train_face_model/'))
#saver.restore(sess,tf.train.latest_checkpoint('./my_test_model/'))

def is_my_face(image):
    sess.run(tf.global_variables_initializer())
    res = sess.run(predict, feed_dict={x: [image/255.0], keep_prob_5:1.0, keep_
prob_75: 1.0})
    if res[0] == 1:
        return True
    else:
        return False

# 使用 dlib 自带的 frontal_face_detector 作为特征提取器
detector = dlib.get_frontal_face_detector()

#cam = cv2.VideoCapture(0)

#while True:
    #_, img = cam.read()
for (path, dirnames, filenames) in os.walk(input_dir):
        for filename in filenames:
            if filename.endswith('.jpg'):
                print('Being processed picture %s' % index)
                index+=1
                img_path = path+'/'+filename
                # 从文件读取图片
                img = cv2.imread(img_path)
                gray_image = cv2.cvtColor(img, cv2.COLOR_BGR2GRAY)
                dets = detector(gray_image, 1)
                if not len(dets):
                    print('Can`t get face.')
                    cv2.imshow('img', img)
                    key = cv2.waitKey(30) & 0xff
                    if key == 27:
                        sys.exit(0)
```

```
for i, d in enumerate(dets):
    x1 = d.top() if d.top() > 0 else 0
    y1 = d.bottom() if d.bottom() > 0 else 0
    x2 = d.left() if d.left() > 0 else 0
    y2 = d.right() if d.right() > 0 else 0
    face = img[x1:y1,x2:y2]
    # 调整图片的尺寸
    face = cv2.resize(face, (size,size))
    print('Is this my face? %s' % is_my_face(face))
    cv2.rectangle(img, (x2,x1),(y2,y1), (255,0,0),3)
    cv2.imshow('image',img)
    key = cv2.waitKey(30) & 0xff
    if key == 27:
        sys.exit(0)

sess.close()
```

测试结果：

```
INFO:tensorflow:Restoring parameters from ./train_face_model/train_faces.model
Being processed picture 1
Is this my face? False
Being processed picture 2
Is this my face? True
Being processed picture 3
Is this my face? True
Being processed picture 4
Is this my face? True
```

图20-9为检测笔者的一张头像示意图。

图20-9　检测笔者的一张头像

结果不错，4张照片，认出了3张。

因这次拍摄照片不多（不到200张），清晰度也不很好，有这个结果，感觉还不错。如果要想达到98%以上的精度，拍摄多一点照片是有效方法。此外，算法本身还有很多优化空间。

## 20.4  小结

本章利用 Python 中的 cv2 进行图像预处理，用 dlib 库进行人脸检测，利用卷积神经网络模型进行图像识别。所用数据来自两部分，一部分是第三方数据，另一部分为自己拍摄的图片，因此次拍摄照片不多（不到 200 张），清晰度也不很好，但能有这个结果，感觉还不错。大家有条件的话，可以多拍摄一些更清晰的图片，相信会有更高精度，当然也可以从算法或模型、处理过程等方面进行优化，这些可作为本章的延伸思考。

第三部分

# 扩 展 篇

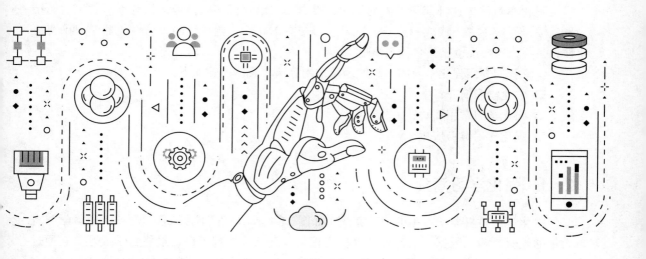

# 第 21 章

# 强化学习基础

前面我们介绍了一般神经网络、卷积神经网络、循环神经网络等，其中很多属于监督学习模型，这些在训练时需要依据标签或目标值来训练。如果没有标签，那是无法训练的。首先没有标签无法生成代价函数，没有代价函数当然就谈不上通过 BP 算法来优化参数了。但是现实生活中，有很多场景是没有标签或目标值，但又需要我们去学习、去创新的。就像企业中的创新能手，突然来到一个最前沿的领域，再也没有模仿对象了，更不用说导师了，一切都得靠自己去探索和尝试。就像当初爱迪生研究电灯泡一样，没有现成的方案或先例，更不用说模板了，有的只是不断尝试或探索的结果，成功或不成功，好或不好。但是他就是凭着这些不断尝试的结果，一次比一次做得更好，最终取得巨大成功！

强化学习就像这种前无古人的学习，没有预先给定标签或模板，只有不断尝试后的结果反馈，好或不好，成或不成等。这种学习带有创新性，比一般的模仿性机器学习确实更强大一些，这或许也是其名称来由吧。

本章我们介绍强化学习的一般原理及常用算法，具体内容如下：

❑ 强化学习简介；
❑ 强化学习常用算法；
❑ 强化学习典型应用。

## 21.1 强化学习简介

强化学习是机器学习中的一种算法，如图 21-1 所示，它不像监督学习或无监督学习有大量的经验或输入数据，而是让计算机实现从一开始什么都不懂，最终自学成才。它通过不断地尝试，从错误或惩罚中学习，最后找到规律，学会达到目的的方法。这就是一个完整的强化学习过程。

强化学习已经在游戏、机器人等领域中开花结果。各大科技公司，如中国的百度、阿里，美国的 Google、Facebook、微软等更是将强化学习作为其重点发展的技术之一。可以说强化学习算法正在改变和影响着世界，掌握了这门技术就掌握了改变世界和影响世界的工具。

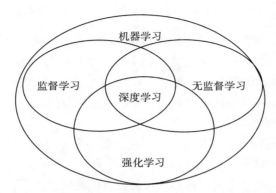

图 21-1　机器学习、监督学习、强化学习等的关系图

强化学习应用非常广泛，目前主要领域有：

❑ 游戏理论与多主体交互；

❑ 机器人；

❑ 电脑网络；

❑ 车载导航；

❑ 医学；

❑ 工业物流。

强化学习的原理大致如图 21-2 所示。

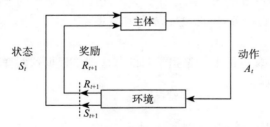

图 21-2　强化学习原理图

图 21-2 中：

❑ 主体（agent）：是动作的行使者，例如配送货物的无人机、电子游戏中奔跑跳跃的超级马里奥等。

❑ 状态（state）：是主体的处境，亦即一个特定的时间和地点，或一项明确主体与工具、障碍、敌人或奖品等其他重要事物关系的配置。

❑ 动作（action）：其含义不难领会，但应当注意的是，主体需要在一系列潜在动作中进行选择。在电子游戏中，这一系列动作可包括向左或向右跑、不同高度的跳跃、蹲下和站着不动。在股票市场中，这一系列动作可包括购买、出售或持有一组证券及其衍生品中的任意一种。无人飞行器的动作选项则包括三维空间中的许多不同的速度和加速度等。

❑ 奖励（reward）；是用于衡量主体的动作成功与否的反馈。例如，在电子游戏中，如果马里奥接触一枚金币，他就能赢得分数。主体向环境发出以动作为形式的输出，而环境则返回主体的新状态及奖励。

❑ 环境 (environment)：主体被"嵌入"并能够感知和行动的外部系统。

整个强化学习系统的输入是：

❑ State：为 Observation，例如迷宫的每一格是一个 State。

❑ Actions：在每个状态下有什么行动。

❑ Reward：进入每个状态时，能带来正面或负面的回报。

输出是：

❑ Policy：在每个状态下，会选择哪个行动。

具体来说就是：

❑ State= 迷宫中 Agent 的位置，可以用一对坐标表示，例如（1，3）。

❑ Action= 在迷宫中每一格你可以行走的方向，例如 ｛上，下，左，右｝。

❑ Reward= 当前的状态（current state）之下，迷宫中的一格可能有食物（+1），也可能有怪兽（-100）。

❑ Policy = 一个由状态到行动的函数，即函数对给定的每一个状态都会给出一个行动。

增强学习的任务就是找到一个最优的策略 Policy，从而使 Reward 最多。

我们一开始并不知道最优的策略是什么，因此往往从随机的策略开始，使用随机的策略进行试验，就可以得到一系列的状态、动作和反馈：

$$\{s_1, a_1, r_1, s_2, s_1, a_2, r_2 \cdots s_t, a_t, r_t\}$$

这就是一系列的样本 Sample。增强学习的算法就是根据这些样本来改进策略，从而使得到的样本中的奖励更好。

## 21.2　强化学习常用算法

强化学习有多种算法，目前比较常用的算法有通过行为的价值来选取特定行为的方法，如 Q-Learning、Sarsa、使用神经网络学习的 DQN（Deep Q Network），以及 DQN 的后续算法，还有直接输出行为的 policy gradients 等。限于篇幅，这里我们主要介绍几种具有代表性的算法。

### 21.2.1　Q-Learning 算法

Q-Learning 算法是强化学习中重要且最基础的算法，大多数现代的强化学习算法，都是 Q-Learning 的改进。Q-Learning 的核心是 Q-table。Q-table 的行和列分别表示 state 和 action 的值，Q-table 的值 Q（s，a）用于衡量当前 states 采取 actiona 到底有多好。

1）Q-Learning 的主流程大致如图 21-3 所示。

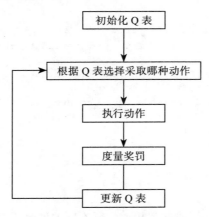

图 21-3  Q-Learning 流程图

2）Q-Learning 的具体步骤如下：

第 1 步  初始化 Q 表（初始化为 0 或随机初始化）。

第 2 步  执行以下循环：

a）生成一个在 0 与 1 之间的随机数，如果该数大于预先给定的一个阈值 $e$，则选择随机动作；否则选择动点依据最高可能性的奖励基于当前状态和 Q 表，这步用 Python 代码实现。

b）依据 2.1 执行动作。

c）采取行动后观察奖励值 $r$。

d）基于奖励值 $r$，利用下式更新 Q 表。

$$Q(s_t, a_t) \leftarrow Q(s_t, a_t) + \alpha \left[ r_t + \gamma \max_a Q(s_{t+1}, a) - Q(s_t, a_t) \right] \tag{21.1}$$

其中 $\alpha$ 为学习率，$\gamma$ 为折扣率。

以下是 Python 代码实现 Q-Learning 的核心代码：

```python
def rl():
    q_table = build_q_table(N_STATES, ACTIONS)  # 初始化 Q 表

    for episode in range(MAX_EPISODES):        # 训练的总回合数
        step_counter = 0
        S = 0   # 回合初始位置
        is_terminated = False    # 是否回合结束
        update_env(S, episode, step_counter)     # 环境更新
        while not is_terminated:
            A = choose_action(S, q_table)       # 选行为
            S_, R = get_env_feedback(S, A)      # 实施行为并得到环境的反馈
            q_predict = q_table.loc[S, A]        # 估算的（状态 - 行为）值
            if S_ != 'terminal':
```

```
                        q_target = R + GAMMA * q_table.iloc[S_, :].max()
    # 实际的 ( 状态 - 行为 ) 值 ( 回合没结束 )
                else:
                    q_target = R        # 实际的 ( 状态 - 行为 ) 值 ( 回合结束 )
                    is_terminated = True    # terminate this episode
            # 更新 Q 表
            q_table.loc[S, A] += ALPHA * (q_target - q_predict)
            S = S_    # 探索者移动到下一个 state
            update_env(S, episode, step_counter+1)  # 环境更新

            step_counter += 1
    return q_table
```

## 21.2.2    Sarsa 算法

Sarsa 算法与 Q-Learning 算法非常相似，所不同的就是更新 Q 值时，Sarca 的现实值取 $R+\gamma Q(S', A')$，而不是 $R+\gamma \max\limits_{a'} Q(S', a')$。

其算法逻辑如图 21-4 所示。

> Initialize $Q(s, a)$ arbitrarily
> Repeat (for each episode):
>   Initialize $S$
>   Choose $A$ from $S$ using policy derived from $Q$ (e.g., $\varepsilon$-greedy)
>   Repeat (for each step of episode):
>     Take action $A$, observe $R, S'$
>     Choose $A'$ from $S'$ using policy derived from $Q$ (e.g., $\varepsilon$-greedy)
>     $Q(S, A) \leftarrow Q(S, A) + \alpha[R + \gamma Q(S', A') - Q(S, A)]$
>     $S \leftarrow S'; A \leftarrow A';$
>   until $S$ is terminal

图 21-4    Sarsa 算法逻辑

## 21.2.3    DQN 算法

DQN（Deep Q Network）由 DeepMind 于 2013 年在 NIPS 提出。它融合了神经网络和 Q-Learning 的优点。DQN 算法的主要做法是 Experience Replay，其将系统探索环境得到的数据储存起来，然后随机对样本采样以更新深度神经网络的参数，如图 21-5 所示。

Experience Replay 的动机是：

1）深度神经网络作为有监督学习模型，要求数据满足独立同分布。

2）但 Q-Learning 算法得到的样本前后是有关系的。为了打破数据之间的关联性，Experience Replay 通过存储 – 采样的方法将其打破。

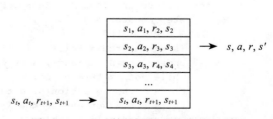

图 21-5    DQN 算法更新网络参数示意图

DeepMind 于 2015 年年初在 Nature 上发布文章，引入了 Target Q 的概念，进一步打破数据关联性。Target Q 的概念是用旧的深度神经网络 $w-$ 得到目标值，下面是带有 Target Q 的 Q-Learning 的优化目标。

$$J = \min\left(r + \gamma \max_{a'} Q(s', a', w-) - Q(s, a, w)^2\right) \tag{21.2}$$

Q-Learning 最早是根据一张 Q-table，即各个状态动作的价值表来完成的，通过动作完成后的奖励不断迭代更新这张表，来完成学习过程。然而，当状态过多或者离散时，这种方法自然会造成维度灾难，所以我们才要用一个神经网络来表达这张表，也就是 Q-Network。图 21-6 所示，把 Q-table 换为神经网络，利用神经网络参数替代 Q-table。

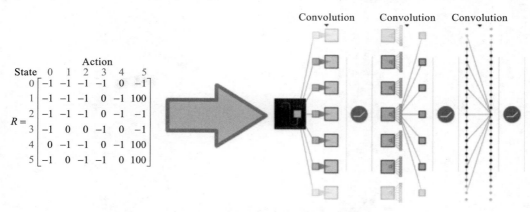

图 21-6 算法 DQN 网络图

通过前面两个卷积层，我们完全不需要费心去理解环境中的状态和动作奖励，只需要将状态参数一股脑输入就好。当然，我们的数据特征比较简单，无须进行池化处理，所以后面两层直接使用全连接即可。

主体算法如图 21-7 所示。

**Algorithm 1** Deep Q-learning with Experience Replay

Initialize replay memory $\mathcal{D}$ to capacity $N$
Initialize action-value function $Q$ with random weights
**for** episode $= 1, M$ **do**
 Initialise sequence $s_1 = \{x_1\}$ and preprocessed sequenced $\phi_1 = \phi(s_1)$
 **for** $t = 1, T$ **do**
  With probability $\epsilon$ select a random action $a_t$
  otherwise select $a_t = \max_a Q^*(\phi(s_t), a; \theta)$
  Execute action $a_t$ in emulator and observe reward $r_t$ and image $x_{t+1}$
  Set $s_{t+1} = s_t, a_t, x_{t+1}$ and preprocess $\phi_{t+1} = \phi(s_{t+1})$
  Store transition $(\phi_t, a_t, r_t, \phi_{t+1})$ in $\mathcal{D}$
  Sample random minibatch of transitions $(\phi_j, a_j, r_j, \phi_{j+1})$ from $\mathcal{D}$
  Set $y_j = \begin{cases} r_j & \text{for terminal } \phi_{j+1} \\ r_j + \gamma \max_{a'} Q(\phi_{j+1}, a'; \theta) & \text{for non-terminal } \phi_{j+1} \end{cases}$
  Perform a gradient descent step on $(y_j - Q(\phi_j, a_j; \theta))^2$ according to equation 3
 **end for**
**end for**

图 21-7 主体算法

## 21.3 小结

强化学习属于无监督学习，它无须给定目标值或标签，它整个过程通过奖惩来学习、调整自己。强化学习算法很多，这里只列出几个比较常用的，其中 Q-Learning 是基础。强化学习可用深度学习架构提高模型的性能，如 DQN 算法就是一个实例。类似算法还有很多，而且强化学习发展很快，应用也日益广泛，有兴趣的读者可进行更深入的探索和学习。

第 22 章

# 生成式对抗网络

强化学习是一种非监督学习，它是依据对结果的奖惩来不断调整和优化模型的强化学习体现了模型自我学习的能力。本章我们将介绍另一种非监督学习，即生成式对抗网络（Generative adversarial nets，GAN）。它是 2014 年由 Ian Goodfellow 提出的，它要解决的问题是如何从训练样本中学习出新样本，训练样本是图片就生成新图片，训练样本是文章就输出新文章。GAN 既不依赖于标签来优化，也不根据对结果奖惩来调整参数。它是依据生成器和判别器之间的博弈来不断优化的。接下来我们将从多个侧面进行说明。本章主要内容包括：

❑ GAN 简介
❑ GAN 的优势及不足
❑ GAN 的多种改进版本

## 22.1　GAN 简介

GAN 的架构如图 22-1 所示，它由生成器（Generator）和判别器（Discriminator）构成。

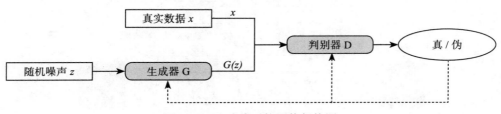

图 22-1　生成式对抗网络架构图

这里假设数据代表图片，生成器（G）和判别器（D）的功能分别是：

❑ G 是一个生成图片的网络，它接收一个随机的噪声 $z$，通过这个噪声生成图片，记做 $G(z)$；

❑ D 是一个判别网络，判别一张图片是不是"真实的"。它的输入参数是 $x$，$x$ 代表一张图片，输出 $D(x)$ 代表 $x$ 为真实图片的概率，如果为 1，则说明是真实的图片；如果输出为 0，则代表不可能是真实的图片。

在训练过程中，G 的目标就是尽量生成真实的图片去欺骗 D。而 D 的目标就是尽量把 G 生成的图片和真实的图片分别开来。这样，G 和 D 构成了一个动态的"博弈过程"。

最后博弈的结果是什么？在最理想的状态下，G 可以生成足以"以假乱真"的图片 $G(z)$。对于 D 来说，它难以判定 G 生成的图片究竟是不是真实的，因此 $D(G(z))=0.5$，即达到所谓的纳什均衡。

这是一个大概描述，G 去欺骗 D，D 又尽量去区分真假，这些功能具体是如何实现的呢？要说明其具体逻辑，离不开数学表达式。以下是反应它们如何实现的一个公式：

$$\min_G \max_D V(D, G) = E_{x \sim Pdata(x)}\Big[\log D(x)\Big] + E_{x \sim PZ(Z)}\Big[\log\big(1 - D\big(G(Z)\big)\big)\Big] \quad (22.1)$$

上式的大致含义如下：

❑ 整个式子由两项构成。$x$ 表示真实图片，$z$ 表示输入 G 的噪声，而 $G(z)$ 表示 G 生成的图片。

❑ $D(x)$ 表示 D 判断图片是否真实的概率（因为 $x$ 就是真实的，所以对于 D 来说，这个值越接近 1 越好）。而 $D(G(z))$ 是 D 判断 G 生成的图片是否真实的概率。

❑ G 的目的：G 应该希望自己生成的图片"越接近真实越好"。也就是说，G 希望 $D(G(z))$ 尽可能大，这时 $V(D, G)$ 会变小。因此我们看到式子的最前面的记号是 $\min_G$。

❑ D 的目的：D 的能力越强，$D(x)$ 应该越大，而 $D(G(x))$ 应该越小。这时 $V(D, G)$ 会变大。因此式子对于 D 来说是求最大 $\max_D$。

以上这段描述也可以用图 22-2 来表示。

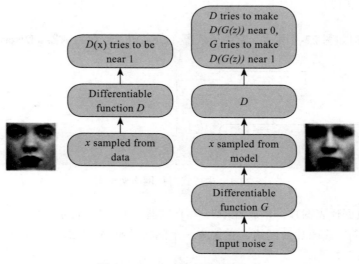

图 22-2   GAN 的对抗网络架构

其整个的训练过程，这里把作者 Ian Goodfellow 的论文（https://arxiv.org/pdf/1406.2661.pdf）中的算法贴出来，大家就更清楚了，如图 22-3 所示。

**Algorithm 1** Minibatch stochastic gradient descent training of generative adversarial nets. The number of steps to apply to the discriminator, $k$, is a hyperparameter. We used $k = 1$, the least expensive option, in our experiments.

**for** number of training iterations **do**
 **for** $k$ steps **do**
  • Sample minibatch of $m$ noise samples $\{z^{(1)}, \ldots, z^{(m)}\}$ from noise prior $p_g(z)$.
  • Sample minibatch of $m$ examples $\{x^{(1)}, \ldots, x^{(m)}\}$ from data generating distribution $p_{\text{data}}(x)$.
  • Update the discriminator by <u>ascending</u> its stochastic gradient:

$$\nabla_{\theta_d} \frac{1}{m} \sum_{i=1}^{m} \left[ \log D\left(x^{(i)}\right) + \log\left(1 - D\left(G\left(z^{(i)}\right)\right)\right) \right].$$

 **end for**
 • Sample minibatch of $m$ noise samples $\{z^{(1)}, \ldots, z^{(m)}\}$ from noise prior $p_g(z)$.
 • Update the generator by <u>descending</u> its stochastic gradient:

$$\nabla_{\theta_g} \frac{1}{m} \sum_{i=1}^{m} \log\left(1 - D\left(G\left(z^{(i)}\right)\right)\right).$$

**end for**

图 22-3 训练算法

首先训练 D，D 是希望 $V(G, D)$ 越大越好，所以采用加上（ascending）梯度。然后，训练 G 时，因为要 $V(G, D)$ 越小越好，所以是减去（descending）梯度。整个训练过程交替进行，最理想的结果就是收敛于平衡点，即 $D(G(z))=0.5$，即 D 已无法判断 G 生成的图片 $G(z)$ 是真还是假了。当然，由于 D 一般非凸，故收敛到这个平衡点比较难。为弥补其不足，所以又衍生了 GAN 的很多改进版本。下节我们将介绍 GAN 的几个典型的改进版。

注意：我们介绍 GAN 的架构及实现原理时，在整个训练过程中，模型只用到了反向传播，而不需要马尔科夫链；G 的参数更新不是直接来自数据样本，而是使用来自 D 的反向传播。不过训练难点比较大，而且 GAN 训练的稳定性不够好。

## 22.2 GAN 的改进版本

GAN 的改进版本比较多，这里主要介绍 DCGAN、WGAN、WGAN-GP 和 CGAN 这几种。

### 1. DCGAN

DCGAN 是继 GAN 之后比较好的改进，其改进主要表现在网络结构上，到目前为止，DCGAN 的网络结构还是被广泛使用，其极大地提升了 GAN 训练的稳定性以及生成结果的质量。图 22-4 所示为 DCGAN 的网络架构。

DCGAN 把上述的 G 和 D 用了两个卷积神经网络（CNN）代替。同时对卷积神经网络的结构做了一些改变，以提高样本的质量和收敛的速度，这些改变有：

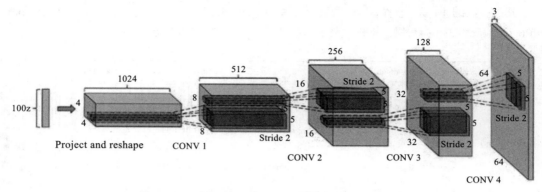

图 22-4   DCGAN 网络架构

- 取消所有 pooling 层。G 网络中使用转置卷积（transposed convolutional layer）进行上采样，D 网络中用加入 stride 的卷积代替 pooling。
- 在 D 和 G 中均使用 batch normalization。
- 去掉 FC 层，使网络变为全卷积网络。
- G 网络中使用 ReLU 作为激活函数，最后一层使用 tanh。
- D 网络中使用 LeakyReLU 作为激活函数。

### 2. WGAN 和 WGAN-GP

WGAN 主要从代价函数的角度对 GAN 做了改进。代价函数改进之后的 WGAN 即使在全连接层上也能得到很好的表现结果。具体来说，WGAN 对 GAN 的改进有：

- 判别器最后一层去掉 sigmoid。
- 生成器和判别器的 loss 不取 log。
- 对更新后的权重强制截断到一定范围内，比如 [-0.01，0.01]，以满足 lipschitz 连续性条件。
- 推荐使用 SGD、RMSprop 等优化器，不要基于使用动量的优化算法，比如 adam。

WGAN 虽然理论上有极大贡献，但在实验中却发现依然存在着训练困难、收敛速度慢等问题，这个时候 WGAN-GP 就出来了。它的贡献是：

- 提出了一种新的 lipschitz 连续性限制手法——梯度惩罚，解决了训练梯度消失、梯度爆炸等问题。
- 比标准 WGAN 拥有更快的收敛速度，并能生成更高质量的样本。
- 提供稳定的 GAN 训练方式，几乎不需要调参，就能成功训练多种针对图片生成和语言模型的 GAN 架构。

### 3. CGAN

原始的 GAN 过于自由，训练会很容易失去方向，导致不稳定且效果差。CGAN 就是在原来的 GAN 模型中加入一些先验条件，使得 GAN 变得更加可控。具体来说，我们可以在生成模型 G 和判别模型 D 中同时加入条件约束 $y$ 来引导数据的生成过程。条件可以是任何补充的信息，如类标签、其他模态的数据等。

## 22.3　小结

生成式对抗网络是生成网络中的一种，它基于博弈论，博弈双方就是生成器和判别器。两者就像玩一场零和游戏，在最大化自己收益的过程中，不断优化生成器的性能。生成式对抗网络除了可用来生成一些样本，更多应用于对一些基于原数据的创新设计。